工业网络与组态技术

主　编　吕增芳　张江伟　崔文光
副主编　成　祺　李红雷　王晓丽　成　咪
参　编　刘倩倩　王　鑫

学习资源包
（教案、PPT、引导问题答案等）

北京理工大学出版社
BEIJING INSTITUTE OF TECHNOLOGY PRESS

内 容 简 介

本书依据电气工程师岗位标准，始终践行"绿色低碳"理念，以项目为导向，以任务为驱动，通过循序渐进地应用组态功能，使读者在多个具体任务的执行过程中，不断提升能力。全书由 11 个项目构成，其中项目 1 为知识资讯，项目 2-6 选择国产民族品牌 MCGS 组态软件，以垃圾焚烧发电监控系统为载体。项目 7-8 选择国产民族品牌 KingView 组态软件，以垃圾接收监控系统和垃圾发电监控系统为载体。项目 9-11 以西门子 S7-1200 系列网络通讯为例介绍工业网络的应用。使用者既可按序进行，也可选择其中几个项目进行组合学习。

本书为校企合作编写，可作为高职院校自动化类相关专业"工业网络与组态技术"课程教材，也可作为相关专业教师、电气设计及调试编程人员自学参考书。

版权专有　侵权必究

图书在版编目（CIP）数据

工业网络与组态技术 / 吕增芳，张江伟，崔文光主编. -- 北京：北京理工大学出版社，2024.4
ISBN 978-7-5763-3906-2

Ⅰ. ①工… Ⅱ. ①吕… ②张… ③崔… Ⅲ. ①工业控制计算机-计算机网络 Ⅳ. ①TP273

中国国家版本馆 CIP 数据核字（2024）第 089471 号

责任编辑：张鑫星	**文案编辑**：张鑫星
责任校对：周瑞红	**责任印制**：施胜娟

出版发行 / 北京理工大学出版社有限责任公司
社　　址 / 北京市丰台区四合庄路 6 号
邮　　编 / 100070
电　　话 / (010) 68914026（教材售后服务热线）
　　　　　　 (010) 63726648（课件资源服务热线）
网　　址 / http://www.bitpress.com.cn
版 印 次 / 2024 年 4 月第 1 版第 1 次印刷
印　　刷 / 涿州市新华印刷有限公司
开　　本 / 787 mm×1092 mm　1/16
印　　张 / 18.25
字　　数 / 426 千字
定　　价 / 75.00 元

图书出现印装质量问题，请拨打售后服务热线，负责调换

前　言

　　数字化、网络化、智能化是新一轮科技革命和产业变革的突出特征，"工业网络与组态技术"作为其技术的核心，已被广泛应用于水利、石油、化工、冶金等各个领域，在教育部发布的新版《职业教育专业简介》（2022年修订）中，自动化类相关专业已将"工业网络与组态技术"作为核心课程进行设置。本书依据电气工程师岗位标准，以项目为导向，以任务为驱动，通过循序渐进地应用组态功能，使读者在多个具体任务的执行过程中，不断提升能力。

　　党的二十大报告中指出，推动经济社会发展绿色化、低碳化是实现高质量发展的关键环节。实施全面节约战略，可推进各类资源节约集约利用，加快构建废弃物循环利用体系。垃圾焚烧发电使各种垃圾变废为宝、循环利用，真正实现了"绿色低碳"。

　　本教材在编写过程中始终践行"绿色低碳"理念，全书由11个项目构成，其中项目一为知识资讯；项目二~项目六选择国产民族品牌MCGS组态软件，以垃圾焚烧发电监控系统为载体，按照其工艺流程划分为五个项目，五个项目按照单一、专项、综合递进式关系排列；项目七、项目八选择国产民族品牌KingView组态软件，以垃圾接收监控系统和垃圾发电监控系统为载体；项目九~项目十一以西门子S7-1200系列网络通信为例介绍工业网络的应用。每个项目分为若干个任务，由项目准备、项目实施、项目报告、评价反馈、常见问题解答、项目拓展、能量驿站等组成。

　　本教材编写过程中注重引导学生树立"中国自信"，以国产软件的使用增强学生的"民族自豪感"，以项目成果展示培育学生的"团队自信"，以项目拓展激发学生的"创新自强"，从而将正确价值追求和理想信念有效传导给学生。

　　本教材以"项目任务书、小提示、引导问题、二维码数字资源"等新形态一体化呈现，二维码包括动画、图片、PPT、微课等内容，配套自动化专业省级资源库课程，同时教材配套自主开发学习管理可视化数据看板，设计开发多元化、多维度、全过程考核评价系统，可以通过下载学习资源包获取使用方法。欢迎广大师生加入使用。

　　本教材为校企合作编写，由山西工程职业学院吕增芳担任第一主编，太原重工股份有限公司张江伟担任第二主编，太原环晋再生能源有限公司崔文光担任第三主编，山西工程职业学院成祺、王晓丽，河南理工大学鹤壁工程技术学院李红雷和太原科技大学成咪担任副主编，山西工程职业学院刘倩倩和太原重工股份有限公司王鑫参与编写，其中刘倩倩编写项目一，成祺编写项目二，成咪编写项目三，王鑫编写项目四，王晓丽编写项目五，崔文光编写项目六，吕增芳编写项目七，张江伟编写项目八，李红雷编写项目九~项目十一，全书由吕增芳统稿。

本教材编写过程中，得到了太原环晋再生能源有限公司的大力支持，得到了太原环晋再生能源有限公司郭福龙、山西能源学院杜祎君、山西工程职业学院学生邓文龙、王杰帅、郭瀚华等的帮助，在此一并表示感谢！

由于编者水平有限，教材中还有许多不完善之处，希望各位同行、专家、技术人员多提宝贵意见。

编 者

二维码表

二维码名称、类型、位置	二维码	二维码名称、类型、位置	二维码
生活垃圾从"填埋"走向"焚烧"（视频） 第2页		走进垃圾发电厂（视频） 第2页	
计算机控制系统的组成（视频） 第8页		计算机控制系统的分类（视频） 第8页	
一分钟了解组态软件（视频） 第9页		组态软件是如何进行"监控"的（视频） 第10页	
MCGS软件介绍（视频） 第10页		垃圾焚烧发电在线监控（视频） 第11页	
MSGS软件新建工程（视频） 第12页		KingView软件安装步骤（视频） 第13页	
KingView软件新建工程（视频） 第17页		安全小提示———安全生产防触电（安全动画） 第20页	
定义变量（视频） 第26页		建立画面（视频） 第28页	

续表

二维码名称、类型、位置	二维码	二维码名称、类型、位置	二维码
输入文字（视频） 第30页		绘制焚烧室（视频） 第32页	
添加垃圾吊（视频） 第33页		绘制垃圾平台（视频） 第35页	
绘制料斗与料斗挡板（视频） 第35页		绘制炉排与刮输灰机（视频） 第37页	
绘制风机、管道（视频） 第39页		绘制燃烧器（视频） 第39页	
制作按钮（视频） 第40页		绘制指示灯（视频） 第41页	
料斗挡板、火焰、堆料器动画（视频） 第43页		风机、刮板输灰机动画（视频） 第46页	
按钮动画（视频） 第48页		指示灯动画（视频） 第49页	
垃圾吊动画（视频） 第50页		垃圾块动画（视频） 第52页	
垃圾块动画调试（视频） 第54页		炉排处垃圾块动画（视频） 第55页	
炉排处垃圾块焚烧动画（视频） 第57页		数值实时显示动画（视频） 第59页	

续表

二维码名称、类型、位置	二维码	二维码名称、类型、位置	二维码
定时器简介（视频） 第 60 页		定时器设置（视频） 第 61 页	
运行策略设置（视频） 第 63 页		启动、暂停、复位程序（视频） 第 66 页	
料斗挡板控制程序（视频） 第 67 页		垃圾吊、垃圾块水平移动程序（视频） 第 67 页	
垃圾吊、垃圾块垂直移动程序（视频） 第 68 页		焚烧室、推料器程序（视频） 第 69 页	
焚烧块燃烧程序（视频） 第 70 页		刮板输灰机、变量复位程序（视频） 第 72 页	
项目二 完整程序（文档） 第 74 页		安全小提示———起重机吊装"十不吊"（安全动画） 第 79 页	
定义变量（视频） 第 85 页		设计与编辑画面跟我学（文档） 第 87 页	
建立画面（视频） 第 87 页		输入文字（视频） 第 87 页	
制作按钮（视频） 第 87 页		绘制指示灯（视频） 第 87 页	
绘制垃圾吊（视频） 第 87 页		绘制卸料大厅（视频） 第 87 页	

续表

二维码名称、类型、位置	二维码	二维码名称、类型、位置	二维码
添加垃圾车（视频） 第87页		绘制挡板（视频） 第87页	
绘制车内垃圾块（视频） 第87页		绘制排水槽、渗沥液收集池、料斗（视频） 第87页	
绘制垃圾池垃圾块、地磅（视频） 第87页		绘制墙体（视频） 第87页	
动画连接与调试跟我学（文档） 第88页		按钮动画（视频） 第88页	
指示灯动画（视频） 第88页		移动值和滑动输入器（视频） 第88页	
垃圾吊动画（视频） 第88页		车厢倾斜动画（视频） 第88页	
垃圾挡板动画（视频） 第88页		垃圾车动画（视频） 第88页	
倾倒垃圾动画（视频） 第88页		定时器设置与使用跟我学（文档） 第89页	
定时器设置（视频） 第89页		运行策略设置（视频） 第89页	
程序调试与分析（视频） 第91页		项目三 完整程序（文档） 第100页	

续表

二维码名称、类型、位置	二维码	二维码名称、类型、位置	二维码
项目三 项目报告模板（文档）第 100 页		安全小提示———作业现场安全标志（安全动画）第 103 页	
定义变量（视频）第 109 页		设计与编辑画面跟我学（文档）第 111 页	
建立画面（视频）第 111 页		输入文字（视频）第 111 页	
绘制炉排（视频）第 111 页		绘制燃烧室（视频）第 111 页	
绘制脱硝剂储罐（视频）第 111 页		绘制脱硫反应塔（视频）第 111 页	
绘制布袋除尘器（视频）第 111 页		绘制指示灯及按钮（视频）第 111 页	
绘制显示界面（视频）第 111 页		动画连接与调试跟我学（文档）第 111 页	
按钮与指示灯动画（视频）第 111 页		脱硝系统动画（视频）第 111 页	
脱硫系统动画（视频）第 111 页		定时器设置与使用跟我学（文档）第 112 页	
定时器设置（视频）第 112 页		控制程序编写与调试跟我学（文档）第 112 页	

续表

二维码名称、类型、位置	二维码	二维码名称、类型、位置	二维码
运行策略的设置（视频） 第 112 页		程序控制（视频） 第 112 页	
项目四 完整程序（文档） 第 112 页		实时报警（视频） 第 112 页	
历史报警（视频） 第 115 页		实时报表（视频） 第 119 页	
历史报表（视频） 第 120 页		实时曲线（视频） 第 124 页	
历史曲线（视频） 第 125 页		项目四 项目报告模板（文档） 第 128 页	
安全小提示——两票三制度（安全动画） 第 131 页		定义变量（视频） 第 137 页	
设计与编辑画面跟我学（文档） 第 139 页		建立画面（视频） 第 139 页	
输入文字（视频） 第 139 页		绘制燃烧室（视频） 第 139 页	
绘制集汽集箱、汽轮机、发电机（视频） 第 139 页		绘制输送管道、阀门、汽包（视频） 第 139 页	
绘制上下联箱、除氧器、给水泵（视频） 第 139 页		绘制流动块（视频） 第 139 页	

续表

二维码名称、类型、位置	二维码	二维码名称、类型、位置	二维码
绘制水位、矩形框（视频） 第 139 页		元器件动画（视频） 第 139 页	
按钮、指示灯动画（视频） 第 141 页		标签动画（视频） 143 页	
汽轮机动画（视频） 第 144 页		定时器设置与使用跟我学（文档） 第 146 页	
定时器设置（视频） 第 146 页		控制程序编写与调试跟我学（文档） 第 146 页	
运行策略设置（视频） 第 146 页		脚本程序编辑（视频） 第 146 页	
项目五　完整程序（文档） 第 146 页		实时报警、历史报警跟我学（文档） 第 147 页	
实时报警（视频） 第 147 页		历史报警（视频） 第 147 页	
实时报表、历史报表跟我学（文档） 第 147 页		实时报表（视频） 第 147 页	
历史报表（视频） 第 147 页		实时曲线、历史曲线跟我学（文档） 第 148 页	
实时曲线（视频） 第 148 页		历史曲线（视频） 第 148 页	

续表

二维码名称、类型、位置	二维码	二维码名称、类型、位置	二维码
项目五　项目报告模板（文档） 第 148 页		学习情境描述（视频） 第 151 页	
安全小提示——进入工厂，安全先行（安全动画） 第 151 页		项目任务要求（视频） 第 152 页	
定义变量（视频） 第 156 页		设计与编辑画面（视频） 第 157 页	
定时器的设置与使用（视频） 第 158 页		程序编写思路（视频） 第 159 页	
运行策略的设置（视频） 第 159 页		主程序的编写与调试（视频） 第 159 页	
脚本程序 1-4 的修改与调试（视频） 第 161 页		项目六　完整程序（文档） 第 163 页	
安全机制（视频） 第 166 页		定义用户组和用户组（视频） 第 166 页	
系统权限设置（视频） 第 167 页		操作权限设置（视频） 第 169 页	
运行测试（视频） 第 171 页		项目六　项目报告模板（文档） 第 172 页	
定义变量（视频） 第 179 页		新建画面（视频） 第 180 页	

续表

二维码名称、类型、位置	二维码	二维码名称、类型、位置	二维码
输入文字（视频） 第 182 页		制作按钮（视频） 第 183 页	
绘制指示灯（视频） 第 184 页		绘制垃圾吊（视频） 第 185 页	
绘制卸料大厅（视频） 第 186 页		绘制垃圾车（视频） 第 187 页	
绘制料斗挡板（视频） 第 187 页		绘制车内垃圾块、排水槽、渗沥液收集池（视频） 第 188 页	
制作料斗、绘制预留垃圾块（视频） 第 188 页		绘制地磅（视频） 第 189 页	
绘制墙体（视频） 第 189 页		垃圾吊动画（视频） 第 190 页	
车厢旋转动画（视频） 第 192 页		垃圾车动画（视频） 第 193 页	
倾倒垃圾块、垃圾块显示动画（视频） 第 194 页		系统运行设置（视频） 第 195 页	
启动、暂停、复位程序的编写与调试（视频） 第 196 页		挡板控制程序的编写与调试（视频） 第 198 页	
垃圾车倾倒程序的编写与调试（视频） 第 198 页		机械手控制参考程序（文档） 第 200 页	

续表

二维码名称、类型、位置	二维码	二维码名称、类型、位置	二维码
机械手控制程序的编写与调试（视频） 第 200 页		项目七 完整程序（文档） 第 200 页	
定义变量（视频） 第 210 页		设计与编辑画面跟我学（文档） 第 212 页	
新建画面（视频） 第 212 页		输入文字（视频） 第 212 页	
制作按钮（视频） 第 212 页		绘制指示灯（视频） 第 212 页	
绘制烟道（视频） 第 212 页		图库模型的放置（视频） 第 212 页	
绘制阀门（视频） 第 212 页		绘制管道（视频） 第 212 页	
绘制蒸汽管道（视频） 第 212 页		动画连接与调试跟我学（文档） 第 213 页	
管道动画（视频） 第 213 页		汽包水箱水位动画（视频） 第 213 页	
参数显示（视频） 第 213 页		水泵、阀门动画（视频） 第 213 页	
控制程序编写与调试跟我学（文档） 第 213 页		程序编写与调试（视频） 第 213 页	

续表

二维码名称、类型、位置	二维码	二维码名称、类型、位置	二维码
项目八 完整程序（文档） 第 213 页		报警参数设置与实时报警（视频） 第 213 页	
历史报警（视频） 第 215 页		实时曲线（视频） 第 216 页	
历史曲线（视频） 第 217 页		实时报表（视频） 第 218 页	
权限管理（视频） 第 218 页		定义角色（视频） 第 219 页	
定义用户组及用户（视频） 第 220 页		启动按钮安全设置（视频） 第 221 页	
项目八 项目报告模板（文档） 第 222 页		硬件接线（视频） 第 231 页	
设备组态（视频） 第 231 页		画面组态（视频） 第 234 页	
PLC 程序编写（视频） 第 235 页		联机调试（视频） 第 236 页	
硬件接线（视频） 第 246 页		硬件组态（视频） 第 247 页	
编写程序（视频） 第 249 页		联机调试（视频） 第 251 页	

续表

二维码名称、类型、位置	二维码	二维码名称、类型、位置	二维码
项目十　项目报告模板（文档） 第251页		硬件接线（视频） 第260页	
硬件组态（视频） 第261页		添加数据块（视频） 第262页	
编写程序（视频） 第262页		联机调试（视频） 第264页	
项目十一　项目报告模板（文档） 第265页			

技能测试-二维码资源一览表

序号	名字	类型	二维码	自测分（每项5分）
1	添加指示灯动画	交互式动画		
2	添加垂直滑竿动画	交互式动画		
3	添加水平滑竿动画	交互式动画		
4	添加机械手、工件动画	交互式动画		
5	添加左右箭头动画	交互式动画		
6	添加报警灯动画	交互式动画		
7	添加门动画	交互式动画		

续表

序号	名字	类型	二维码	自测分（每项5分）
8	添加定时器动画	交互式动画		
9	添加罐里液位动画	交互式动画		
10	添加液位显示动画	交互式动画		
11	添加水泵、阀动画	交互式动画		
12	添加实时报警动画	交互式动画		
13	添加历史报警动画	交互式动画		
14	报表制作-实时报表	交互式动画		
15	添加历史报表	交互式动画		
16	添加实时曲线动画	交互式动画		
17	添加历史曲线动画	交互式动画		

目　　录

项目一　知识资讯 ……………………………………………………………… 1

【项目准备】……………………………………………………………… 1
【项目实施】……………………………………………………………… 2
任务一　垃圾焚烧发电系统…………………………………………… 2
任务二　计算机控制系统……………………………………………… 7
任务三　组态技术……………………………………………………… 9
任务四　垃圾焚烧发电监控系统……………………………………… 11
任务五　组态软件的安装与工程建立………………………………… 12
【项目拓展】……………………………………………………………… 18
【能量驿站】……………………………………………………………… 18
您了解吗？国产工业组态软件………………………………………… 18

项目二　基于 MCGS 的垃圾焚烧监控系统 …………………………………… 20

【项目准备】……………………………………………………………… 20
【项目实施】……………………………………………………………… 26
任务一　定义变量……………………………………………………… 26
任务二　设计与编辑画面……………………………………………… 28
任务三　动画连接与调试……………………………………………… 43
任务四　定时器的设置与使用………………………………………… 60
任务五　控制程序编写与调试………………………………………… 63
【项目报告】……………………………………………………………… 74
【评价反馈】……………………………………………………………… 76
【常见问题解答】………………………………………………………… 77
【项目拓展】……………………………………………………………… 77
【能量驿站】……………………………………………………………… 77
聚焦工控发展　国产品牌崛起正当时………………………………… 77

1

项目三 基于 MCGS 的垃圾接收监控系统 ·········· 79

【项目准备】 ·········· 79
【项目实施】 ·········· 85
  任务一 定义变量 ·········· 85
  任务二 设计与编辑画面 ·········· 86
  任务三 动画连接与调试 ·········· 88
  任务四 定时器的设置与使用 ·········· 88
  任务五 控制程序编写与调试 ·········· 89
【项目报告】 ·········· 100
【评价反馈】 ·········· 100
【常见问题解答】 ·········· 101
【项目拓展】 ·········· 102
【能量驿站】 ·········· 102
  科技巨匠的抉择与奉献 ·········· 102

项目四 基于 MCGS 的烟气污水净化系统 ·········· 103

【项目准备】 ·········· 103
【项目实施】 ·········· 109
  任务一 定义变量 ·········· 109
  任务二 设计与编辑画面 ·········· 110
  任务三 动画连接与调试 ·········· 111
  任务四 定时器的设置与使用 ·········· 112
  任务五 控制程序编写与调试 ·········· 112
  任务六 制作与调试实时和历史报警窗口 ·········· 112
  任务七 制作与调试实时和历史报表 ·········· 118
  任务八 制作与调试实时和历史曲线 ·········· 123
【项目报告】 ·········· 128
【评价反馈】 ·········· 128
【常见问题解答】 ·········· 130
【项目拓展】 ·········· 130
【能量驿站】 ·········· 130
  牢记初心使命 推动绿色发展 ·········· 130

项目五 基于 MCGS 的垃圾发电监测系统 ·········· 131

【项目准备】 ·········· 131
【项目实施】 ·········· 137
  任务一 定义变量 ·········· 137

任务二　设计与编辑画面 …………………………………………………… 138
　　任务三　动画连接与调试 …………………………………………………… 139
　　任务四　定时器的设置与使用 ……………………………………………… 146
　　任务五　控制程序编写与调试 ……………………………………………… 146
　　任务六　制作与调试实时和历史报警窗口 ………………………………… 146
　　任务七　制作与调试实时和历史报表 ……………………………………… 147
　　任务八　制作与调试实时和历史曲线 ……………………………………… 147
　【项目报告】……………………………………………………………………… 148
　【评价反馈】……………………………………………………………………… 148
　【常见问题解答】………………………………………………………………… 149
　【项目拓展】……………………………………………………………………… 150
　【能量驿站】……………………………………………………………………… 150
　　牢守安全生产底线　打造美好明天 ……………………………………………… 150

项目六　综合项目 ……………………………………………………………… 151
　【项目准备】……………………………………………………………………… 151
　【项目实施】……………………………………………………………………… 156
　　任务一　定义变量 …………………………………………………………… 156
　　任务二　设计与编辑画面 …………………………………………………… 157
　　任务三　定时器的设置与使用 ……………………………………………… 158
　　任务四　控制程序编写与调试 ……………………………………………… 159
　　任务五　制作与调试实时和历史报警窗口 ………………………………… 163
　　任务六　制作与调试实时和历史曲线 ……………………………………… 164
　　任务七　制作与调试实时和历史报表 ……………………………………… 165
　　任务八　安全机制 …………………………………………………………… 166
　【项目报告】……………………………………………………………………… 172
　【评价反馈】……………………………………………………………………… 172
　【常见问题解答】………………………………………………………………… 173
　【项目拓展】……………………………………………………………………… 173
　【能量驿站】……………………………………………………………………… 173
　　居安思危　常怀远虑 ……………………………………………………………… 173

项目七　基于 KingView 的垃圾接收监控系统 ……………………………… 175
　【项目准备】……………………………………………………………………… 175
　【项目实施】……………………………………………………………………… 179
　　任务一　定义变量 …………………………………………………………… 179
　　任务二　设计与编辑画面 …………………………………………………… 180
　　任务三　动画连接与调试 …………………………………………………… 190

任务四　控制程序编写与调试 195
　【项目报告】 201
　【评价反馈】 203
　【常见问题解答】 204
　【项目拓展】 204
　【能量驿站】 205
　　学以致用　知行合一 205

项目八　基于 KingView 的垃圾发电监控系统 206

　【项目准备】 206
　【项目实施】 210
　　任务一　定义变量 210
　　任务二　设计与编辑画面 212
　　任务三　动画连接与调试 213
　　任务四　控制程序编写与调试 213
　　任务五　制作与调试实时与历史报警窗口 213
　　任务六　制作与调试实时与历史曲线 216
　　任务七　制作与调试实时报表 217
　　任务八　权限管理 218
　【项目报告】 222
　【评价反馈】 222
　【常见问题解答】 224
　【项目拓展】 224
　【能量驿站】 224
　　有问题　不逃避 224

项目九　MCGS+S7-1200 PLC 控制电动机启停 226

　【项目准备】 226
　【项目实施】 231
　　任务一　硬件接线 231
　　任务二　组态设计 231
　　任务三　PLC 程序编写 235
　　任务四　联机运行与调试 236
　【项目报告】 237
　【评价反馈】 238
　【常见问题解答】 239
　【项目拓展】 239

【能量驿站】 ··· 239
　　协作共赢　探索无限可能 ··· 239

项目十　西门子 S7-1200 系列 PLC 以太网通信 ································ 241

【项目准备】 ··· 241
【项目实施】 ··· 246
　任务一　PLC I/O 地址分配 ·· 246
　任务二　硬件接线 ·· 246
　任务三　PLC 软件 ··· 247
　任务四　联机运行与调试 ·· 251
【项目报告】 ··· 251
【评价反馈】 ··· 251
【常见问题解答】 ·· 253
【项目拓展】 ··· 253
【能量驿站】 ··· 253
　　尽网安之责　享网络之便 ··· 253

项目十一　西门子 S7-1200 系列 PLC 自由口通信 ······························ 254

【项目准备】 ··· 254
【项目实施】 ··· 260
　任务一　PLC I/O 地址分配 ·· 260
　任务二　硬件接线 ·· 260
　任务三　PLC 软件 ··· 261
　任务四　联机运行与调试 ·· 264
【项目报告】 ··· 265
【评价反馈】 ··· 265
【常见问题解答】 ·· 266
【项目拓展】 ··· 266
【能量驿站】 ··· 266
　　强国有我　筑梦远航 ··· 266

项目一 知识资讯

导读

本部分主要讲述垃圾焚烧发电系统与组态软件相关知识,并将两者相结合,要求学生对使用组态软件建立垃圾焚烧发电监控系统的必要性有初步理解,同时了解垃圾焚烧发电的过程与各流程中监控系统部署的要点。

【项目准备】

学习情境描述

垃圾焚烧发电系统构成复杂,从收集垃圾到处理结束,需要垃圾接收、储存、焚烧、发电、烟气净化等多个流程。在这些工艺流程处理过程中,储存的垃圾会散发大量恶臭气味,而且高温燃烧产生的二噁英等化学物质严重危害人体的健康。因此在垃圾焚烧发电系统稳定运行的条件下,需要制定一个智能控制方案,来增加系统的效率,避免出现有害气体浓度过高的情况,为垃圾发电厂的工作人员提供一个相对安全的工作环境,减少对周围环境的影响;同时还需要设计一套监控组态系统,形成垃圾焚烧发电全过程的可靠安全预警机制和管理决策信息通道,实现系统运行的数字可视化。

本项目基于垃圾焚烧发电监控系统,介绍相关先导知识,旨在对系统整体情况产生初步理解,为后面项目的学习奠定基础。

学习目标

知识目标	1. 了解垃圾焚烧发电系统的工作原理; 2. 了解自动控制系统和计算机控制系统的组成; 3. 掌握组态的概念、组态软件的功能与特点
技能目标	1. 安装 MCGS 和 KingView 组态软件; 2. 使用组态软件建立并保存新工程
素养目标	1. 对交叉学科知识具备初步融合能力; 2. 具备前沿知识主动获取的能力

续表

教学重点	1. 垃圾焚烧发电系统的工作原理； 2. 组态软件的功能与特点
教学难点	组态软件的功能
建议学时	2 学时
推荐教学方法	分别介绍垃圾焚烧发电系统与监控组态系统，再将两者融合，让学生了解监控组态系统在一般工业生产中的作用与优势，并通过安装软件、新建工程的操作指导，帮助学生对监控组态软件的使用有一个初步的了解
推荐学习方法	将不同的知识点联系起来，组成一个完整的知识框架，再由上及下，消化理解垃圾焚烧发电监控系统中每一部分的组成与作用

【项目实施】

任务一　垃圾焚烧发电系统

在社会发展越来越先进的同时，人们制造垃圾的能力也日益增长，如何处理这些大量的生活垃圾，是摆在城市管理者面前的一大考验。在城市发展的初期，对于日常生活中产生的垃圾，处理部门一般选择合适地点进行堆放或者填埋的方式处理，这些原始的处理方式经过日积月累，必然会对环境造成严重影响。随着城市的高速发展，以及人们环保意识的增强，必须摒弃原先落后的垃圾处理方式，寻找一种对水、土地等资源更加友好的方法，尽量做到无害化、减量化。目前我国大部分城市采用了先进的垃圾焚烧发电技术，不仅大大减少了环境的污染，同时还能将废弃的垃圾转化为电能，实现资源回收再利用。

生活垃圾从"填埋"走向"焚烧"

垃圾焚烧发电是通过特殊的焚烧炉燃烧城市固体垃圾，利用产生的热能，驱动汽轮机发电机组发电的一种发电形式。燃烧 4.5 t 垃圾产生的热量，接近燃烧 1 t 燃煤产生的热量。垃圾经过一定时间的堆积发酵，全程不需要添加燃油或其他助燃剂。

垃圾焚烧发电系统运行主体包括垃圾接收系统、焚烧系统、余热利用系统、发电系统、烟气污水净化系统、自动化仪表及计算机监控系统等。生活垃圾由专用的垃圾车从垃圾转运站运送至发电厂区，经过初级分类处理，通过地磅自动称重后由指定车道送至卸料大厅，并卸入垃圾池。在垃圾吊操作室，工作人员通过垃圾抓斗起重机，将垃圾送至炉前料斗，抓斗每次可抓起 6~8 t 生活垃圾，经过进料斗及溜槽后，垃圾被推料器推到机械炉排上进行干燥、着火、燃烧、燃烬。垃圾焚烧产生的高温烟气可以被焚烧炉上方的余热锅炉回收。此外，垃圾焚烧产生的烟气和废渣需要通过污染治理设备进行处理，以满足环保需求。

走进垃圾发电厂

图 1-1 所示为生活垃圾焚烧发电的工艺流程。图 1-2 所示为生活垃圾焚烧发电工艺。

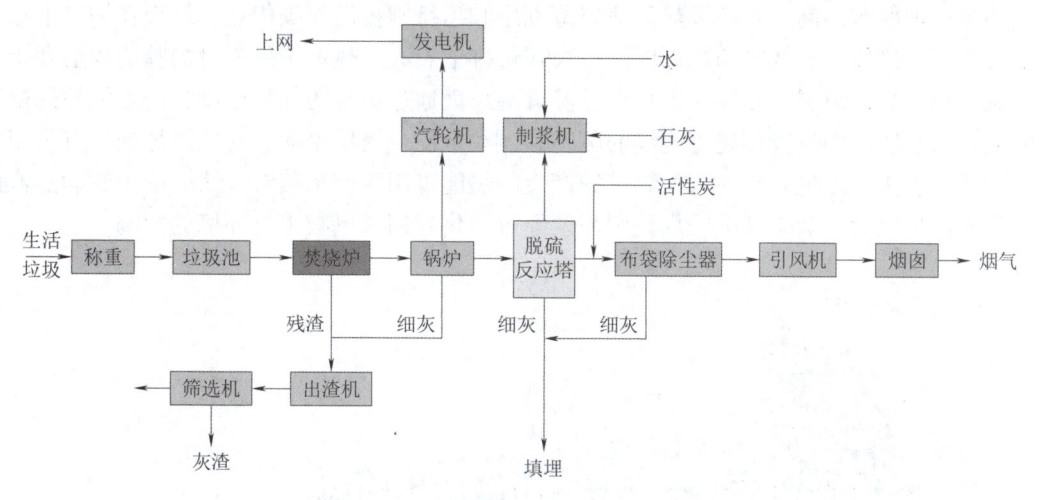

图 1-1　生活垃圾焚烧发电的工艺流程

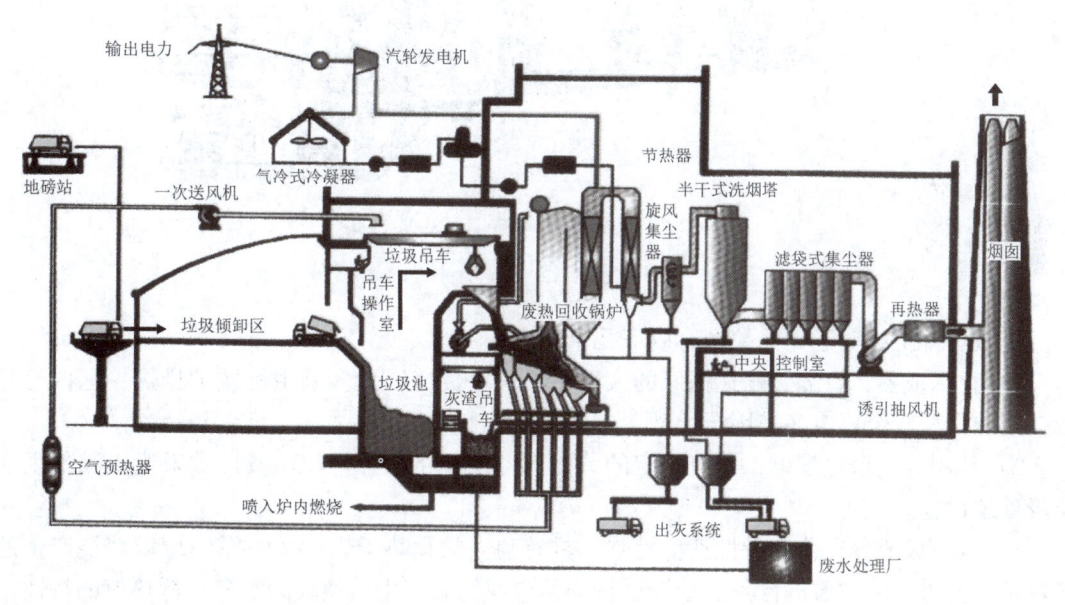

图 1-2　生活垃圾焚烧发电工艺

垃圾焚烧发电工艺主要分为四部分：

1. 垃圾接收与储存
垃圾焚烧发电厂首先需要收集和接收来自城市和工业区域的垃圾。垃圾通常经过初步处理，如分类、脱水和压缩，以减少体积和提高可燃性。然后，垃圾被存放在垃圾堆放场或垃圾池中，等待垃圾吊抓取进入焚烧炉前料斗。

2. 垃圾焚烧
垃圾焚烧是垃圾焚烧发电的核心步骤。机械炉排炉是目前世界上最常用、处理量最大、适用性最好的城市生活垃圾焚烧炉型，如图 1-3 所示，在欧美等发达国家得到广泛使用，其单台最大处理规模可达 1 200 t/d，技术成熟可靠。机械炉排炉采用层状燃烧技术，具有对垃圾的预处理要求不高、对垃圾热值适应范围广和运行维护简便等优点。垃圾在炉排上通过三个区段：干燥段、燃烧段和燃烬段。垃圾在炉排上着火，热量不仅来自炉膛的辐射和烟气的对流，还来自垃圾层的内部。炉排上已着火的垃圾通过炉排的往复运动，产生强烈的翻转和搅动，引起底部的垃圾燃烧。连续的翻转和搅动也使垃圾层松动、透气性加强，有利于垃圾的干燥、着火、燃烧和燃烬。焚烧过程产生的热能可用于产生蒸汽，然后用于驱动蒸汽涡轮发电机产生电力。焚烧产生的烟气则需要经过净化处理，以减少对环境的影响。

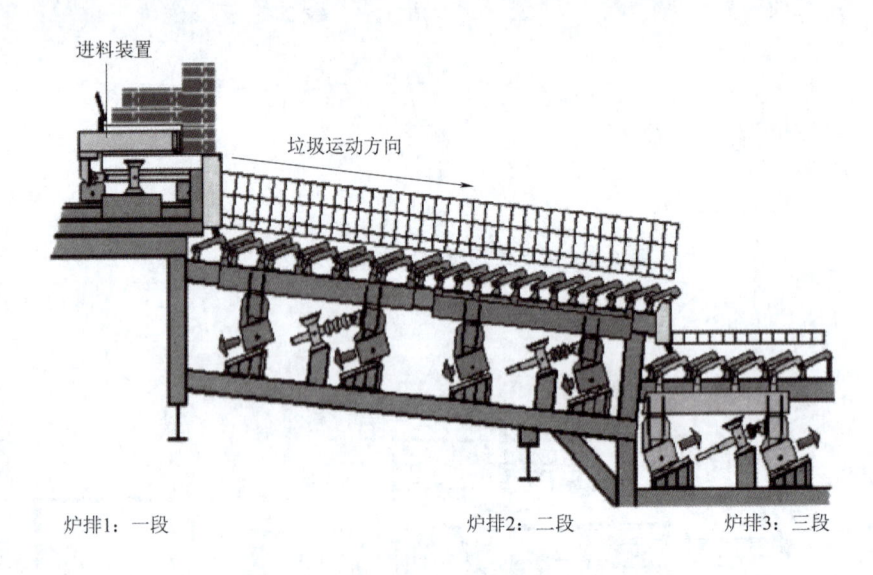

图 1-3 机械炉排炉

机械炉排炉相对于其他炉型有以下几个特点：

1) 技术成熟、可靠，发达国家的大型生活垃圾焚烧厂大多采用机械炉排炉，国内已建或在建的大型焚烧厂也多采用该炉型。

2) 利用焚烧余热发电，具有一定的节能效益与经济效益。CO_2 减排效果优于其他生活垃圾处理设施。

3) 对垃圾成分变化的特性适应性强；具有独立的预热干燥区，炉膛内垃圾焚烧产生的热量可对新进入的垃圾进行预热干燥，特别适应我国城市生活垃圾高水分、低热值的特性。

4) 操作简单方便，不易造成二次污染。

5) 焚烧炉稳定可靠，设备寿命长，满足年运行时间大于 8 000 h 要求。

图 1-4 所示为倾斜焚烧炉焚烧示意图。

3. 烟气净化

生活垃圾焚烧产生的烟气含有氯化氢、二氧化硫、氮氧化物、硫化氢、一氧化碳、重金属、飞灰、二噁英等有害物质。这些有害物质若直接排放，会给环境造成严重影响，所以我国规定垃圾焚烧厂的烟气排放指标应满足《生活垃圾焚烧污染控制标准》（GB 18485—2014）的最低标准。表 1-1 所示为生活垃圾焚烧炉排放烟气中污染物限值。

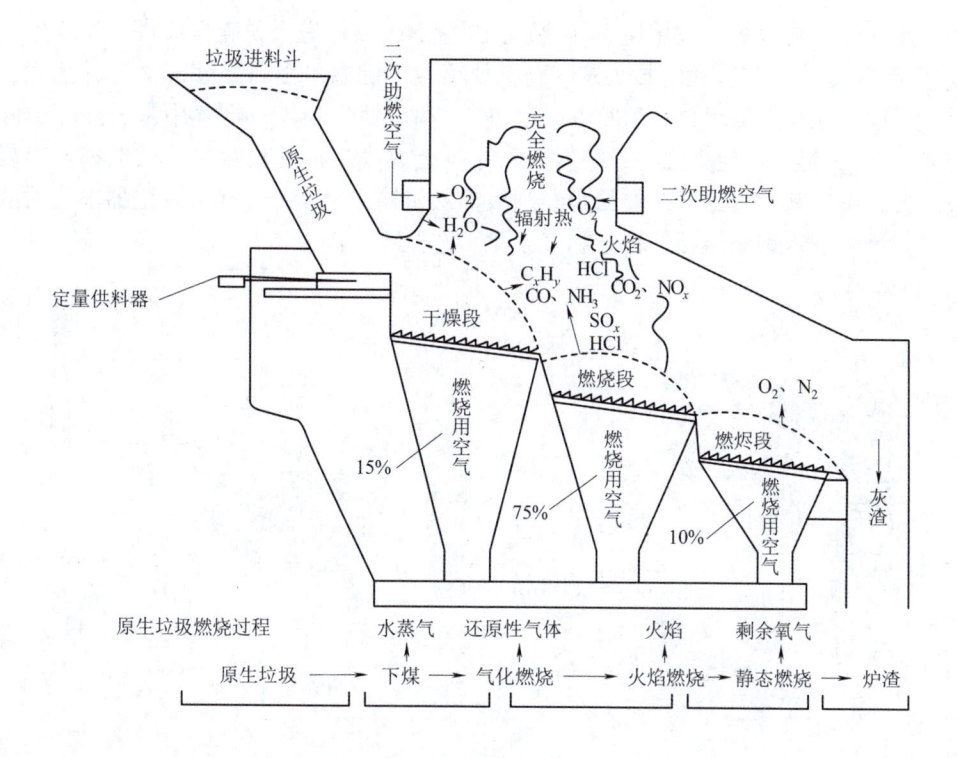

图 1-4 倾斜焚烧炉焚烧示意图

表 1-1 生活垃圾焚烧炉排放烟气中污染物限值

序号	污染物项目	限值	取值时间
1	颗粒物/(mg·m^{-3})	30	1 小时均值
		20	24 小时均值
2	氮氧化物（NO$_x$）/(mg·m^{-3})	300	1 小时均值
		250	24 小时均值
3	二氧化硫（SO$_2$）/(mg·m^{-3})	100	1 小时均值
		80	24 小时均值
4	氯化氢（HCl）/(mg·m^{-3})	60	1 小时均值
		50	24 小时均值
5	汞及其化合物（以 Hg 计）/(mg·m^{-3})	0.05	测定均值
6	镉、铊及其化合物（以 Cd+Tl 计）/(mg·m^{-3})	0.1	测定均值
7	锑、砷、铅、铬、钴、铜、锰、镍及其化合物 （以 Sb+As+Pb+Cr+Co+Cu+Mn+Ni 计）/(mg·m^{-3})	1	测定均值
8	二噁英类/(ng TEQ·m^{-3})	0.1	测定均值
9	一氧化碳（CO）/(mg·m^{-3})	100	1 小时均值
		80	24 小时均值

焚烧烟气经余热锅炉回收热量后（温度190~240 ℃）进入脱硫反应塔，烟气中的酸性物质（HCl、SO_2等）与雾化的石灰浆液滴充分反应，调温水随石灰浆液雾化并蒸发，从而调节烟气温度。在反应塔出口烟道喷入$Ca(OH)_2$和活性炭粉末，烟气中未去除完的酸性污染物与$Ca(OH)_2$继续反应去除，二噁英和汞等重金属则被活性炭吸附。烟尘进入布袋除尘器后被滤袋分离出来，收集下来的粉尘经刮板输灰机输送至灰仓。布袋除尘器净化后的洁净烟气通过引风机送入钢制烟囱外排。烟气净化工艺流程如图1-5所示。

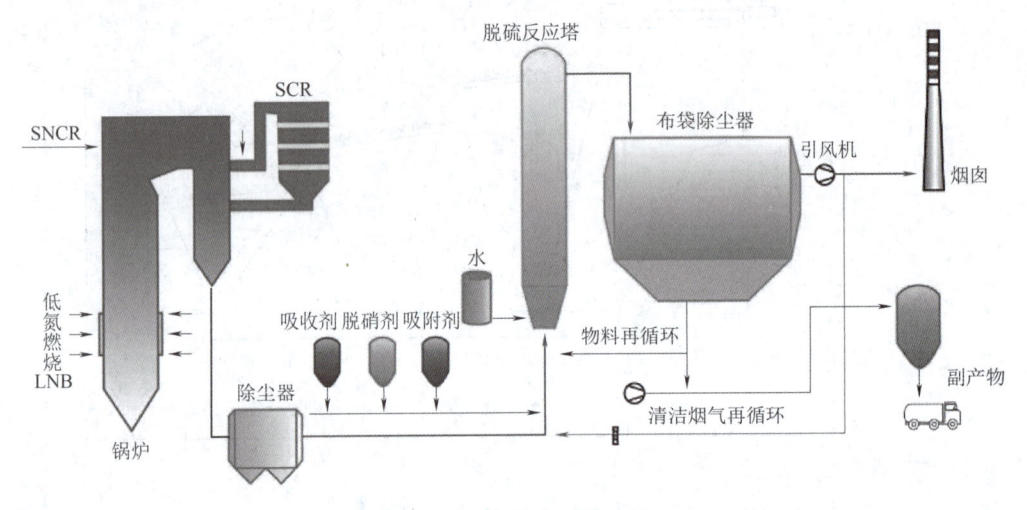

图1-5 烟气净化工艺流程

4. 发电

引导问题1：根据发电机的工作原理，查阅相关资料，了解汽轮机的基本结构与发电流程。图1-6所示为发电工艺流程。

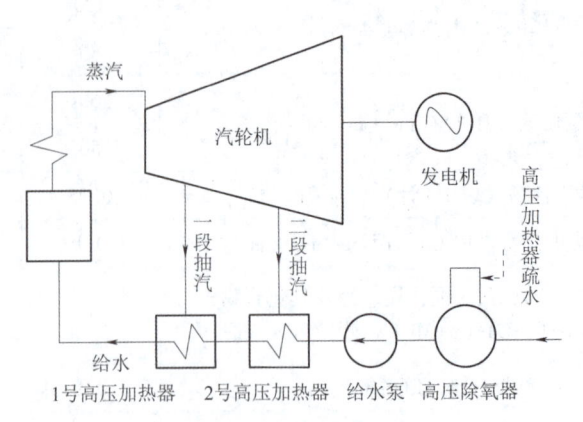

图1-6 发电工艺流程

垃圾在排炉中燃烧释放出大量的热量及高温烟气，其中绝大部分被锅炉受热面内的工质吸收成为具有一定压力和温度的过热蒸汽，这些过热蒸汽进入汽轮机内膨胀做功使叶片转动，将热能转化成机械能，转动的叶片再带动发电机，将机械能转化为电能输出。做功后的废气经凝汽器、循环水泵、凝结水泵、给水加热装置等送回锅炉循环使用。

与常规火电厂不同，垃圾焚烧发电厂要求"停机不停炉"，年运行时间一般要求不低于 8 000 h，即当汽轮发电机组因故障或检修停机时，焚烧炉能够保持正常连续运行。所以垃圾焚烧发电厂均设置为汽轮机旁路系统运行方式。汽轮机因故障停机时，主蒸汽经旁路系统减温减压后排至凝汽器。同时设置启动低负荷减温减压器系统，旁路蒸汽经过减温减压后用于锅炉空气预热器和除氧器的加热蒸汽。

任务二 计算机控制系统

1. 计算机控制系统概述

引导问题 2：在自动控制系统中，开环控制系统与闭环控制系统各有什么优缺点？

_____

_____

_____

计算机控制系统就是利用计算机（通常称为工业控制计算机）来实现工业过程自动控制的系统，是自动控制理论、自动化技术与计算机技术紧密结合的产物。控制理论的发展，尤其是现代控制理论的发展，与计算机技术息息相关。利用计算机快速强大的数值计算、逻辑判断等信息加工能力，计算机控制系统可以实现比常规控制更复杂、更全面的控制方案。计算机为现代控制理论的应用提供了有力的工具。同时，计算机控制系统应用于工业控制领域提出一系列理论与工程上的问题，又进一步推动了控制理论和计算机技术的发展。

如图 1-7 所示为计算机控制系统原理框图。

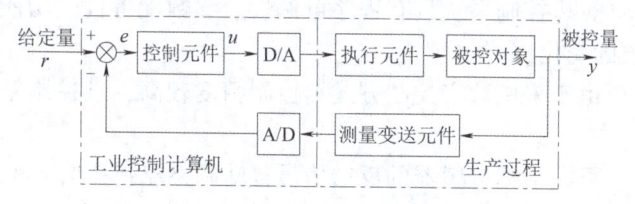

图 1-7 计算机控制系统原理框图

系统期望输出的信号叫作参考输入或给定量；
被控制的设备或者过程叫作被控对象；
被控制的设备参数叫作被控量或者输出量；
用于接收控制命令、给定值和测量值，计算输出量，输出控制信号给执行机构的装置（即工业控制机）叫作控制元件；
用于接收控制元件控制信号的装置叫作执行元件。执行元件对被控对象施加控制作用，

7

如电机速度调节、阀门开度变化等动作；

用于检测被控参数，并将其转换为控制元件可以接收的信号的装置叫作测量变送元件，一般由各种传感器构成。

由于工业控制计算机的输入和输出是数字信号，而现场采集到的信号或送到执行元件的信号大多是模拟信号，因此与常规的按偏差控制的闭环负反馈系统相比，计算机控制系统需要有数/模转换器和模/数转换器这两个环节。计算机把通过测量元件、变送元件和模/数转换器送来的数字信号，直接反馈到输入端与设定值进行比较，然后根据要求按偏差进行运算，所得到数字量输出信号经过数/模转换器送到执行元件，对被控对象进行控制，使被控量稳定在设定值上。这种系统称为闭环控制系统。

计算机控制系统的工作原理可归纳为三个步骤：

1）实时数据采集。对来自测量变送元件的被控量的瞬时值进行检测和输入。

2）实时控制决策。对采集到的被控量进行分析和处理，并按预定的控制规律，决定将要采取的控制策略。

3）实时控制输出。根据控制决策，实时地对执行元件发出控制信号，完成控制任务。

在一般传统的控制系统中，控制规律是由硬件电路产生的，要改变控制规律就要更改硬件电路。而在计算机控制系统中，控制规律是利用软件实现的，计算机执行预定的控制程序，就能实现对被控参数的控制。因此，要改变控制规律，只要改变控制程序就可以了。这就使控制系统的设计更加灵活方便。特别是可以利用计算机强大的计算、逻辑判断、记忆、信息传递能力，实现更为复杂的控制规律，如非线性控制、逻辑控制、自适应控制、自学习控制及智能控制等。

2. 计算机控制系统的组成

计算机控制系统由计算机和工业对象组成。计算机是计算机控制系统中的核心装置，是系统中信号处理和决策的机构，它相当于控制系统的神经中枢。计算机控制系统包含硬件和软件两部分。具体可参见二维码内容。

3. 计算机控制系统的优点

对比传统的自动控制系统，计算机控制系统具有以下优点：

1）灵活性高。计算机控制系统具有程序可调性、参数配置性、功能扩展性等特点，可以快速适应控制对象的变化。

2）控制精度高。由于采用数字控制方式，控制精度较高，且控制精度可根据需要进行调整。

3）自适应性强。可以根据传感器的反馈信号自动调整控制算法，实现自适应控制。

4）控制逻辑复杂。计算机控制系统采用程序控制方式，控制逻辑往往比较复杂，需要良好的编程技能和系统设计能力。

5）抗干扰能力强。数字控制方式可以有效抵御外部干扰，保证系统的稳定性和可靠性。

6）技术含量高。计算机控制系统涉及电子技术、计算机科学、控制理论等多个领域，技术含量较高。

4. 计算机控制系统的分类

根据应用特点、控制方案、控制目标和系统构成的不同，常见的计算机控制系统可以分为数据采集与处理系统、直接数字控制系统、监督控制系统和集散控制系统等。具体可参见二维码内容。

任务三 组态技术

1. 组态控制技术

组态（Configure）具有配置、设定、设置等含义，用户可以通过模块化组合的方式来完成自己所需要的软件功能，而不需要编写计算机程序，这就叫作组态。

组态控制技术也属于计算机控制技术，它利用计算机组态软件对工业控制系统进行配置、监控与管理。与计算机控制系统相同，组态控制系统也是由被控对象、传感器、I/O 接口、计算机和执行元件几部分组成的，如图 1-8 所示。

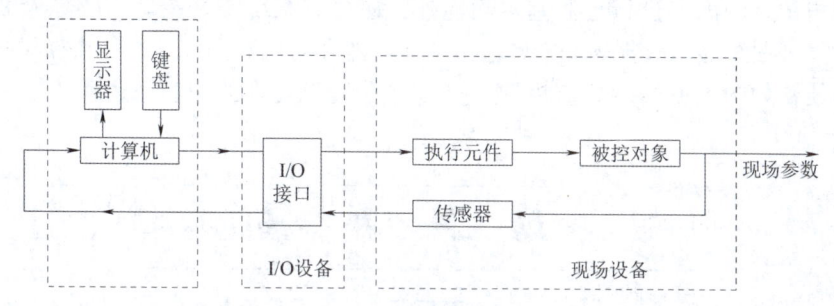

图 1-8 组态控制系统

2. 组态软件

（1）组态软件概述

组态软件，又称监控组态软件，译自英文 SCADA，即 Supervisory Control and Data Acquisition（数据采集与监视控制）。组态软件实际上是一个专为工控开发的工具软件，广泛应用于机械、汽车、石油、化工、造纸、水处理、过程控制等领域。

一分钟了解组态软件

（2）组态软件的功能与发展历程

组态软件产品于 20 世纪 80 年代初出现，并在 80 年代末进入我国。在 1995 年以后，组态软件在国内的应用逐渐得到普及。

目前，世界上流行的组态软件有几十种，我国的通用组态软件开发也有近 20 年的历史，目前国内较大的组态软件开发公司和产品有北京亚控公司的组态王 KingView、北京昆仑通态公司的 MCGS 等。大部分组态软件都是在 Windows 环境下运行的，一般是用面向对象设计语言开发的，开发过程中主要解决了以下几个问题：

1）如何与采集、控制设备进行数据交换；
2）如何将采集到的数据与计算机图形画面上的各元素关联起来；
3）处理数据越限报警和系统报警；
4）存储历史数据和支持历史数据查询；
5）以各种报表的形式将数据打印输出；

9

6）为使用者提供灵活多变的组态工具，以适用于不同控制领域的需求；

7）最终生成的应用系统运行稳定可靠；

8）具有与第三方程序连接的接口，方便数据共享。

（3）组态软件在监控系统中的作用

引导问题 3：在之前"单片机应用"课程的学习中，51 单片机的结构大家还记得吗？在使用过程中，它是如何使用软件程序控制硬件电路的？

组态软件是如何进行"监控"的

_____

_____

_____

在计算机监控系统中，监控软件有着十分重要的作用，除了能够查看生产现场的实时动态画面、历史记录画面和进行控制基本功能外，还要有系统安全措施、故障诊断、报警处理、数据运算、曲线显示、报表和打印输出功能，能和通用数据库接口，为操作人员和管理人员提供方便，如图 1-9 所示。监控软件是数据采集与处理的中心、远程监视中心和控制调度中心。

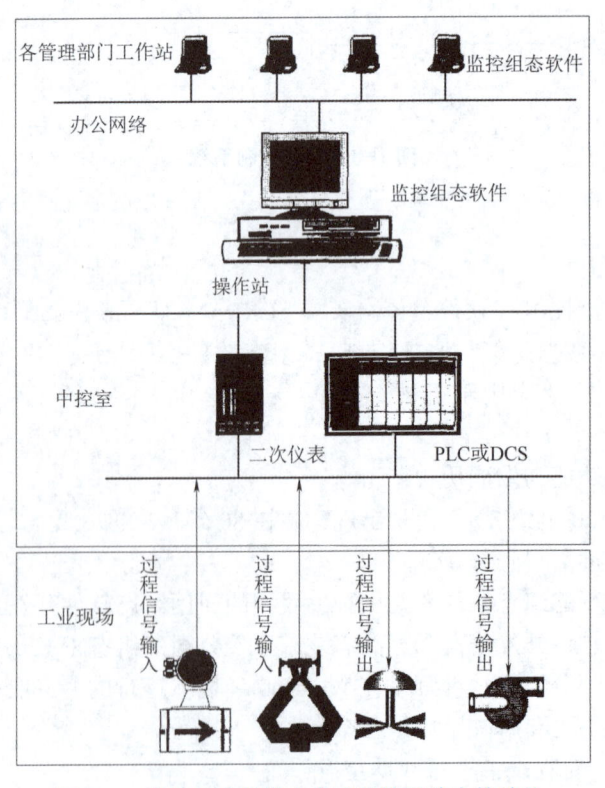

图 1-9 监控组态软件在自动监控系统中的地位

MCGS 软件介绍

以 MCGS 组态软件为例，其结构由主控窗口、设备窗口、用户窗口、实时数据库和运行策略五个部分构成，如图 1-10 所示。每一部分可以分别进行组态操作，完成不同的工作，具有不同的特性。

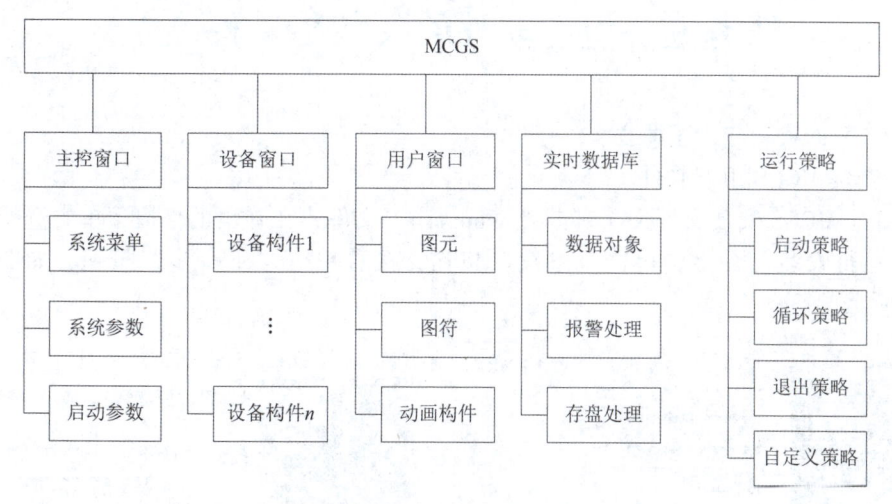

图 1-10　MCGS 功能图

任务四　垃圾焚烧发电监控系统

生活垃圾焚烧发电系统构成复杂，从收集垃圾到处理结束，需要垃圾接收、储存、焚烧、发电、烟气净化等多个流程。比如在最初的垃圾接收与储存环节，垃圾的整体质量、湿度，以及垃圾吊的运行高度等参数都需要严格控制在规定范围内。同样的，垃圾在焚烧过程中，炉排的运动速度、汽轮机的转速等也需要实时监测。而且垃圾焚烧发电厂的环境状况恶劣，在垃圾发酵、焚烧和烟气处理过程中，不仅会散发大量恶臭气味，而且产生的二噁英等物质严重危害人体的健康。

垃圾焚烧发电在线监控

因此在垃圾焚烧发电系统稳定运行的条件下，需要制定一种智能控制方案，来增加系统的效率，避免出现有害气体浓度过高的情况，为垃圾发电厂的工作人员提供一个相对安全的工作环境，减少对周围环境的影响；同时还需要设计一套监控组态系统，形成垃圾焚烧发电全过程的可靠安全预警机制和管理决策信息通道，实现系统运行的数字可视化。在监控画面中可以实现对垃圾焚烧发电工艺各个设备的工作状态及参数进行在线实时监控（质量、温度、转速、浓度等），再经过现场传感器将数据传输到计算机中，由计算机进行数据处理并显示，同时监控系统可以对垃圾焚烧发电流程中出现的故障进行报警，对故障信号预处理，并生成报警信息报表以供查阅。

本书基于 MCGS 与 KingView 组态软件分别对垃圾焚烧发电系统的各个工艺流程进行仿真组态设计，完成动画设计、设备连接、编写控制流程、编制工程打印报表等组态任务。分析垃圾焚烧发电的系统构成、技术要求和工艺流程，弄清系统的控制流程和监控对象的特征，明确监控要求和动画显示方式，分析系统中的设备采集及输出通道与软件中实时数据库变量的对应关系等，通过详细的学习，掌握常用组态软件的使用方法。

任务五　组态软件的安装与工程建立

1. MCGS 的安装与工程建立

（1）安装 MCGS 组态软件

1）打开 MCGS 安装文件夹，右击"setup.exe"文件，在弹出的快捷菜单中选择"以管理员身份运行安装"命令，单击"继续"按钮，接着单击"下一步"按钮，如图 1-11、图 1-12 所示。

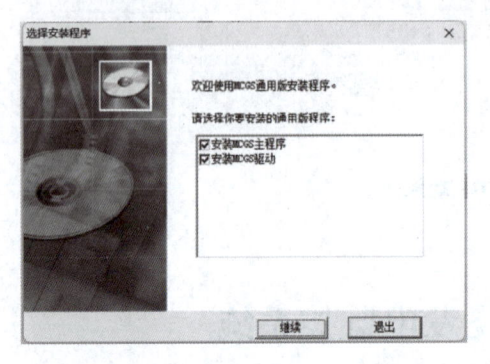

图 1-11　"选择安装程序"窗口　　　　图 1-12　单击"下一步"按钮

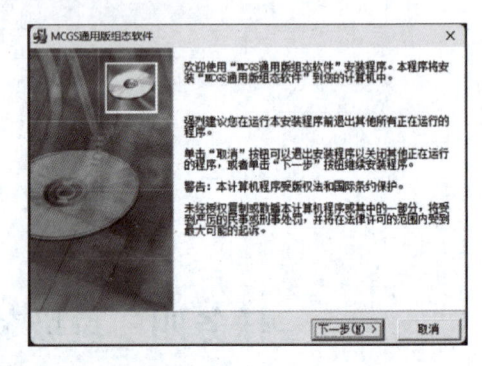

2）安装程序提示输入安装目录，默认的路径是 D:\MCGS。确定安装路径后，单击"下一步"按钮，如图 1-13 所示，启动安装。

3）安装完成后，单击"完成"按钮，提示继续安装驱动程序，单击"下一步"按钮，弹出如图 1-14 所示窗口，单击"完成"按钮。

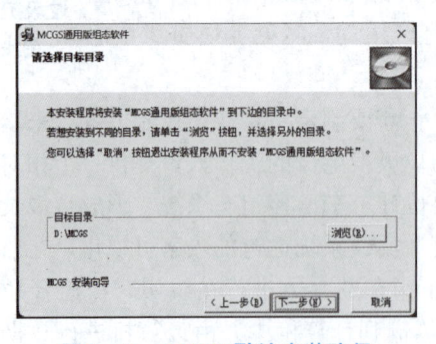

图 1-13　MCGS 默认安装路径　　　　图 1-14　完成安装

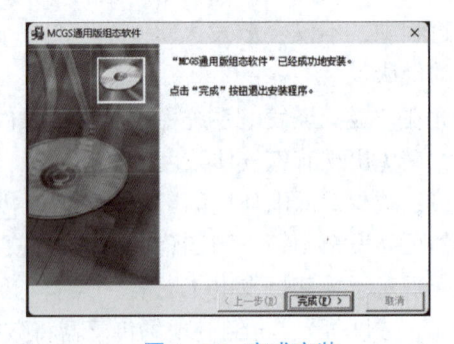

4）提示重启计算机，重启后桌面上出现两个新图标，分别是"MCGS 组态环境" 和"MCGS 运行环境" 。组态环境下可以编辑、修改设计方案，运行环境下能运行程序。

（2）工程建立

1）首先在适当位置新建一个文件夹，用于存储自己的工程文件，如在任

MSGS 软件新建工程

意盘新建"垃圾处理监控系统项目"文件夹。

2）双击桌面"MCGS 组态环境"图标，进入组态环境，如图 1-15（a）所示；单击"文件"菜单，弹出下拉菜单，单击"新建工程"命令，弹出如图 1-15（b）所示"工作台"窗口。

3）单击"文件"→"工程另存为"命令，弹出文件保存窗口，如图 1-15（c）所示，选择希望保存的路径，输入文件名，单击"保存"按钮，工程建立完毕。

（a）

（b）

（c）

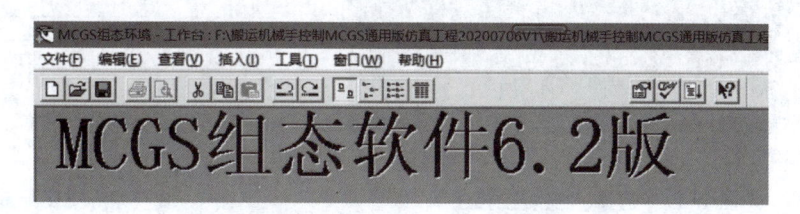

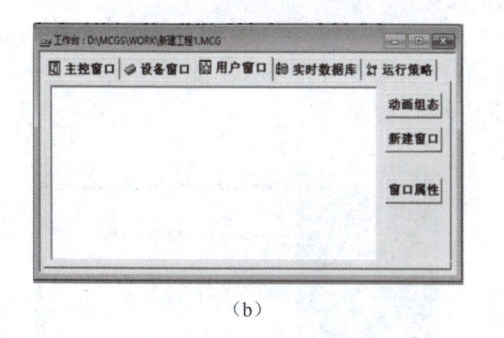

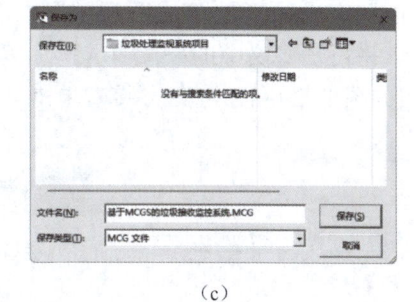

图 1-15 MCGS 新建工程图

2. KingView 的安装与工程建立

（1）安装 KingView 组态软件

打开 KingView 安装文件夹，右击"setup.exe"文件，在弹出的快捷菜单中选择"以管理员身份运行安装"命令，弹出如图 1-16 所示"安装语言"窗口。

图 1-16 "安装语言"窗口

KingView 软件安装步骤

1）选择"中文（简体）"作为安装语言，如图 1-16 所示，然后单击"确定"按钮。
2）进入安装窗口，如图 1-17 所示。
3）首先单击图 1-17 所示安装窗口中的"安装主程序"选项，安装 KingView 组态软件的主程序，等待安装配置，如图1-18所示。

图1-17　选择"安装主程序"　　　　图1-18　等待安装配置

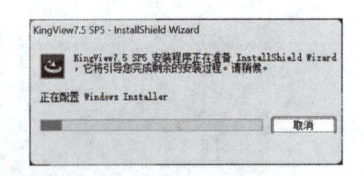

4）配置完成后弹出"许可证协议"窗口，单击"下一步"按钮。在弹出的窗口中勾选"我接受该许可证协议中的条款（A）"复选框，如图1-19所示，然后单击"下一步"按钮，弹出如图1-20所示窗口，接着单击"下一步"按钮。

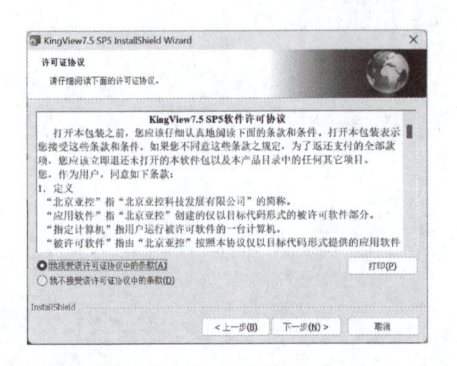

图1-19　"许可证协议"窗口　　　　图1-20　单击"下一步"按钮

5）在信息窗口用户姓名和单位随便填写即可，填好后单击"下一步"按钮。

6）在弹出的安装目录窗口中，确认KingView组态软件的安装路径，如需更改安装路径，单击窗口中的"更改"按钮，如图1-21所示，单击"下一步"按钮，弹出"自定义安装"窗口，如图1-22所示，接着单击"下一步"按钮。

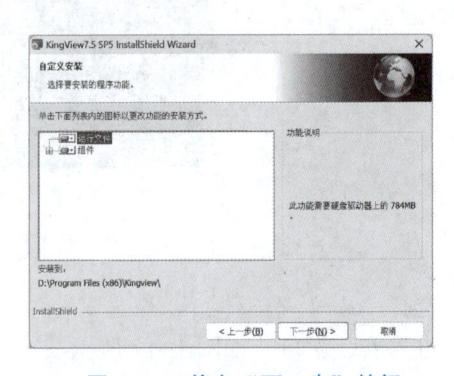

图1-21　单击"更改"按钮　　　　图1-22　单击"下一步"按钮

7）在弹出的"已做好安装程序的准备"窗口中单击"安装"按钮，开始安装，如图 1-23 所示，进入如图 1-24 所示正在安装窗口。

图 1-23　单击"安装"按钮　　　　图 1-24　正在安装窗口

8）单击"完成"按钮，如图 1-25 所示，完成 KingView 主程序的安装。主程序安装完成时，系统会提示是否重新启动计算机，选择"否，稍后再重新启动计算机"选项，然后单击"完成"按钮，如图 1-26 所示。

图 1-25　单击"完成"按钮　　　　图 1-26　选择"否，稍后再重新启动计算机"

9）主程序安装完成后，单击安装主窗口中的"安装驱动程序"选项，如图 1-27 所示。

图 1-27　单击"安装驱动程序"选项

10）等待驱动程序安装准备，准备完成后在弹出的窗口中单击"下一步"按钮，如图 1-28 所示，进入如图 1-29 所示窗口。

图1-28 单击"下一步"按钮　　　　　图1-29 "正在准备安装"窗口

11）在"许可证协议"窗口勾选"我接受该许可证协议中的条款（A）"复选框，然后单击"下一步"按钮，如图1-30所示。

12）系统默认安装路径与主程序一致，在"自定义安装"窗口单击"下一步"按钮，如图1-31所示。

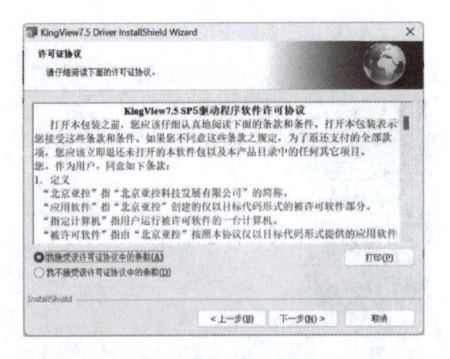

图1-30 "许可证协议"窗口　　　　　图1-31 单击"下一步"按钮

13）在"已做好安装程序的准备"窗口单击"安装"按钮，如图1-32所示，开始安装驱动程序，如图1-33所示。

图1-32 单击"安装"按钮　　　　　图1-33 "正在安装"窗口

14）单击"完成"按钮，驱动程序安装完成，如图1-34所示。

主程序与驱动程序安装完成后，KingView组态软件就可以"演示模式"进行使用了。

项目一　知识资讯

图1-34　单击"完成"按钮

KingView 软件
新建工程

（2）工程建立

1）首先在适当位置新建一个文件夹，用于存储自己的工程文件，如在 D 盘新建"KingViewProjects"文件夹。

2）双击桌面"KingView"图标，打开 KingView 组态软件，弹出如图 1-35 所示窗口；单击"新建"菜单，弹出如图 1-36 所示窗口。

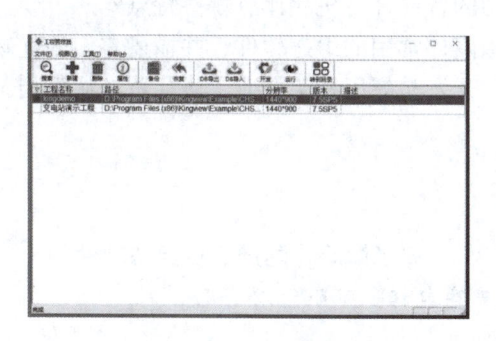

图1-35　单击"新建"菜单

3）单击"下一页"按钮，弹出如图 1-37 所示窗口，选择希望保存的路径，单击"下一页"按钮，弹出如图 1-38 所示窗口，输入工程名称和工程描述后，单击"完成"按钮，KingView 工程新建成功。

图1-36　单击"下一页"按钮　　　　图1-37　单击"下一页"按钮

17

图1-38 单击"完成"按钮

【项目拓展】

1）工业计算机与通用的普通计算机相比有哪些特点？
2）查阅资料，了解国内外常用的组态软件，并描述它们的优缺点。
3）了解国内组态软件开发与应用相关企业，概括总结从事相关行业需要掌握的技能。

【能量驿站】

您了解吗？国产工业组态软件

国产工业组态软件生产商包括但不限于以下几个：

1. 亚控科技

国际领先的智能制造平台解决方案供应商，其产品包括 KingSCADA 和 KingView，后者是中国第一款商品化的组态软件。

2. 力控科技

其产品包括 ForceControl 和 ForceSCADA，广泛应用于多个行业。

3. 昆仑通态

MCGS 组态软件是北京昆仑通态自动化软件科技有限公司研发的一套基于 Windows 平台的、用于快速构造和生成监控系统的组态软件，包括三个版本，分别是网络版、通用版、嵌入版。

4. 紫金桥

紫金桥监控组态软件是大庆紫金桥软件技术有限公司在长期的科研和工程实践中开发的通用工业组态软件，纯国产跨平台实时数据库，自研数据引擎，单机容量超 1 000 万点。

5. 图扑科技

图扑软件是由厦门图扑软件科技有限公司自主研发的一款 Web 组态在线编辑器，软件前端界面采用标准 HTML5 开发，有一套丰富的 JavaScript 界面类库，能提供完整的基于 HTML5 图形界面组件库。

6. 数维图科技

其提供 Sovit2D/Sovit3D 等 Web 组态编辑器。Sovit2D 是长沙数维图信息科技有限公司自主研发的一款功能强大的可视化 Web 组态软件，提供丰富的行业标准元器件图元库及多行业模板和组件，在浏览器端即可完成便捷的人机交互。

这些软件在工业自动化领域中扮演着重要角色，广泛应用于市政、水利、环保、装备制造、石油、化工、国防、冶金、煤矿、配电、新能源、制药、交通、教育等多个行业。

为国产民族品牌崛起自豪的同时，我们更应该为民族品牌走向世界而不懈奋斗！

项目二　基于 MCGS 的垃圾焚烧监控系统

> **导读**
> 本项目以垃圾焚烧发电监控系统开发为任务，结合垃圾焚烧发电运行与维护"1+X"职业技能等级证书要求，要求学生了解垃圾焚烧工艺，并能按照工艺流程实现静态画面绘制、动态画面连接等，要求学生能在指导下自主思考、化繁为简建立监控画面、确定监控量、协调整个系统按照规定的方式运行。

【项目准备】

学习情境描述　　　　　　　　　　　　　　　　　　　　　安全小提示——安全生产防触电

本项目是垃圾焚烧发电监控系统当中的"垃圾焚烧监控系统"子项目，如图 2-1 所示。

图 2-1　系统流程图

料斗挡板打开后，垃圾经垃圾吊抓取至料斗处，推料器前进推动垃圾至焚烧炉炉排，垃圾依次经过炉排干燥段、燃烧段、燃烬段。

炉排下方有一次风机将空气输入焚烧炉对干燥段上的垃圾烘干；垃圾烘干后，由干燥段炉排送至燃烧段炉排，在炉排下方进入的一次风助燃下开始燃烧；垃圾燃烬成为炉渣后被推向炉排燃烬段，最后送至除渣机。当垃圾发酵不充分，热值较低时，要投入天然气燃烧器对焚烧炉内炉温进行升温调整工况。炉排片之间存在缝隙，燃烧过程中产生的细微炉渣会掉落在炉排下刮板输灰机，刮板输灰机运行将炉渣送至除渣机，除渣机运行将炉渣送至渣坑，渣吊将炉渣抓取装车后送至渣场。

学习目标

知识目标	1. 掌握系统内新建变量和用户变量的含义； 2. 了解开关型变量和数值型变量的含义； 3. 掌握绘图工具箱、对象元件库的功能； 4. 区分操作属性、动画连接、显示输出、按钮动作、按钮输入、填充属性动画连接的含义、合成单元与分解单元的作用、构成图符与分解图符的作用； 5. 归纳启动策略、退出策略、循环策略的含义； 6. 了解 MCGS 脚本程序语法规则
技能目标	1. 安装 MCGS 组态软件，会使用"工作台"窗口； 2. 使用 MCGS 实时数据库，正确设置变量的类型和初值； 3. 类推绘制工艺流程图：绘制焚烧室、垃圾吊、垃圾平台等； 4. 设计动画连接：料斗挡板的动画连接、火焰的动画连接、推料器的动画连接、垃圾吊的动画连接、风机的动画连接等； 5. 搭建符合要求的定时器； 6. 编辑与调试垃圾焚烧监控系统脚本程序
素养目标	1. 初步形成监控系统设计思维； 2. 具备安全操作的思维； 3. 增强自主搜索、探索能力
教学重点	1. 讨论并制定方案，按要求编辑垃圾焚烧监控系统画面； 2. 按照控制要求添加动画连接，测试动画连接是否成功； 3. 定时器的设置； 4. 按要求在循环策略中添加一个脚本程序，并编辑程序
教学难点	会使用分段调试方法进行程序编辑与调试，测试动画连接是否成功
建议学时	8 学时
推荐教学方法	从项目任务入手，通过实时数据库建立、静态画面制作、动态属性添加、控制功能的设置等实现垃圾焚烧监控系统，让学生了解 MCGS 监控系统的设计流程，在程序设计阶段，突出强调分段调试的重要性
推荐学习方法	从组态知识入手，通过讲解 MCGS 组态软件，结合真实案例，让学生了解本项目的主体框架，在软件安装与调试过程中，掌握软件的操作

任务书

按照工艺流程，系统要求如表 2-1 所示。

表 2-1 系统要求

按下启动按钮，定时器开始工作	
1~4 s	料斗挡板打开
4~6 s	垃圾吊抓取垃圾右移到料斗上方

续表

6~8 s	垃圾吊下移投放垃圾
8~10 s	垃圾投放完成,垃圾吊上移
11~20 s	开启燃烧器,焚烧室开始升温
20~23 s	当焚烧室温度达到850 ℃时,关闭燃烧器,开启炉排,开启风机,推料器将垃圾块推送到炉排上
22 s	第一块垃圾在炉排上移动并燃烧
23 s	第二块垃圾在炉排上移动并燃烧,垃圾吊左移回到初始位置
27 s	料斗挡板关闭
30 s	复位所有变量,判断是否按下复位按钮,如果按下复位按钮,关闭定时器;如果没有按下复位按钮,重新开始操作
中途按下暂停按钮,暂停工作;取消暂停按钮,再次按下启动按钮继续工作	
按下复位按钮,运行完本周期后,系统停止运行	

任务实施提示:

1)先做好充分了解,确定思路,再具体实施,可能会避免一些无用功;

2)按照项目流程划分工作,预判项目各部分工作量,并尽量保证公平合理分配给各小组(可以考虑制作方式一致的部分留给同一成员,保证小组协作效率);

3)上网自主搜查焚烧室结构,并且简化设计监控画面主体结构,要求画面美观大方、能简洁明了反映项目控制流程;

4)根据工艺确定监控指标;

5)画面含有必要的按钮、按钮指示灯、监控数据;

6)小组间相互交流,及时纠错、整改。

任务分组

表2-2所示为任务分组。

表2-2 任务分组

班级		组号		指导教师	
组长		学号		日期	
组员	姓名		学号	姓名	学号
任务分工:					

任务分析

引导问题 1：了解垃圾吊运行过程，并按照自动控制系统框图（图 2-2），绘制垃圾吊控制框图，如图 2-3 所示。

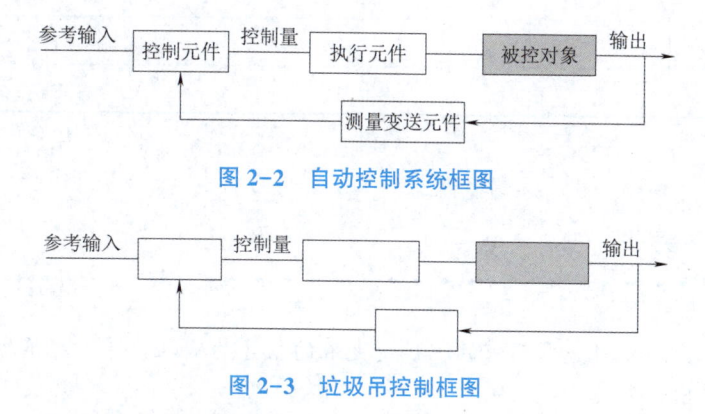

图 2-2 自动控制系统框图

图 2-3 垃圾吊控制框图

引导问题 2：工艺过程分析及控制要求。

_____

_____

_____

_____

> **小提示：**
> 外部的设备或装置（代替眼睛完成测量）——测量变送元件；
> 外部的设备或装置（代替大脑完成比较、决策）——控制元件；
> 外部设备或装置（代替手）——执行元件；
> 机器、设备或生产过程——被控对象；
> 某些物理量或状态——被控量、输出量。

引导问题 3：分析所有信号，并填表 2-3。

表 2-3 信号统计表

名称	输入/输出	数字信号/模拟信号	名称	输入/输出	数字信号/模拟信号

续表

名称	输入/输出	数字信号/模拟信号	名称	输入/输出	数字信号/模拟信号

工作计划

1. 制定工作方案

> 小提示：
>
> 输入、输出是针对夹爪而言的，控制夹爪的信号为输入信号，夹爪输出给其他设备的信号为输出信号。
>
> 模拟信号是指幅度的取值是连续的、时间上连续的信号，如连续变化的图像（电视、传真）信号等；数字信号是指幅度的取值是离散的、幅值被限制在有限个数值之内的信号。二进制码就是一种数字信号，因其受噪声影响小，易于对数字电路进行处理，所以得到了广泛的应用。图 2-4（a）所示为模拟信号，经过采样转换成数字信号，如图 2-4（b）所示。
>
> 图 2-4 模拟信号和数字信号
> （a）模拟信号；（b）数字信号

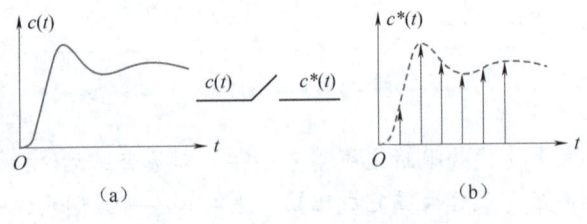

按照前文提示，制定垃圾焚烧监控系统制作步骤，小组讨论并按照工作量分配子任务，相对复杂的子任务可以由两位学生一起完成，并填表 2-4。

表 2-4 任务分配

步骤	工作内容	负责人
1		
2		
3		
4		
5		

2. 列出任务涉及的功能模块

表 2-5 所示为工作方案。

表 2-5 工作方案

工作内容	效果实现方案	软件模块选择

3. 绘制监控画面结构和画面草图

进行决策

1）各组派代表阐述设计方案。
2）各组对其他组的设计方案提出自己不同的看法。
3）教师结合学生完成的情况进行点评，选出最佳方案。
最佳方案框架：

【项目实施】

任务一　定义变量

在 MCGS 中，变量也叫数据对象。工程建立后首先需要定义变量。

1) 如图 2-5 所示，单击工作台中的"实时数据库"选项卡，进入"实时数据库"窗口。窗口中列出了系统已有数据对象的名称，它们是系统本身自建的变量，暂不必理会。现在要将表 2-6 中定义的数据对象（变量）添加进去。

2) 如图 2-5 所示，单击工作台右侧"新增对象"按钮，窗口中立刻出现一个新的数据对象"InputETime1"。

定义变量

引导问题 4：思考"启动按钮"与"启动指示灯"是否可以为一个变量？

3) 选中该数据对象，单击右侧"对象属性"按钮或直接双击该数据对象，弹出"数据对象属性设置"窗口，按表 2-6 进行对象"启动按钮"的设置，注意对象类型和初值的设置，如图 2-6 所示，单击"确认"按钮。

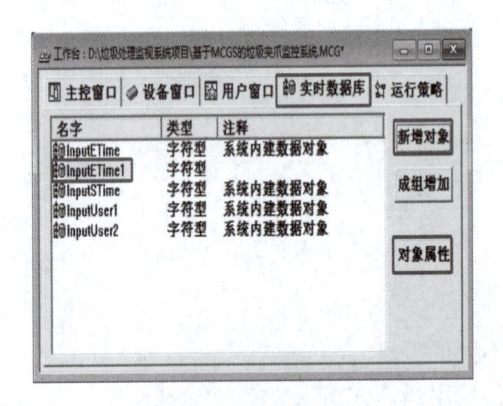

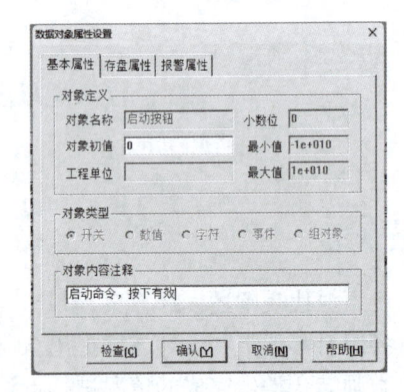

图 2-5　新增对象　　　　图 2-6　数据对象属性设置

4) 重复步骤 2) 和 3)，将表 2-6 中的所有对象添加完成。
5) 保存文件。

表 2-6　数据对象（变量）

对象名称	类型	注释
启动按钮	开关型	启动命令，=1 有效
启动指示灯	开关型	启动指示灯控制信号，=1 有效
复位按钮	开关型	复位命令，=1 有效

续表

对象名称	类型	注释
复位指示灯	开关型	复位指示灯控制信号，=1 有效
暂停按钮	开关型	暂停命令，=1 有效
暂停指示灯	开关型	暂停指示灯控制信号，=1 有效
机械手 2 垂直移动参数	数值型	机械手 2 垂直方向移动量
机械手 2 水平移动参数	数值型	机械手 2 水平方向移动量
垃圾 5 垂直移动参数	数值型	垃圾 5 垂直方向移动量
垃圾 5 水平移动参数	数值型	垃圾 5 水平方向移动量
垃圾 5 旋转移动参数	数值型	垃圾 5 旋转量
垃圾 5 显示参数	开关型	垃圾 5 显示控制信号，=1 有效
垃圾 6 垂直移动参数	数值型	垃圾 6 垂直方向移动量
垃圾 6 水平移动参数	数值型	垃圾 6 水平方向移动量
垃圾 6 旋转移动参数	数值型	垃圾 6 旋转量
垃圾 6 显示参数	数值型	垃圾 6 显示控制信号，=1 有效
料斗挡板	数值型	料斗挡板打开量
料斗开启指示灯	开关型	料斗开启指示灯控制信号，=1 有效
推杆	数值型	推杆移动控制信号，=1 有效
推料器指示灯	开关型	推料器指示灯控制信号，=1 有效
风机参数	开关型	风机开启命令，=1 有效
风量参数	数值型	风机风量
传送带启动参数	开关型	传送带启动命令，=1 有效
传送带移动参数	数值型	传送带移动量
温度参数	数值型	焚烧室里的温度
渣量参数	数值型	渣坑里的渣量
火焰显示参数	开关型	火焰显示控制信号，=1 有效
焚烧 1 火焰效果	数值型	焚烧块 1 燃烧效果
焚烧 2 火焰效果	数值型	焚烧块 2 燃烧效果
焚烧块 1 垂直移动参数	数值型	焚烧块 1 垂直方向移动量
焚烧块 1 水平移动参数	数值型	焚烧块 1 水平方向移动量
焚烧块 1 大小参数	数值型	焚烧块 1 大小变化量
焚烧块 2 垂直移动参数	数值型	焚烧块 2 垂直方向移动量
焚烧块 2 水平移动参数	数值型	焚烧块 2 水平方向移动量
焚烧块 2 大小参数	数值型	焚烧块 2 大小变化量

引导问题 5：MCGS 工作台由几部分组成？

> **小提示：**
> 1. 在哪儿绘制监控画面呢？（工作台→用户窗口→新建窗口）
> 2. 用户窗口属性中需要做哪些设置？（窗口名称、窗口标题、窗口位置、窗口边界）
> 3. 窗口位置一般应设置成什么？（最大化显示）
> 4. 窗口边界一般应设置成什么？（固定边）
> 5. 文字输入采用哪个工具？（大写 A 工具）
> 6. 修改文字如何操作？（右击，在弹出的快捷菜单中选择"改字符"命令）

任务二　设计与编辑画面

基于 MCGS 的垃圾焚烧监控系统画面如图 2-7 所示。

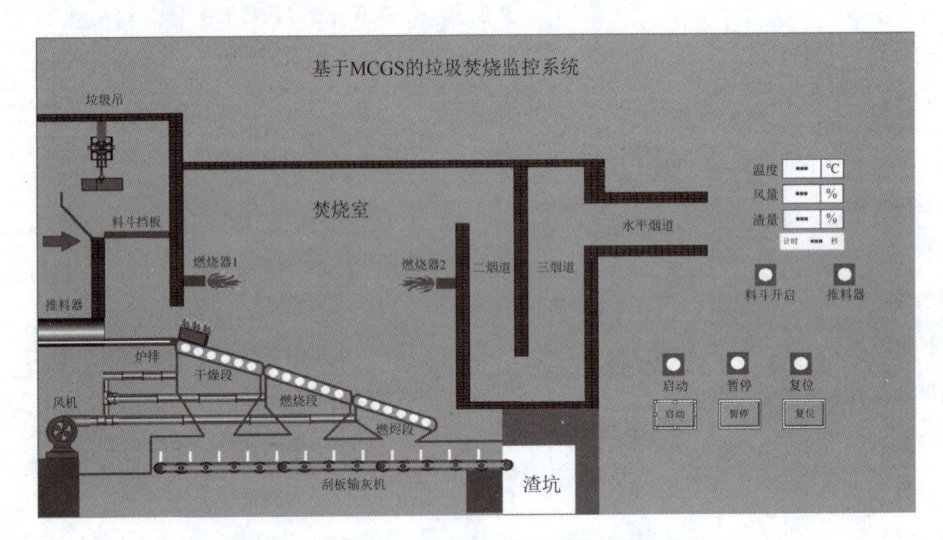

图 2-7　基于 MCGS 的垃圾焚烧监控系统画面

1. 建立画面

1) 在工作台单击"用户窗口"选项卡，进入"用户窗口"窗口。

2) 单击"新建窗口"按钮，出现"窗口 0"图标，如图 2-8 所示。

3) 右击"窗口 0"图标，在弹出的快捷菜单中选择"属性"命令，如图 2-9 所示。

4) 弹出"用户窗口属性设置"窗口，按图 2-10 所示设置后，单击"确认"按钮。

5) 如图 2-11 所示，"窗口 0"图标变为"垃圾焚烧监控系统"。

建立画面

项目二 基于 MCGS 的垃圾焚烧监控系统

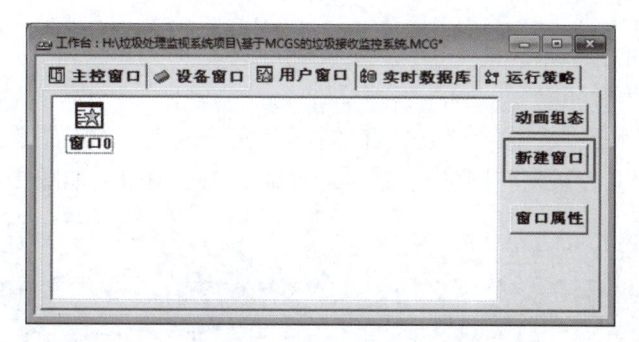

图 2-8 新建"窗口 0"

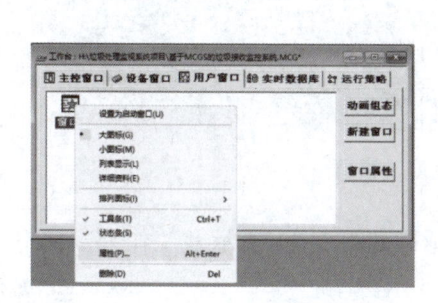

图 2-9 选择"属性"命令

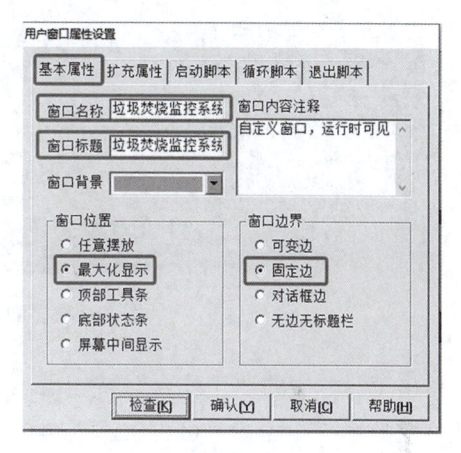

图 2-10 设置用户窗口属性

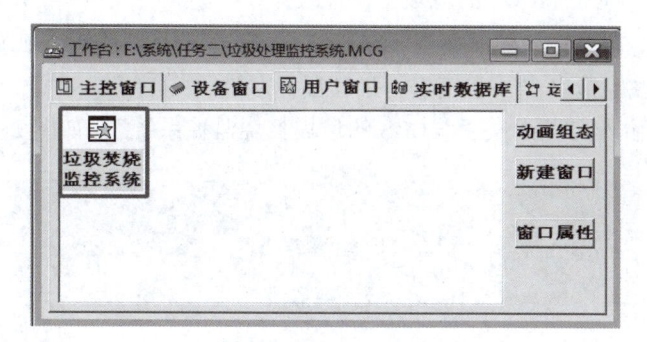

图 2-11 用户窗口命名

引导问题 6：请将窗口位置按不同样式设置，并进入运行环境观察。
不同：_____

_____

_____

29

2. 编辑画面

系统画面设计可参考图 2-7。

（1）进入画面编辑环境

1）如图 2-11 所示，选中"垃圾焚烧监控系统"图标，单击右侧"动画组态"按钮（或双击"垃圾焚烧监控系统"图标），进入"动画组态"窗口，如图 2-12 所示。

图 2-12 "动画组态"窗口

2）单击工具栏中的"工作台"按钮 ，可返回如图 2-11 所示"工作台"窗口。双击"垃圾焚烧监控系统"图标，可再次进入图 2-12 所示窗口。

3）反复单击工具栏中的"工具箱"图标 ，可弹出或隐藏绘图工具箱。

（2）输入文字"基于 MCGS 的垃圾焚烧监控系统"

1）单击"工具箱"中的"标签"工具 ，光标呈"十"字形，在窗口适当位置按住鼠标左键拖曳出一个矩形，松开鼠标左键。

输入文字

（2）在矩形内输入文字"基于 MCGS 的垃圾焚烧监控系统"，如图 2-13 所示。

图 2-13 输入和编辑文字

3）单击文本框外任意空白处，结束文字输入。如果文字输错了或对格式不满意，可进行以下操作：

单击已输入的文字，在文字周围出现如图 2-14 所示小方块（称为拖曳手柄）。出现小方块表明文本框已被选中，可以进行编辑。然后右击，在弹出的快捷菜单中选择"汉字符"命令。

4）单击工具栏中的"字符色"按钮 ，将文字修改为蓝色。

图 2-14 拖曳手柄

5）单击工具栏中的"字符字体"按钮 A，弹出"字体"窗口，在窗口内，字体选择"黑体"；字形选择"常规"；大小选择"小初"，单击"确定"按钮，如图 2-15 所示。

图 2-15 字符字体

6）选中文本框，单击工具栏中的"填充色"按钮，弹出"填充颜色"窗口，选择"没有填充"，随后单击工具栏中的"线色"按钮，弹出"线色"窗口，选择"没有边线"，文字修改结果如图 2-16 所示。

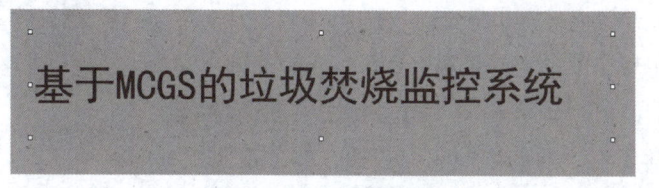

图 2-16 文字修改结果

7）单击工具栏中的"对齐"按钮，弹出左对齐、居中、右对齐三个图标，选择"居中"。

8）如果文字的整体位置不理想，可按住鼠标左键拖曳，或利用↑、↓、←、→键调整。

9）如果文本框太大或太小，可移动鼠标到小方块（拖曳手柄）位置，待光标呈"双箭头"时，按住左键拖曳。也可同时按住 Shift 键和↑、↓、←、→键进行调整。

10）单击窗口任意空白位置，结束文字编辑。

11）若需删除文字，只要选中待删除的文字，右击，在弹出的快捷菜单中选择"删除"命令即可。

12）想恢复刚刚被删除的文字，单击工具栏中的"撤销"按钮即可。

> **总结：**
> 1. 矩形框如何填充颜色？（选中矩形→工具栏"填充色"进行填充）
> 2. 如何修改"线"的宽度？（选中工具栏"线型"）

13) 保存文件。

(3) 绘制焚烧室

1) 单击"工具箱"中的"矩形"工具 ▢。

2) 在画面中找到一个合适位置，拉开调整至合适的大小，如图2-17（a）所示。

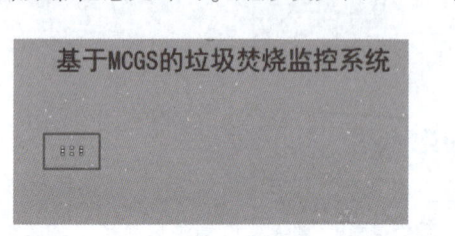

3) 将该矩形填充色更改为"棕色"，线色更改为"黑色边线"，更改完成后单击屏幕任意处即可。矩形块如图2-17（b）所示。

绘制焚烧室

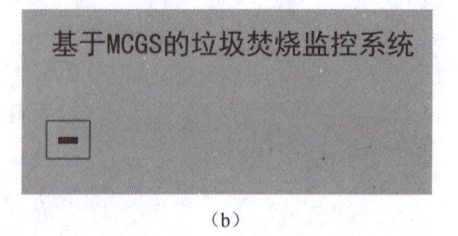

图2-17 绘制矩形块

4) 复制、粘贴多个制作好的矩形块，并调整大小及位置，如图2-18所示。

5) 长按鼠标左键并拖曳，将整个绘制好的矩形块全部选中，右击，在弹出的快捷菜单中选择"排列"→"构成图符"命令，此时所有矩形块合并成一个整体。

6) 选中该矩形块，单击"工具箱"中的"保存元件"工具，在弹出的"对象元件库管理"窗口中，选中"图形对象库"中的"新图形"，单击左下角的"改名"按钮，如图2-19（a）所示，将该图形名称更改为"墙1"，更改完成后单击"确定"按钮，如图2-19（b）所示。

图2-18 复制、粘贴矩形块

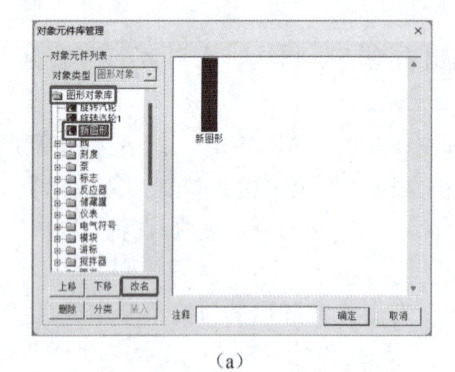

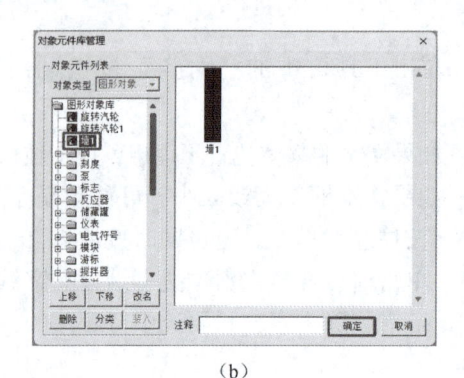

图2-19 对象元件库

7) 重复 1) ~6) 的操作，制作如图 2-20 所示图形，并命名为"墙 2"。

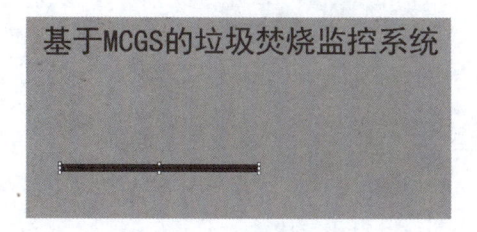

图 2-20　绘制墙 2

8) 在"工具箱"中单击"插入元件"工具，在弹出的"对象元件库管理"窗口中选择墙 1、墙 2 并单击"确定"按钮，如图 2-21（a）和图 2-21（b）所示。

(a)

(b)

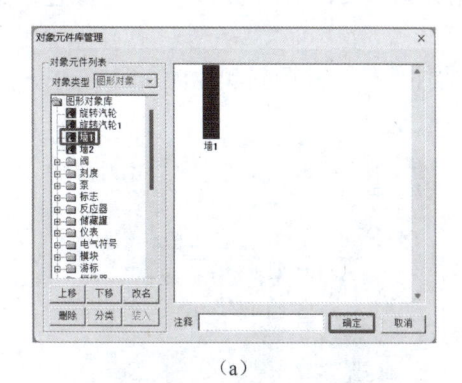

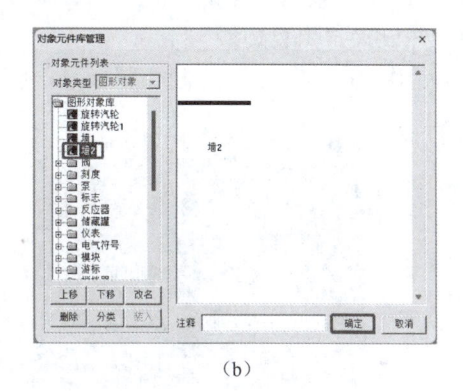

图 2-21　"对象元件库管理"界面

9) 通过复制两种墙面，调整摆放位置绘制出大致的焚烧室图形，如图 2-22 所示。

图 2-22　焚烧室图形

10) 保存文件。

添加垃圾吊

> **小提示：**
> 制作较复杂画面时，要巧妙使用对齐、构成图符的功能，可以事半功倍。

（4）添加垃圾吊

1) 在"工具箱"中单击"插入元件"工具，在弹出的"对象元件库管理"窗口"其他"文件栏中选中"机械手"并单击"确定"按钮，如图 2-23 所示。

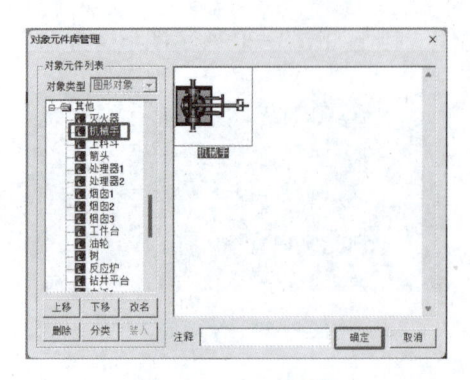

图 2-23　导入机械手

2）使用"工具箱"中的"矩形"工具绘制如图 2-24 所示的垃圾块，将颜色调整为任意颜色，并设置"黑色边线"。

3）使用"矩形"工具绘制如图 2-25 所示的伸缩杆，并调整颜色为灰色。

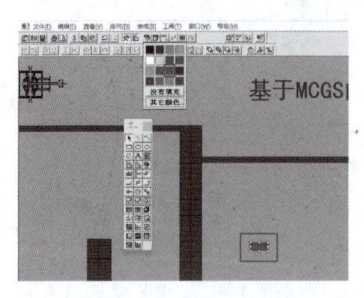

图 2-24　绘制垃圾块　　　　图 2-25　绘制伸缩杆

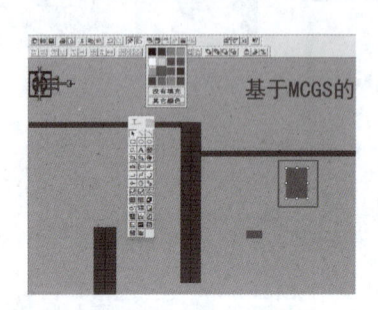

4）将垃圾块复制一份，右击，在弹出的快捷菜单中选择"排列"→"旋转"命令，"左旋 90 度"和"右旋 90 度"将"伸缩杆""垃圾吊""垃圾块"调整移动到图 2-26 所示位置。

5）分别选中两个垃圾块，单击工具栏中的"置于最后面"按钮，将垃圾块置于垃圾吊的底层，如图 2-27 所示。

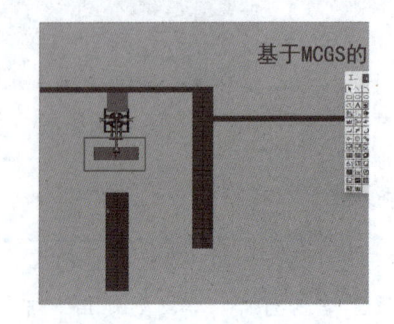

图 2-26　垃圾吊放置图　　　　图 2-27　垃圾块置于底层

(5) 绘制垃圾平台

1）使用"矩形"工具，在如图 2-28 所示的位置绘制推杆。设置推杆属性，在"动画组态属性设置"窗口中,"填充颜色"选择"填充效果",在"填充效果"窗口中颜色选择"双色",将颜色1改为灰色,变形选择第三个,如图2-29(a)和图2-29(b)所示。

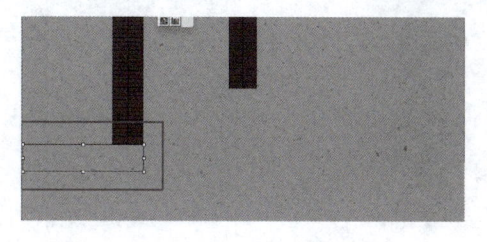

图 2-28　绘制推杆

绘制垃圾平台

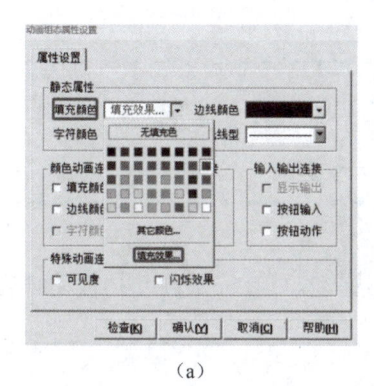

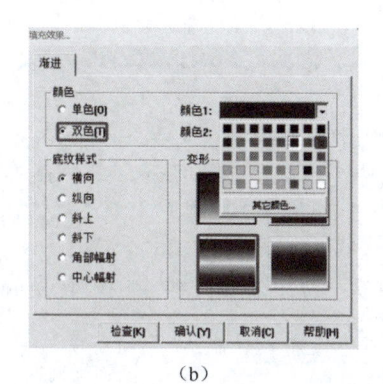

(a)　　　(b)

图 2-29　填充效果

2)使用"矩形"工具绘制如图2-30所示的矩形块,并使用填充色将其更改为"白色",边线修改为灰色、加粗,调整至如图2-30所示位置。

图 2-30　矩形块的摆放

(6)绘制料斗挡板

1)使用"矩形"工具绘制长条矩形图案,将颜色更改为"深灰色";在工具栏中单击"转换多边形/多边形旋转状态切换"按钮,此时矩形块中央出现黄色的正方形,将其移动至矩形块最右侧,如图2-31(a)所示,将整个矩形块移动至图2-31(b)所示位置,并将其放置最底层。

绘制料斗与料斗挡板

35

(a)   (b)

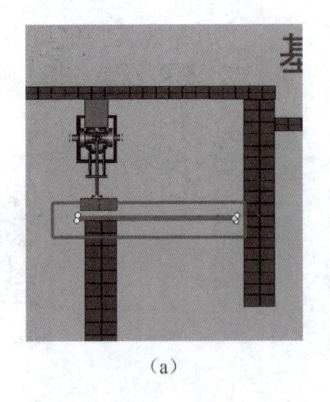

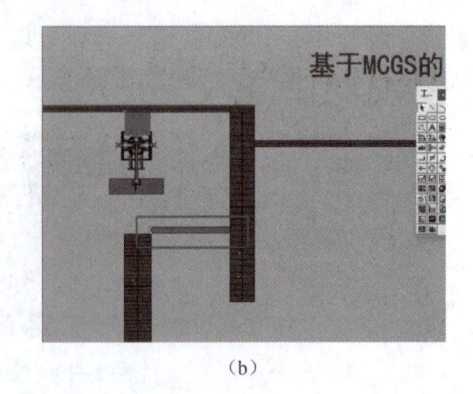

图 2-31 绘制料斗挡板

> **总结**：
> 1. 如何打开元件库？（工具箱→第 4 行第 1 列"插入元件"）
> 2. 元件库中有"阀""泵"等，请再列举 3 类。

2）保存文件。

引导问题 7：为什么要将料斗挡板转换成多边形？可在完成料斗挡板动画连接后思考。

_____

_____

（7）绘制料斗

1）使用"直线"工具，在如图 2-32 所示位置绘制料斗，将其颜色改为"棕色"。

2）单击工具箱中的"常用符号"，在弹出的"常用符号"工具箱中单击"细箭头"，并使用填充色将其更改为"红色"，调整至如图 2-33 所示位置。

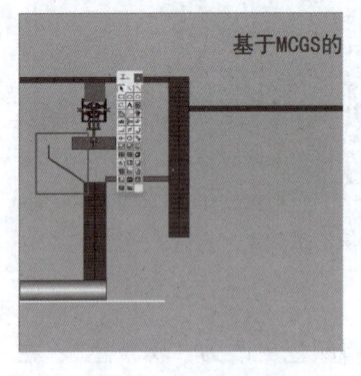

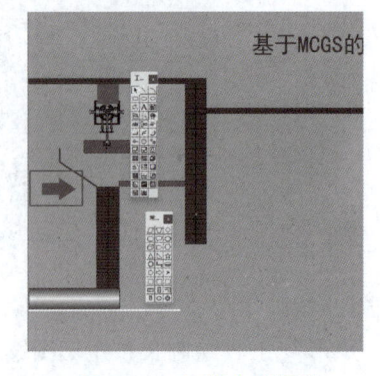

图 2-32 料斗的摆放   图 2-33 细箭头的摆放

3）保存文件。

（8）绘制炉排、刮板输灰机

1）在"工具箱"中单击"插入元件"工具，在弹出的"对象元件库管理"窗口"传送带"选项中选择"传送带 4"，单击"确定"按钮，如图 2-34 所示。

图 2-34 调用传送带

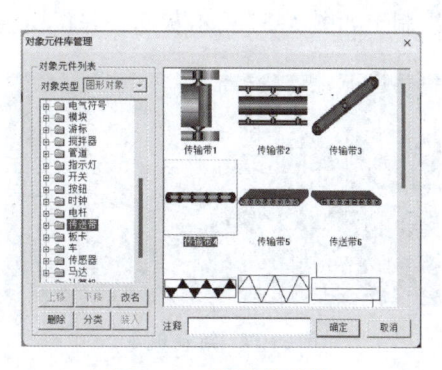

绘制炉排与
刮输灰机

2）选中传送带，右击，在弹出的快捷菜单中选择"排列"→"分解图符"命令（或选中传送带，按 Ctrl+F3 键即可）。

3）使用"转换多边形/多边形旋转状态切换"按钮将传送带调整成合适角度。

①选中传送带中的连接杆，单击"转换多边形/多边形旋转状态切换"按钮，此时连接杆中央出现黄色的正方形，将其移动至连接杆最左侧，鼠标左键长按连接杆右下角的白色拖动块，将其移动至如图 2-35（a）所示位置。

②选中传送带中的链条，重复①的步骤，并将其置于底层，调整至如图 2-35（b）所示位置。

③选中传送带中的齿轮，复制粘贴 5 个齿轮，按图 2-35（c）所示放置。

④选中传送带及全部齿轮，右击，在弹出的快捷菜单中选择"排列"→"构成图符"命令，此时传送带成为一个整体。

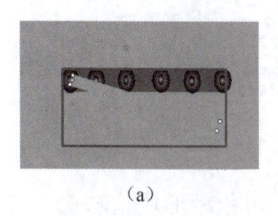

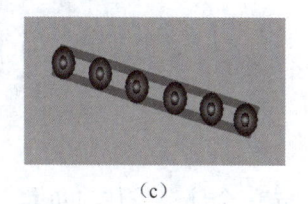

图 2-35 绘制传送带

4）复制三份传送带，并调整至如图 2-36 所示位置。如页面显示不全，可在菜单栏中单击"查看"→"全屏显示"命令。

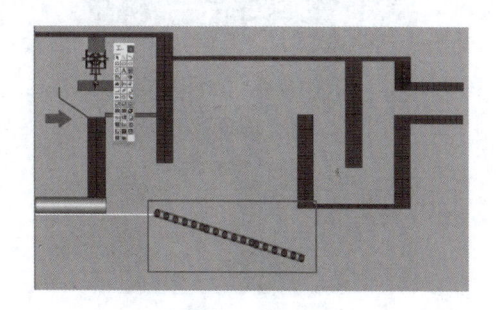

图 2-36 连接传送带

5）使用"直线"工具绘制出如图2-37所示灰斗，并将线色调整为"灰色"。

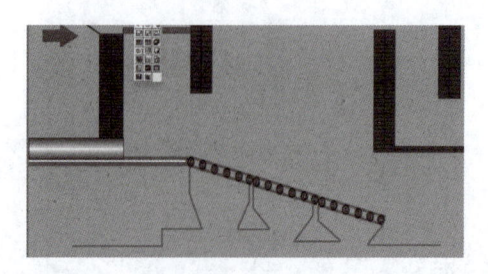

图2-37　绘制灰斗

6）再次调用三个"传送带4"，调整大小、位置，如图2-38所示。

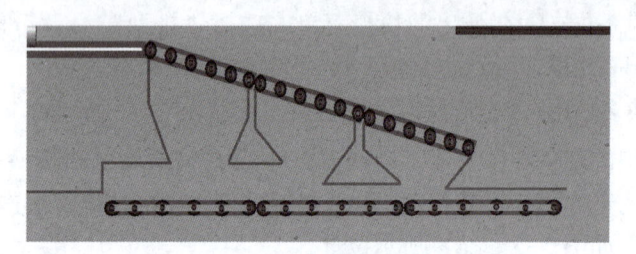

图2-38　绘制传送带

7）使用"矩形"工具绘制一个矩形，将其填充为"白色"，并复制多个将其整齐排放至如图2-39所示位置。

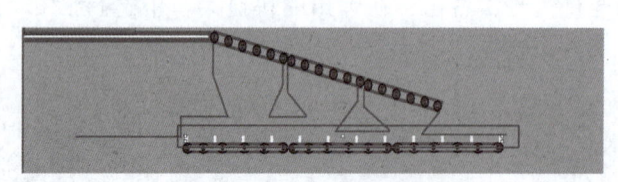

图2-39　绘制矩形块

8）选中全部（按住Shift键，鼠标选中要合并的矩形块）白色矩形块，右击，在弹出的快捷菜单中选择"排列"→"构成图符"命令，此时所有矩形块合成一个整体。

9）使用"矩形"工具绘制出三个矩形块，并调整大小、颜色（灰色、白色、深灰色），如图2-40所示绘制渣坑。

图2-40　绘制渣坑

(9) 绘制风机和管道

1) 在"工具箱"中单击"插入元件"工具 ,在弹出的"对象元件库管理"窗口"泵"选项中选择"泵31",单击"确定"按钮,如图2-41所示;单击"Y旋转"工具 使排风口向右,使用"矩形"工具在风机下方绘制底座,将矩形颜色改为深灰色,如图2-42所示。

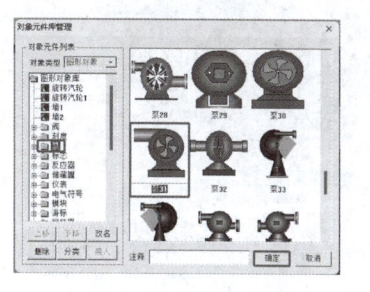

图2-41 调用泵31　　　图2-42 风机底座

绘制风机、管道

2) 如图2-43所示,使用"常用符号"工具箱中的横竖管道及管道接头,连接成如图2-44所示状态。双击绘制好的管道,进入"动画组态属性设置"窗口,如图2-45所示,将"边线颜色"更改为"蓝色",并将其置于底层。

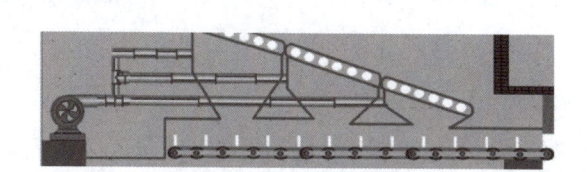

图2-43 管道　　　图2-44 绘制管道

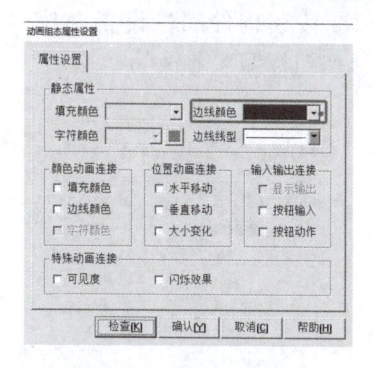

图2-45 修改边线颜色

绘制燃烧器

3) 保存文件。

(10) 绘制燃烧器

1) 使用"矩形"工具绘制两个矩形并将其置于最底层,放置于墙体的两侧,如

图 2-46 所示。

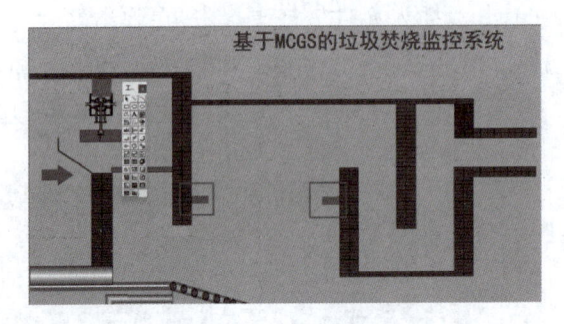

图 2-46 绘制燃烧器

2）插入元件"标志 3"，如图 2-47 所示，并将其调整至合适大小及位置，如图 2-48 所示。

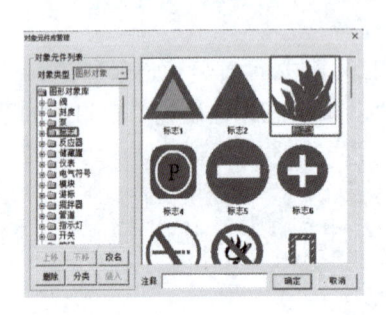

图 2-47 标志 3

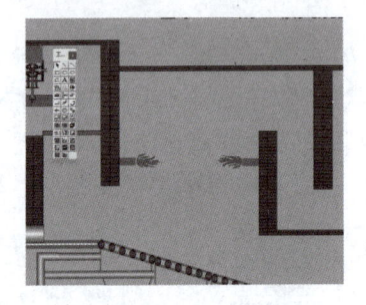

图 2-48 标志 3 摆放

3）保存文件。

（11）制作按钮

1）单击"工具箱"中的"标准按钮"工具，在画面中找到合适位置，拉开调整至合适的大小。

2）双击该按钮，弹出"标准按钮构件属性设置"窗口，如图 2-49 所示，在"基本属性"选项卡将"按钮标题"修改为"启动"。

制作按钮

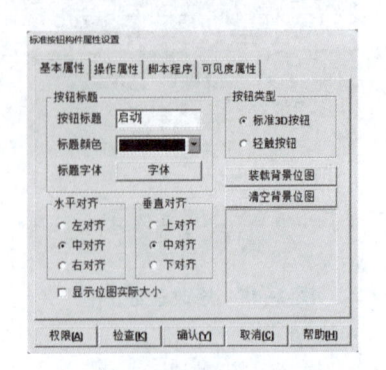

图 2-49 "标准按钮构件属性设置"窗口

3) 在"标题字体"中修改字体为"黑体",字形为"常规",大小为"三号"。

4) 复制两个按钮,在"标准按钮构件属性设置"窗口"基本属性"选项卡的"按钮标题"中进行修改,一个命名为"暂停",另一个命名为"复位"。

5) 保存文件。

(12) 绘制指示灯

引导问题8:自己制作指示灯可以用"工具箱"中的哪两个工具?_____和_____

绘制指示灯

引导问题9:多个指示灯对齐使用哪个工具?
_____

1) 使用"矩形"工具绘制矩形,并将其调整至合适大小,放在合适位置,在工具栏中单击"填充色"按钮,选中刚刚所创建的矩形并将其改为"深灰色",如图2-50所示。

2) 使用"椭圆"工具在空白位置绘制一个比刚刚矩形小一点的圆,在工具栏中单击"填充色"按钮,选中刚刚所创建的圆形将其颜色改为白色,并放置于矩形中,如图2-51所示。

图 2-50 "矩形"工具绘制指示灯外壳

图 2-51 椭圆工具绘制指示灯

3) 使用"标签"工具在矩形的下方标注"启动";在工具栏中单击"填充色"按钮,选择"没有填充";在工具栏中单击"线色"按钮,选择"没有边线"。

4) 在工具栏中单击"字符色"按钮,选择"蓝色";单击"字符字体"按钮,其中字体选择"黑体",字形选择"粗体",大小选择"四号"。

5) 选中之前创建的矩形、椭圆和字,右击,在弹出的快捷菜单中选择"排列"→"构成图符"命令,此时矩形、椭圆和字合成一个整体。

6) 单击鼠标右键,在弹出的快捷菜单中选择"复制"命令,在空白位置右击,在弹出快捷菜单中选择"粘贴"命令,重复4次按照图2-52排列。

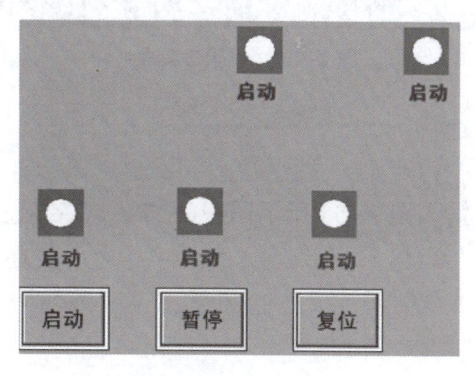

图 2-52 指示灯制作

7）分别选中每个指示灯，右击，在弹出的快捷菜单中选择"排列"→"分解图符"命令。

8）右击指示灯下面的文字，在弹出的快捷菜单中选择"改字符"命令，将其改为"暂停"；右击"复位"按钮上方指示灯下面的文字，在弹出的快捷菜单中选择"改字符"命令，将其改为"复位"，如图2-53所示。

9）分别将另两个指示灯下面的文字改为"料斗开启""推料器"，如图2-53所示。

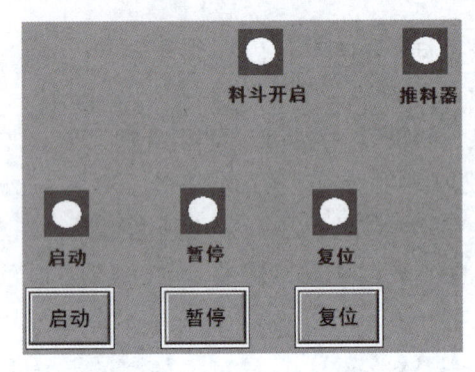

图2-53 指示灯命名

> **小提示：**
> 使用MCGS的编辑工具条，可以方便地进行多个图形对象的排列。
> ①反复单击编辑工具条图标，出现或隐藏编辑工具条，如图2-54所示。
> ②编辑工具条提供了左对齐、右对齐、顶对齐等20余种编辑工具，前面对垃圾吊图形进行的旋转也可用这里的右旋90°图标。
> ③按住Shift键，依次单击各指示灯，然后松开Shift键，即可选中各指示灯。
> ④如果希望与某个指示灯底边对齐，可单击该指示灯，会发现该灯的小方块变为黑色。
> ⑤单击编辑工具条中的"与底边界对齐"按钮，进行对齐操作。
> ⑥其他对齐操作与此类似，调整后存盘。
>
> 图2-54 编辑工具条

（13）字体、颜色

使用"标签"工具 A 输入图2-55所示图中的文字，字符色改为"蓝色"，线色改为"没有边线"，将字体改为"黑体"，字形改为"粗体"，大小改为"四号"。

项目二 基于 MCGS 的垃圾焚烧监控系统

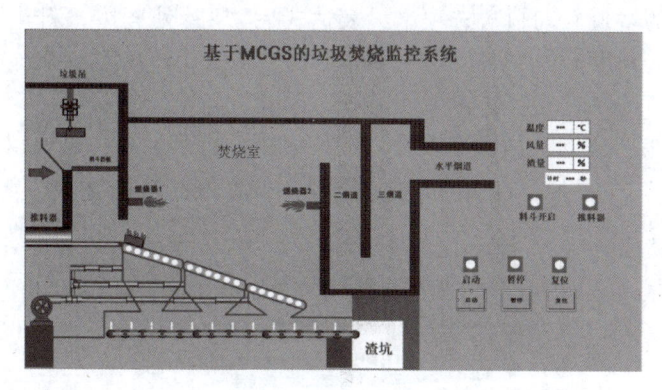

图 2-55 标签

任务三 动画连接与调试

画面编辑好以后，需要将画面中的图形与前面定义的数据对象（变量）关联起来，以便运行时画面上的内容能随变量改变。例如，当垃圾吊做下移动作时，下移指示灯点亮。将画面上的对象与变量关联的过程叫作动画连接。

1. 料斗挡板的动画连接

1）双击"料斗挡板"，在弹出的"动画组态属性设置"窗口，"特殊动画连接"栏中勾选"旋转动画"复选框，此时窗口上方出现"旋转动画"，如图 2-56（a）所示。

料斗挡板、火焰、堆料器动画

> **小提示：**
> 如何进入运行环境观看组态效果？
> （工具栏→进入运行环境→系统管理→用户窗口管理→选中自己建立的窗口单击"确定"按钮即可）

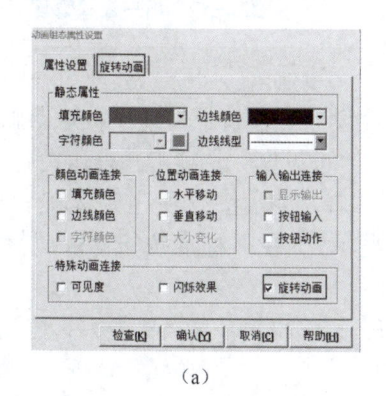

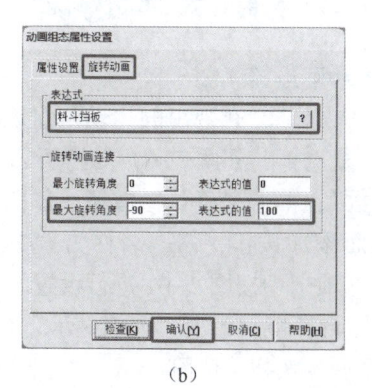

(a)　　　　　　　　　　(b)

图 2-56 动画组态属性设置

43

2）单击弹出的"旋转动画"选项卡，表达式后"？"处连接"料斗挡板"，表达式的值＝0时，最小旋转角度＝0°；表达式的值＝100时，最大旋转角度＝-90°，单击"确认"按钮，如图2-56（b）所示。

3）用"工具箱"中的"滑动输入器"工具（第7行第1列）来模拟料斗挡板的旋转。单击"滑动输入器"工具，在弹出的窗口选择"操作属性"选项卡，按照图2-57设置。

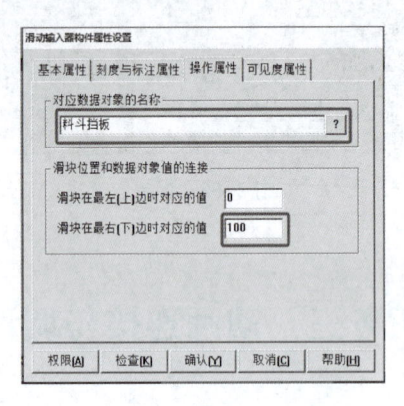

图2-57　滑动输入器设置

4）存盘后，单击按钮进入运行环境，弹出如图2-58所示窗口，单击"确定"按钮，单击"系统管理"按钮。在"用户窗口管理"窗口，勾选"垃圾焚烧监控系统"复选框，单击"确定"按钮，如图2-59所示。随后自动进入运行画面，观察料斗挡板是否随着滑动输入器的滑动而开合。调试无误后滑动输入器可以删除。

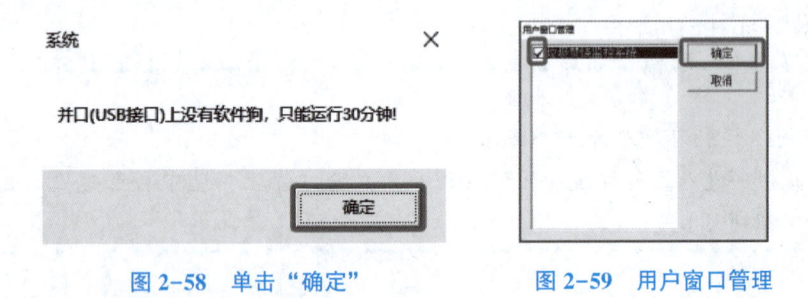

图2-58　单击"确定"　　　图2-59　用户窗口管理

2. 火焰的动画连接

1）双击"火焰"，在弹出的"动画组态属性设置"窗口，勾选"特殊动画连接"栏中的"可见度"复选框，如图2-60（a）所示。在"可见度"选项卡，表达式后"？"处连接"火焰显示参数"，单击"确认"按钮，如图2-60（b）所示。另一个火焰设置相同。

2）在桌面添加按钮，修改名称为"火焰显示"，在"标准按钮构件属性设置"窗口"操作属性"选项卡中按图2-61进行设置。

3）进入运行环境，单击"火焰显示"按钮，火焰出现，再次单击，火焰消失。调试成功后"火焰显示"按钮可删除。

项目二 基于 MCGS 的垃圾焚烧监控系统

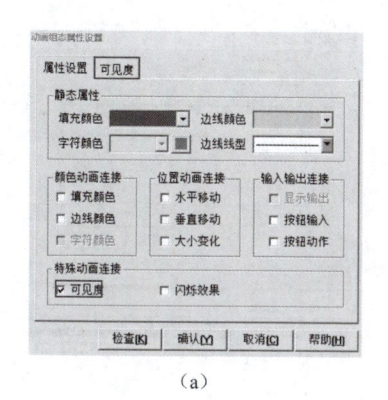

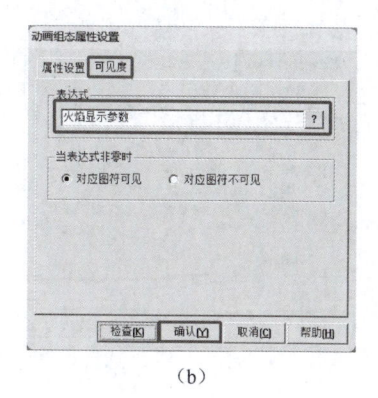

（a）　　　　　　　　　　　　　　（b）

图 2-60　动画组态属性设置

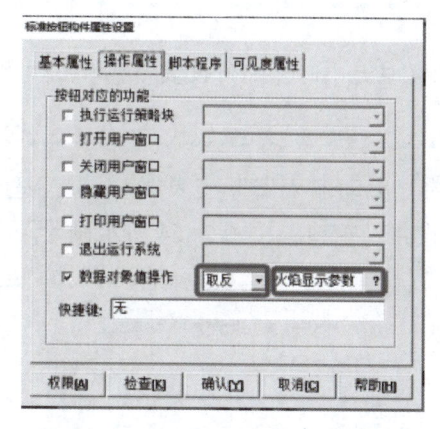

图 2-61　标准按钮构件属性设置

3. 推料器的动画连接

引导问题 10：在完成推料器动画连接时，需测量其水平移动距离，思考在静态画面中如何绘制辅助线？

1）双击推料器，在弹出的"动画组态属性设置"窗口"位置动画连接"栏中勾选"水平移动"复选框，如图 2-63（a）所示。在"水平移动"选项卡，表达式后"?"处连接"推杆"，表达式的值=0 时，最小移动偏移量=0；表达式的值=100 时，按图 2-62 所示绘制水平线，经测量其值为 160，最大移动偏移量=160，如图 2-63（b）所示，因画面制作比例不同每位学生的偏移量为不同值，偏移量不一定都为 160。

图 2-62　测量推料器水平移动距离

45

(a)   (b)

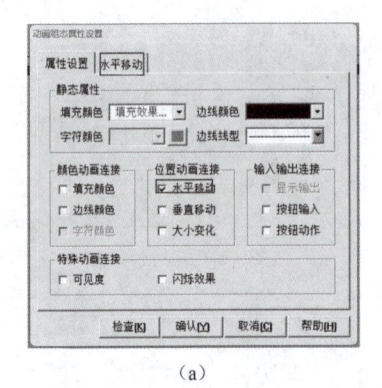

图 2-63 动画组态属性设置

> 小提示：
> 软件右下角不显示位置与大小时，如何设置？（单击"查看"→勾选"状态条"即可）

2）单击"工具箱"中的"滑动输入器"工具，拉至适当大小，双击滑动输入器，弹出"滑动输入器构件属性设置"窗口，按图 2-64 所示设置。

图 2-64 滑动输入器设置

3）单击"确认"按钮，存盘后，进入运行环境，观察推料器是否随着滑动输入器的滑动而水平移动到相应位置。调试无误后滑动输入器可以删除。

4. 风机的动画连接

1）双击风机，在弹出的"单元属性设置"窗口中选择"动画连接"选项卡，单击椭圆→填充颜色后方的 ？ ，将"连接表达式"更改为"风机参数"，单击">"按钮，填充颜色选择默认，单击"确认"按钮，如图 2-65 所示。

风机、刮板输灰机动画

46

图 2-65 单元属性设置

2）在桌面添加按钮，修改名称为"风机"，在"标准按钮构件属性设置"窗口"操作属性"选项卡中按图 2-66 所示进行设置。

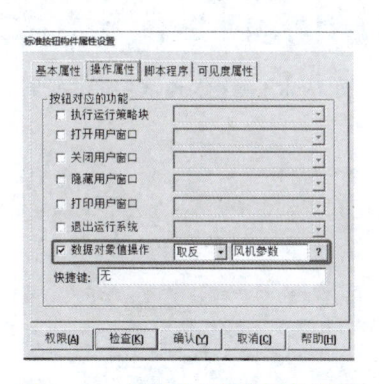

图 2-66 标准按钮构件属性设置

3）进入运行环境，单击"风机"按钮，风机为绿色，再次单击，风机为红色。调试成功后"风机"按钮可删除。

5. 刮板输灰机的动画连接

引导问题 11：思考刮板输灰机动画可以用_____来代替，那么在对其进行动画组态属性设置时最大移动偏移量该怎么测量？

1）双击传送带上方的白色矩形块，在弹出的"动画组态属性设置"窗口中，勾选"位置动画连接"栏中的"水平移动"复选框，如图 2-67（a）所示，然后进入"水平移动"选项卡，将表达式后"?"连接到"传送带移动参数"，表达式的值=0 时，最小移动偏移量=0；表达式的值=100 时，按图 2-68 所示绘制水平线，经测量其值为 64，最大移动偏移量=64，如图 2-67（b）所示。

2）单击"工具箱"中的"滑动输入器"工具，拉至适当大小，双击滑动输入器，按图 2-69 所示设置。

(a)　　　　　　　　　　　　　　（b）

图 2-67　动画组态属性设置

图 2-68　测量灰渣水平移动距离

图 2-69　滑动输入器设置

3）单击"确认"按钮，存盘后，进入运行环境，观察推料器是否随着滑动输入器的滑动而水平移动到相应位置。调试无误后滑动输入器可以删除。

6. 按钮的动画连接

1）双击按钮，在"操作属性"选项卡中勾选"数据对象值操作"复选框，单击"数据对象值操作"右侧的向下箭头，在下拉菜单中选中"按1松0"。双击"数据对象值操作"最右侧的问号，选择并双击其中的"启动按钮"，如图 2-70（a）和图 2-70（b）所示，然后单击"确认"按钮。

按钮动画

2）使用"矩形"工具在启动按钮上绘制一矩形，双击矩形，弹出"动画组态属性设置"窗口，在"颜色动画连接"栏中勾选"填充颜色"复选框。

3）进入"填充颜色"选项卡，单击 ? 按钮，在弹出的窗口选择"启动按钮"。将"填充颜色连接"中 0 对应颜色改为白色，1 对应颜色改为红色。右击，在弹出的快捷菜单中选择"排列"→"最后面"命令，将矩形置于最后面。

4）进入运行环境，单击"启动"按钮，按钮颜色发生红白转变，说明按钮制作成功。

5）按照同样的方式设置、测试"暂停"与"复位"按钮。

(a)

(b)

图 2-70　标准按钮构件属性

7. 指示灯的动画连接

1）选中启动指示灯，双击白色圆 ⚪，在弹出的"动画组态属性设置"窗口中，勾选"颜色动画连接"栏中的"填充颜色"复选框，如图 2-71（a）所示。

指示灯动画

2）进入"填充颜色"选项卡，找到表达式下方的"?"并单击，在其中选择"启动指示灯"，在"填充颜色连接"的下方单击两次"增加"按钮，会出现"0"和"1"两个颜色连接，单击"0"后面的颜色将其改为白色；单击"1"后面的颜色将其改为红色，单击"确认"按钮，如图 2-71（b）所示。

(a)

(b)

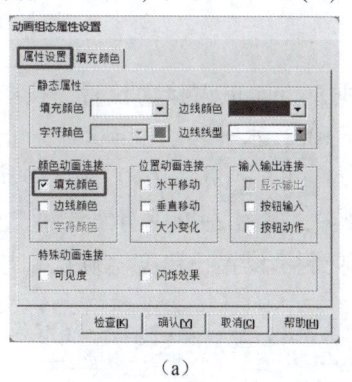

图 2-71　启动指示灯动画组态属性设置

3）在桌面添加按钮，修改名称为"启动"，"操作属性"按图 2-72 所示进行设置。

4）进入运行环境，单击新增的"启动"按钮，指示灯变红，再次单击变白，调试成功后启动按钮可删除。

5）按步骤 1）~4）对暂停指示灯、复位指示灯进行设置、调试。

6）按步骤 1）~4）对料斗开启指示灯、推料器指示灯进行设置、调试。

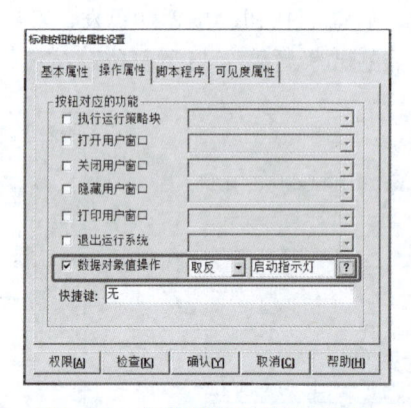

图 2-72 标准按钮构件属性设置

注意：在"填充颜色连接"的下方单击两次"增加"按钮，单击"0"后面的颜色将其改为白色；单击"1"后面的颜色将其改为绿色，接着单击"确认"按钮。

垃圾吊动画

8. 垃圾吊的动画连接

引导问题 12：在制作垃圾吊动画连接时，需测量其水平、垂直移动距离，思考测量不准确应该怎么办？

1）双击垃圾吊，在弹出的"动画组态属性设置"窗口勾选"位置动画连接"栏中的"水平移动"和"垂直移动"复选框，如图 2-73（a）所示。在"水平移动"选项卡中，单击表达式后"?"连接到"机械手 2 水平移动参数"。

引导问题 13：思考水平移动量＝0 时，最小移动偏移量＝？水平移动量＝100 时，最大移动偏移量＝？

2）复制垃圾吊机械手，分别放置于水平、垂直方向最大移动位置，按图 2-74 所示绘制水平线，经测量其值为 100，最大移动偏移量＝100，水平移动量＝0 时，希望垃圾吊不出现在画面中，最小移动偏移量＝-200，如图 2-73（b）所示。在"垂直移动"选项卡中，将表达式后"?"连接到"机械手 2 垂直移动参数"，按图 2-74 所示绘制垂直线，经测量其值为 310，最大移动偏移量＝310，按图 2-73（c）所示设置，单击"确认"按钮。

（a） （b） （c）

图 2-73 垃圾吊动画组态属性设置

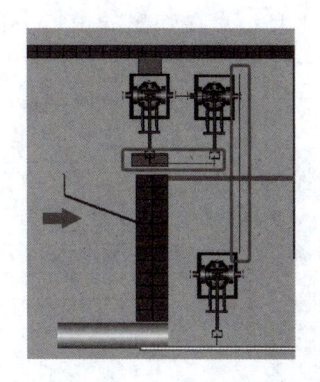

图 2-74　测量垃圾吊水平、垂直移动距离

引导问题 14：制作垃圾吊底座动画连接，与制作垃圾吊机械手动画有什么区别？

3）双击垃圾吊底座，在弹出的"动画组态属性设置"窗口中，勾选"位置动画连接"栏里的"水平移动"和"大小变化"复选框，如图 2-75（a）所示。在"水平移动"选项卡中，将表达式后"？"连接到"机械手 2 水平移动参数"，表达式的值=0 时，最小移动偏移量=-200；表达式的值=100 时，最大移动偏移量=100，如图 2-75（b）所示。

(a)　　　　　　　　　　(b)　　　　　　　　　　(c)

图 2-75　垃圾吊底座动画组态属性设置

引导问题 15：垃圾吊底座水平移动参数为什么直接设置，而不需要测量？

4）如图 2-75（c）所示，在"大小变化"选项卡中，将表达式后"？"连接到"机械手 2 垂直移动参数"，单击"变化方向"箭头，改成"向下的箭头"，变化方式改为"缩放"，表达式的值=0 时，垃圾吊底座大小不发生改变，最小变化百分比=100；表达式的值=100 时，最大变化百分比是多少呢？接下来对这个量进行测量。

引导问题 16：思考在垃圾吊底座大小变换时，如何计算其最大变化百分比？

5）复制垃圾吊底座，拉长到最大伸缩位置，如图 2-76 所示，用垃圾吊底座最大长度①/垃圾吊底座本身长度②，即（435/51）×100%≈853%，此时表达式的值=100，最大变化百分比为 853。

6）用"滑动输入器"工具（第 7 行第 1 列）模拟垃圾吊和垃圾吊底座在垂直、水平方向的变化。单击"滑动输入器"工具，在弹出的窗口中选择"操作属性"选项卡，单击"对应数据对象的名称"后面的"?"，连接"机械手2垂直移动参数"，在"滑块位置和数据对象值的连接"中将"滑块在最右（下）边时对应的值"改为"100"，如图2-77所示。

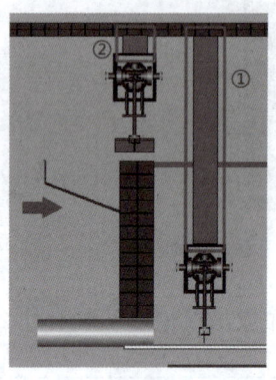

图2-76 设置"大小变化"连接参数 　　图2-77 滑动输入器构建属性设置

7) 单击"滑动输入器"工具，在弹出的窗口中选择"操作属性"选项卡，单击"对应数据对象的名称"后面的"?"，连接"机械手2水平移动参数"，在"滑块位置和数据对象值的连接"中将"滑块在最右（下）边时对应的值"改为"100"。

8) 进入运行环境，滑动垂直、水平方向的滑动输入器，垃圾吊机械手和垃圾吊底座均可到达指定位置。

垃圾块动画

9. 垃圾块的动画连接

引导问题17：垃圾块动画设置时，需要对哪几个变量进行设置？

引导问题18：如何设置垃圾块的旋转动画？

1) 将垃圾吊机械手置于最后面，双击垃圾块，在弹出的"动画组态属性设置"窗口中，勾选"位置动画连接"栏中的"水平移动""垂直移动"复选框及"特殊动画连接"栏中的"可见度"和"旋转动画"复选框，如图2-78所示。

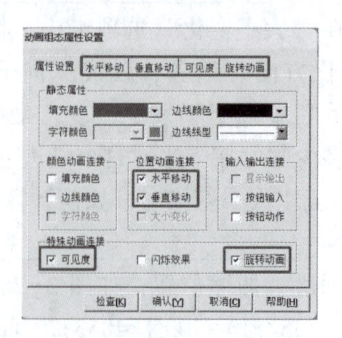

图2-78 动画组态属性设置

2）打开"水平移动"选项卡，将表达式后"？"连接到"垃圾 5 水平移动参数"，表达式的值=0 时，最小移动偏移量=-200；表达式的值=100 时，最大移动偏移量=？按图 2-79 所示测量，其值为 710，按图 2-81（a）所示设置。

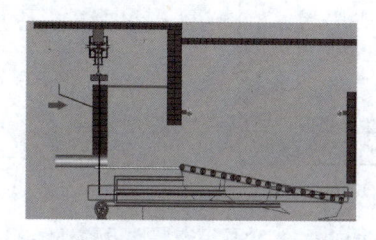

图 2-79　测量垃圾块 5 水平移动距离

3）打开"垂直移动"选项卡，将表达式后"？"连接到"垃圾 5 垂直移动参数"，表达式的值=0 时，最小移动偏移量=0；表达式的值=100 时，最大移动偏移量=？按图 2-80 所示测量，其值为 725，按图 2-81（b）所示设置。

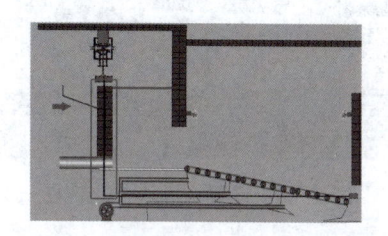

图 2-80　测量垃圾块 5 垂直移动距离

4）打开"可见度"选项卡，将表达式后"？"连接到"垃圾 5 显示参数"，如图 2-81（c）所示。

5）选中垃圾块 5，单击工具栏中的"转换多边形/多边形旋转状态切换"按钮，此时垃圾块中显示黄色的正方形，将其移动到垃圾块的左下角，如图 2-82 所示。

6）打开"旋转动画"选项卡，将表达式后"？"连接到"垃圾 5 旋转移动参数"，最大旋转角度为=18°，表达式的值=100，如图 2-81（d）所示。

（a）

（b）

图 2-81　动画组态属性设置

（a）水平移动；（b）垂直移动

(c)   (d)

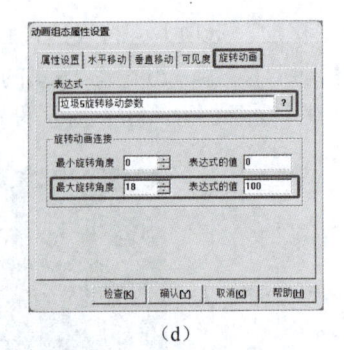

图 2-81 动画组态属性设置（续）

(c) 可见度；(d) 旋转动画

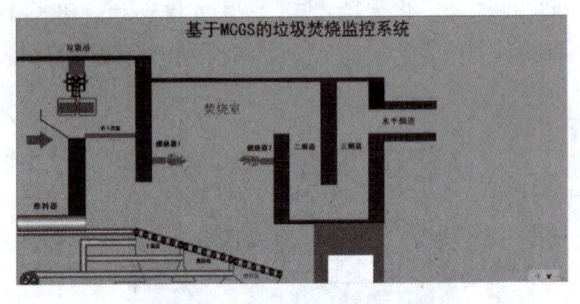

图 2-82 设置垃圾块 5 旋转点

7) 垃圾块 6 设置与垃圾块 5 类似，在弹出的"动画组态属性设置"窗口中，按图 2-83 (a) ~ (e) 所示设置。

(a)   (b)   (c)

(d)   (e)

垃圾块动画调试

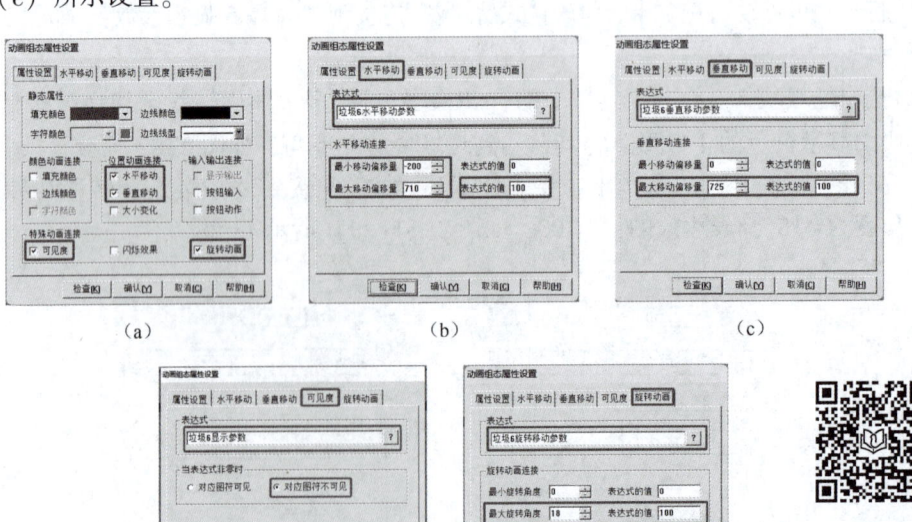

图 2-83 垃圾块动画组态属性设置

(a) 属性设置；(b) 水平移动；(c) 垂直移动；(d) 可见度；(e) 旋转动画

引导问题 19：可以采用_____测试"水平移动""垂直移动""旋转动画"动画设置效果，可以采用_____测试"可见度"动画设置效果。

10. 炉排处焚烧块焚烧动画连接

1）将垃圾吊下方任意一个垃圾块复制两份作为焚烧块，旋转，放置于炉排上，如图 2-84 所示。

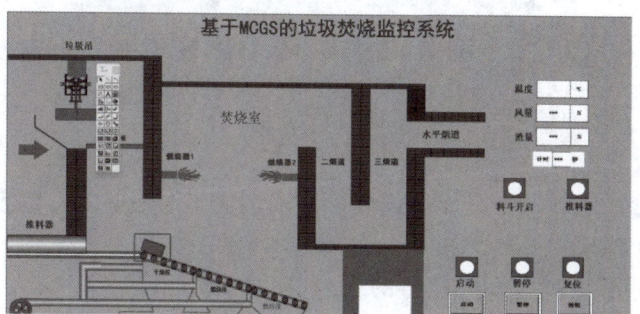

图 2-84　垃圾块放置于炉排上

炉排处垃圾块动画

2）双击焚烧块，在弹出的"动画组态属性设置"窗口中，勾选"位置动画连接"栏中的"水平移动""垂直移动""大小变化"复选框及"特殊动画连接"栏中的"可见度"复选框，如图 2-85（a）所示。按图 2-86 所示测量，其动画属性设置分别按图 2-85（b）、图 2-85（c）、图 2-85（d）所示设置。注意：画面绘制不同，所测量偏移量会不同。

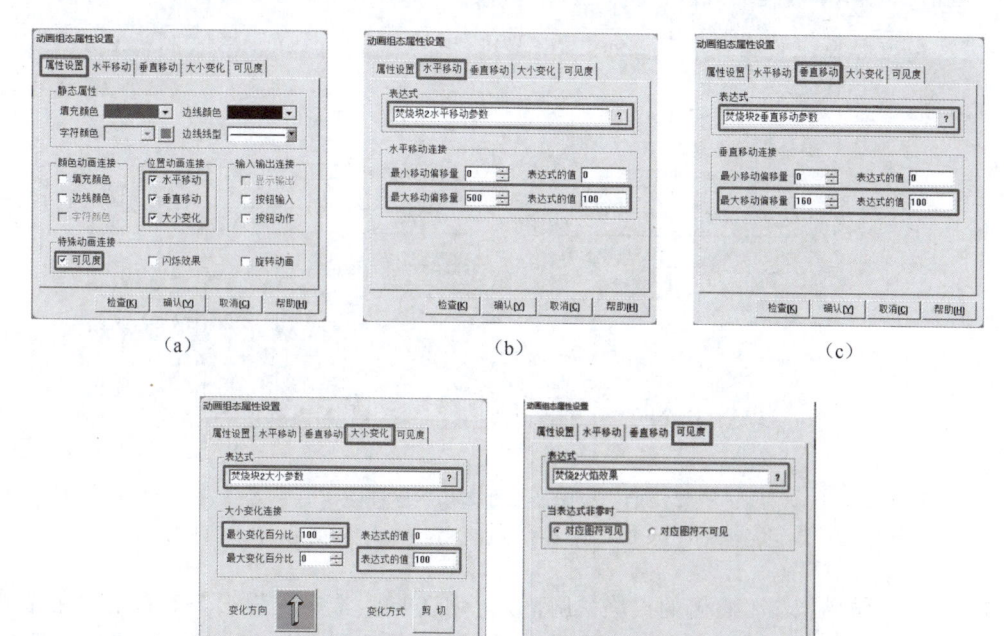

（a）　　　　　　　　　　（b）　　　　　　　　　　（c）

（d）　　　　　　　　　　（e）

图 2-85　焚烧块 2 块动画组态属性设置

(a) 属性设置；(b) 水平移动；(c) 垂直移动；(d) 大小变化；(e) 可见度

55

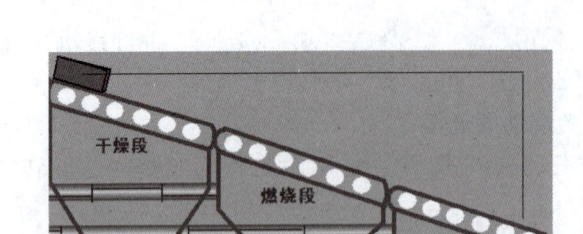

图 2-86 测量焚烧块水平、垂直移动距离

引导问题 20：思考"缩放"与"剪切"的区别。

3）在"可见度"选项卡中，表达式后"？"连接到"焚烧 2 火焰效果"，选择"对应图符可见"，单击"确认"按钮，如图 2-85（e）所示。

4）焚烧块 1 按图 2-87（a）~图 2-87（e）所示编辑。

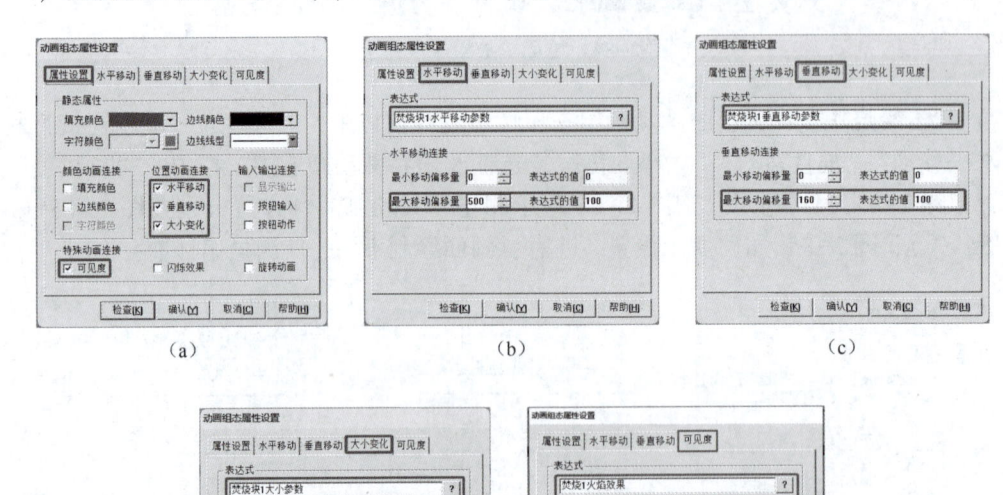

图 2-87 焚烧块 1 动画组态属性设置

（a）属性设置；（b）水平移动；（c）垂直移动；（d）大小变化；（e）可见度

5）复制三份燃烧器 1 右侧的火焰，调整大小和方向，选中三份火焰，右击，在弹出的快捷菜单中选择"排列"→"构成图符"命令，此时三个火焰合并成一整个图符，如图 2-88 所示。

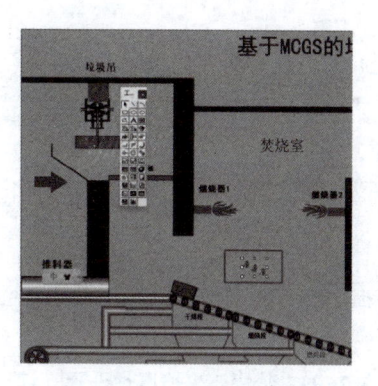

图 2-88 制作火焰图符

6）将制作好的火焰复制一份，并将两份火焰移动至如图 2-89 所示位置。

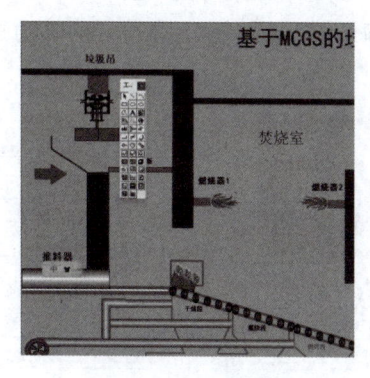

图 2-89 火焰摆放

7）双击制作好的火焰，在弹出的"动画组态属性设置"窗口中，勾选"位置动画连接"栏中的"水平移动""垂直移动"复选框及"特殊动画连接"栏中的"可见度"复选框，如图 2-90（a）所示。动画组态属性设置分别如图 2-90（b）、(c)、(d) 所示，其中偏移量与火焰下方焚烧块保持一致。

（a）

（b）

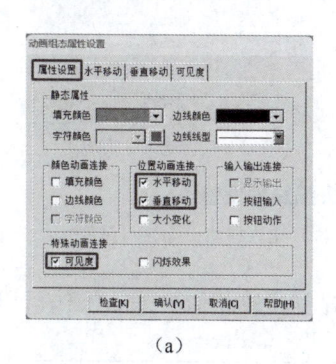

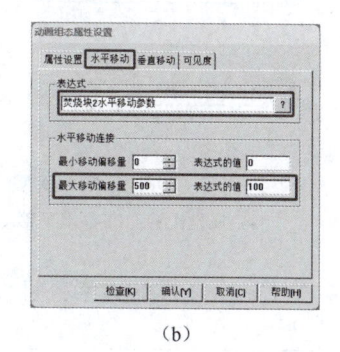

图 2-90 焚烧 2 火焰属性设置

（a）属性设置；（b）水平移动

(c) (d)

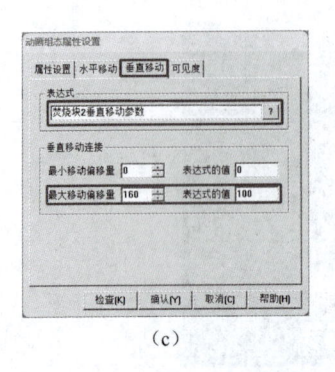

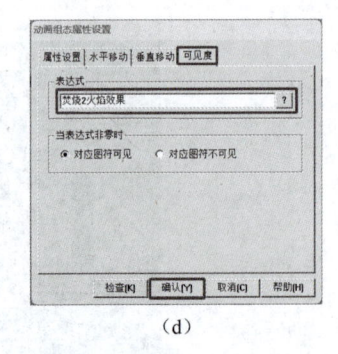

图 2-90 焚烧 2 火焰属性设置（续）

(c) 垂直移动；(d) 可见度

8）焚烧 1 火焰按图 2-91（a）~（d）所示编辑。

9）存盘，并利用"滑动输入器""按钮"检查、调试动画连接效果。

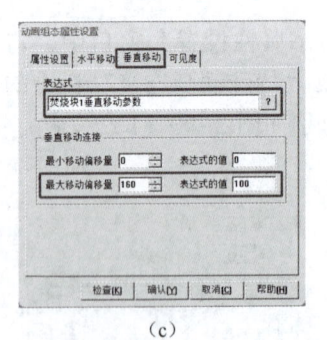

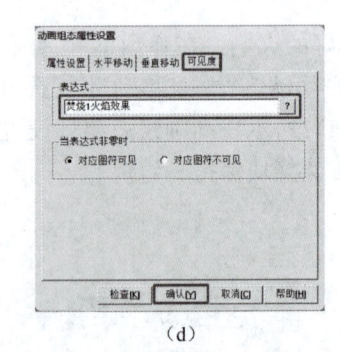

(a) (b)

(c) (d)

图 2-91 焚烧 1 火焰属性设置

(a) 属性设置；(b) 水平移动；(c) 垂直移动；(d) 可见度

引导问题 21：对于两个一样的元素，且设置也比较相似，怎么操作可以效率更高？

11. 数值实时显示动画连接

1）使用"标签"工具，按图 2-92 所示输入文字"温度""风量""渣量"，字形为"黑体"，字体为"粗体"，大小为"小二"。在温度旁输入文字"＊＊＊"，调整大小及位置。

项目二 基于 MCGS 的垃圾焚烧监控系统

图 2-92 实时显示绘制

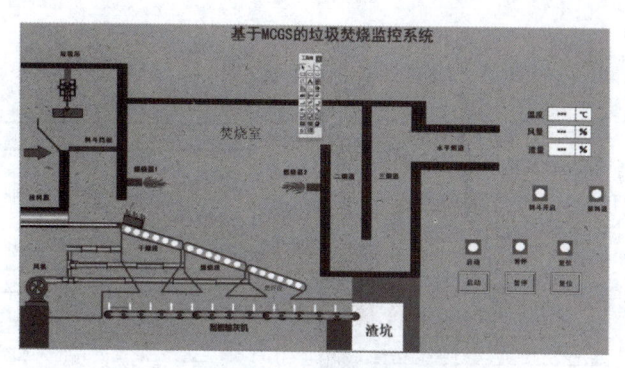

数值实时显示动画

2）双击温度后方的＊＊＊标签，在弹出的"动画组态属性设置"窗口中，勾选"输入输出连接"栏中的"显示输出"复选框，如图 2-93（a）所示。

3）进入"显示输出"选项卡，将"表达式"更改为"温度参数"，"输出值类型"选为"数值量输出"，"输出格式"选为"向中对齐"，单击"确认"按钮，如图 2-93（b）所示。

(a)

(b)

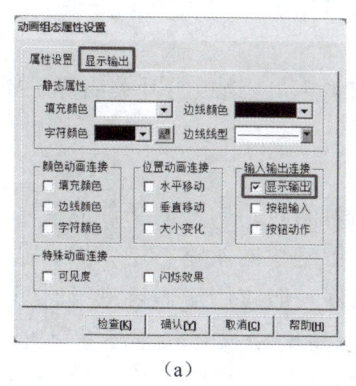

图 2-93 温度显示动画组态属性设置

4）重复步骤 2）和 3），风量参数显示输出设置如图 2-94 所示，渣量参数显示输出设置如图 2-95 所示。

(a)

(b)

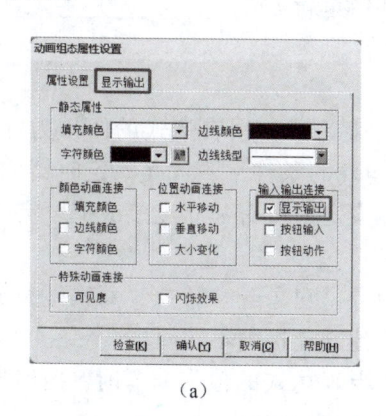

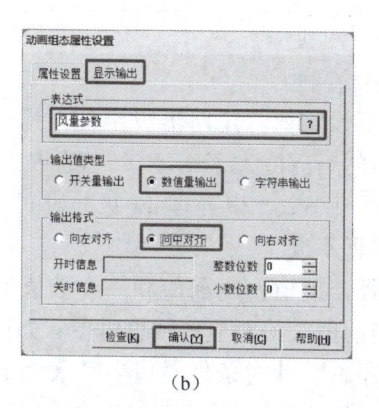

图 2-94 风量参数显示输出设置

59

(a)   (b)

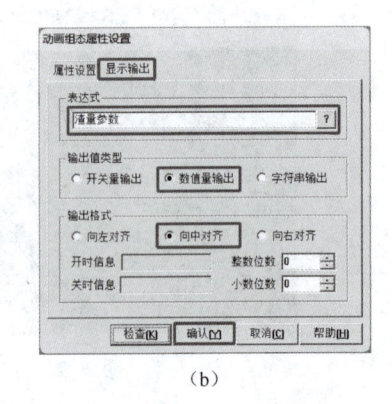

图 2-95 　渣量参数显示输出设置

5）同时按照图 2-7 所示，标注其他元件名称。

任务四　定时器的设置与使用

根据控制要求，系统需要一个定时器控制车的移动、挡板打开关闭等。MCGS 提供了定时器构件，可以利用它实现定时功能。

1. 定时器简介

定时器构件以时间作为条件，当到达设定的时间时，构件的条件成立一次，否则不成立。定时器功能构件通常用于循环策略块的策略行中，作为循环执行功能构件的定时启动条件。定时器功能构件一般应用于需要进行时间控制的功能部件，如定时存盘、定期打印报表、定时给操作员显示提示信息等。

定时器简介

引导问题 22：这儿的定时器相当于秒表，同学们思考秒表的功能是什么？实现这些功能需要哪些控制量？

什么时候开始定时？_____　　什么时候结束定时？_____

定时多久？_____　　如何重新定时？_____

分别属于什么变量？_____

2. 定时器的属性

1）定时器设定值：定时器设定值对应一个表达式，用表达式的值作为定时器的设定值。当定时器的当前值大于等于设定值时，本构件的条件一直满足。定时器的时间单位为 s，但可以设置成小数，以处理 ms 级的时间。如设定值没有建立连接或把设定值设为 0，则构件的条件永远不成立。

2）定时器当前值：当前值和一个数值型的数据对象建立连接，每次运行到本构件时，把定时器的当前值赋给对应的数据对象。如没有建立连接则不处理。

3）计时条件：计时条件对应一个表达式，当表达式的值为非零时，定时器进行计时，为 0 时停止计时。如没有建立连接则认为时间条件永远成立。

4）复位条件：复位条件对应一个表达式，当表达式的值为非零时，对定时器进行复位，使其从 0 开始重新计时；当表达式的值为 0 时，定时器一直累计计时，到达最大值 65 535 后，定时器的当前值一直保持该数，直到复位条件。如复位条件没有建立连接则认为定时器计时到设定值、构件条件满足一次后，自动复位重新开始计时。

5）计时状态：计时状态和开关型数据对象建立连接，把计时器的计时状态赋给数据对象。当当前值小于设定值时，计时状态为 0；当当前值大于等于设定值时，计时状态为 1。

3. 新增定时器

1）单击工具栏中的"工作台"按钮，弹出"工作台"窗口。

2）单击"运行策略"选项卡，进入"运行策略"窗口。选择"循环策略"，单击"确认"按钮，进入"循环策略"窗口。

3）右击，在弹出的快捷菜单中选择"新增策略行"命令，然后单击按钮，如图 2-96 所示拖动定时器到新增策略行，单击，新增"定时器"策略。

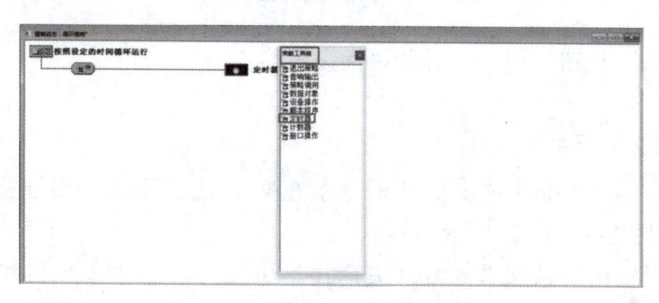

图 2-96 添加定时器

定时器设置

4. 定义与定时器有关的变量

使用定时器，需要添加 4 个变量，以控制定时器的运行。步骤如下：

1）单击工具栏中的"工作台"按钮，弹出"工作台"窗口。

2）单击"实时数据库"选项卡，进入"实时数据库"窗口。

3）单击"新增对象"，按表 2-7 添加 4 个变量。注意："计时时间"是数值型变量，其他为开关型。

表 2-7 定时器变量

变量名	类型	初值	注释
定时器 2 启动	开关	0	控制定时器的启停，=1 启动，=0 停止
定时器 2 计时	数值	0	代表定时器计时时间
定时器 2 时间到	开关	0	定时器定时时间到为 1，否则为 0
定时器 2 复位	开关	0	控制定时器复位，=1 复位

5. 设置定时器属性

1）单击工作台"运行策略"选项卡，进入"运行策略"窗口。

2）选择"循环策略"，单击"策略组态"按钮，重新进入"策略组态：循环策略"窗口。

3) 双击新增策略行末端的定时器方块,弹出"定时器"窗口,如图 2-97 (a) 所示。
4) 按照图 2-97 (b) 所示进行设置。

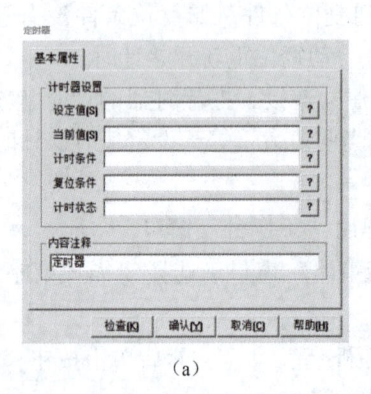

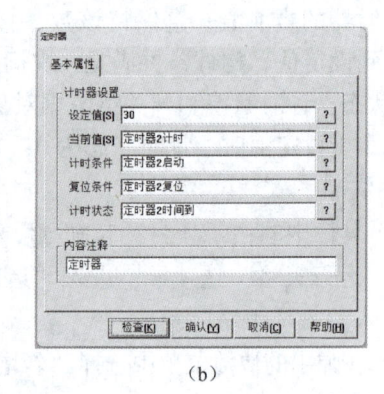

(a)　　　　　　　　　　　　　(b)

图 2-97　定时器属性设置

5) 单击"确认"按钮,退出定时器属性设置。
6) 保存设置。

6. 检验定时器 2 设置是否成功

1) 绘制 计时 *** 秒 ,双击计时后方的 *** 标签,勾选"输入输出连接"栏中的"显示输出"复选框,如图 2-98 (a) 所示。

2) 选择"显示输出"选项卡,将"表达式"更改为"定时器 2 计时","输出值类型"选为"数值量输出","输出格式"选为"向中对齐",单击"确认"按钮,如图 2-98 (b) 所示。

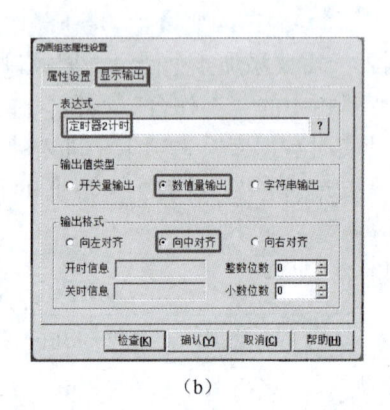

(a)　　　　　　　　　　　　　(b)

图 2-98　定时器 2 显示动画组态属性设置

3) 进行定时器 2 特性观察,以检验其设置是否正确。添加定时器 2 启动按钮,"操作属性"选项卡中选择"数据对象值操作",下拉箭头后选择"取反"后连接到"定时器 2 启动"。

4) 进入运行环境,按下按钮定时器 2 启动,定时器 2 自动开始计时,证明定时器添加成功。

任务五　控制程序编写与调试

引导问题 23：学习程序设计，大家还记得程序设计有哪些基本语句吗？

_____

_____

引导问题 24：赋值语句的形式为：数据对象＝表达式，表达式的类型必须与左边数据对象值的类型相符合，否则系统会提示"赋值语句类型不匹配"的错误信息。判断以下示例是否正确，为什么？

启动按钮＝0（　　　）

启动按钮＝0.5（　　　）

引导问题 25：按照条件语句的三种形式分别绘制出相应的流程图。

IF［表达式］　　　　　　IF［表达式］THEN　　　　IF［表达式］THEN

THEN［语句］　　　　　　　［语句］　　　　　　　　　［语句1］

　　　　　　　　　　　　ENDIF　　　　　　　　　　ELSE

　　　　　　　　　　　　　　　　　　　　　　　　　［语句2］

　　　　　　　　　　　　　　　　　　　　　　　　ENDIF

运行策略设置

1. 运行策略的设置

引导问题 26：程序是如何运行的？程序运行在哪一部分进行相关设置？

_____

> **小提示**：
> 运行策略：本窗口主要完成工程运行流程的控制，包括编写控制程序（如 IF…THEN 脚本程序）、选用各种功能构件，如数据提取、定时器、配方操作、多媒体输出等。

1）单击"工作台"按钮，打开"工作台"，进入"运行策略"窗口，如图 2-99 所示。

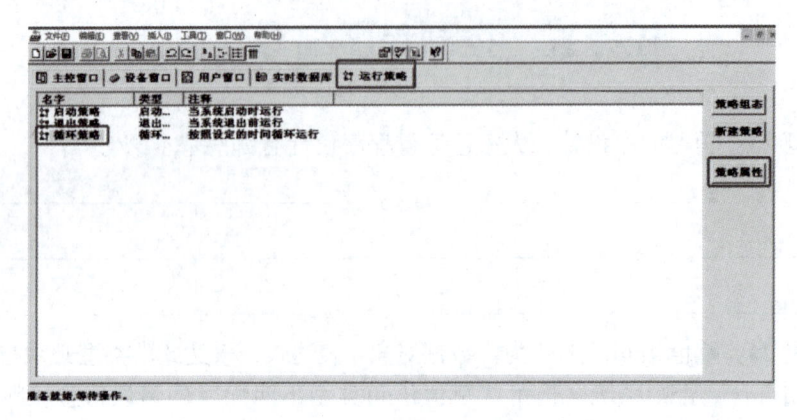

图 2-99 "运行策略"窗口

运行策略有 3 种策略：

"启动策略"是 MCGS 首次运行执行的策略，可将初始化程序在此编写。

"退出策略"是 MCGS 退出运行时执行的策略，可将结束前的处理程序在此编写。

"循环策略"是反复执行的策略，一般将主程序在此编写，本系统只编写循环策略。

2）选择"循环策略"后，右击，在弹出的快捷菜单中选择"属性"命令，弹出"策略属性设置"窗口，如图 2-100 所示，将循环时间设定为 1 ms，即每 1 ms 执行一次，单击"确认"按钮。注意：默认的循环时间是 60 000 ms，即 60 000 执行 1 次策略。

图 2-100 设定循环策略的循环时间

3）双击"循环策略"，弹出"循环策略"窗口。

4）单击"工具箱"按钮，弹出"策略工具箱"窗口，如图 2-101 所示；单击"新增策略行"按钮。

图 2-101　循环策略窗口

5）单击新增策略行末端的矩形，使其显示蓝色，如图 2-102 所示，之后双击策略工具箱中的"脚本程序"工具，如图 2-103 所示。

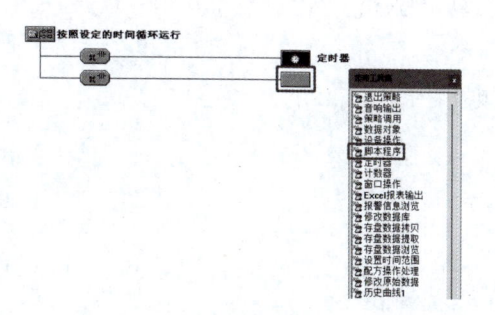

图 2-102　新增策略行

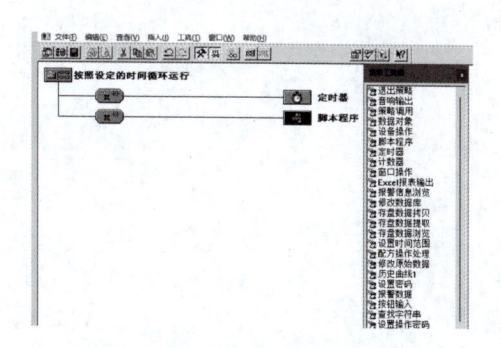

图 2-103　添加脚本程序策略

6）双击策略行中的"脚本程序"，进入脚本程序编辑窗口。
7）程序输入后单击"检查"按钮，检查是否有语法错误，如图 2-104 所示。

图 2-104　检查程序

8) 检查无错后单击"确定"按钮，保存。

2. 完整控制程序

（1）启动、暂停、复位程序的编辑与调试

1) 输入启动、暂停、复位程序。

启动、暂停、复位程序

```
1.'启动
2.IF 启动按钮=1 AND 复位指示灯=0 THEN
3.    启动指示灯=1
4.    定时器2复位=0
5.    定时器2启动=1
6.    暂停指示灯=0
7.    复位指示灯=0
8.ENDIF
9.'暂停
10.IF 暂停按钮=1 THEN
11.    启动指示灯=0
12.    复位指示灯=0
13.    暂停指示灯=1
14.    定时器2启动=0
15.    定时器2复位=0
16.ENDIF
17.'复位
18.IF 复位按钮=1 THEN
19.    复位指示灯=1
20.    启动指示灯=0
21.    暂停指示灯=0
22.    定时器2复位=1
23.ENDIF
```

2) 调试方法。

①首先单击"启动按钮",启动指示灯变为红色。

②接着单击"暂停按钮",暂停指示灯变为红色,启动指示灯熄灭。

③最后单击"复位按钮",复位指示灯变为红色,其余指示灯熄灭。

建议分段进行调试,防止逻辑误区。

(2) 料斗挡板控制程序的编辑与调试

1) 输入料斗挡板控制程序。

```
1. IF 定时器2计时 >=1 AND 定时器2计时 <=4 THEN
2.     料斗挡板=料斗挡板+1
3.     料斗开启指示灯=1
4.     IF 料斗挡板 >=100 THEN    '料斗开启限位
5.         料斗挡板=100
6.     ENDIF
7. ENDIF
```

> **小提示:**
> 1. 脚本程序中若使用实时数据库中数据对象,一般应如何操作?(脚本程序编辑器右侧一栏→数据对象→找到所需要的变量双击即可)
> 2. 若要查找脚本程序中所有相同数据对象进行替换,一般应如何操作?(使用脚本程序编辑器下方"替换"按钮即可)
> 3. 检查脚本程序时,若弹出提示窗口"组态错误,启动按钮未知对象",则表明什么?(脚本程序中使用的"启动按钮"这个数据对象,实时数据库中没有定义)

2) 调试方法。

定时器2计时到1~4 s时,料斗挡板指示灯亮,料斗挡板打开,打开到位后停止。建议每个阶段都进行测试,防止逻辑误区。

(3) 垃圾吊、垃圾块水平移动程序的编辑与调试

1) 输入垃圾吊、垃圾块水平移动控制程序。

```
1. IF 定时器2计时 >=4 AND 定时器2计时 <=6 THEN
2.     机械手2水平移动参数=机械手2水平移动参数+1
3.     垃圾5水平移动参数=垃圾5水平移动参数+0.33    '垃圾块水平移动
4.     垃圾6水平移动参数=垃圾6水平移动参数+0.33
5.     IF 机械手2水平移动参数 >=100 THEN    '机械手水平移动限位
6.         机械手2水平移动参数=100
7.     ENDIF
8.     IF 垃圾5水平移动参数 >=30 THEN    '垃圾块5水平移动限位
9.         垃圾5水平移动参数=30
10.    ENDIF
```

11.　IF 垃圾6水平移动参数 >=30 THEN　'垃圾块6水平移动限位
12.　　　垃圾6水平移动参数=30
13.　ENDIF
14.ENDIF

> **小提示：**
> 1. 为了防止垃圾吊水平移动距离过大，可在程序编写时加入语句：
>
> 1.IF 机械手2水平移动参数 >= 100 THEN　'机械手水平移动限位
> 2.　　　机械手2水平移动参数 = 100
> 3.ENDIF
>
> 用于对垃圾吊水平移动限位。
> 2. 限位值如何确定呢？用公式：(移动到预定位置的移动量/移动总量)×100%，其中，移动总量=最大移动偏移量+最小移动偏移量，具体值可根据实际运行时进行调整。

2）调试方法。

定时器2计时到4~6 s时，垃圾吊夹取垃圾块右移到料斗上方，通过调整垃圾块每次刷新的水平移动量，使其移动速度与垃圾吊保持一致。调整垃圾吊和垃圾块的限位，使其正好停到料斗上方。

垃圾吊、垃圾块垂直移动程序

（4）垃圾吊、垃圾块垂直移动程序的编辑与调试

1）输入垃圾吊、垃圾块垂直移动控制程序。

1.IF 定时器2计时 >=6 AND 定时器2计时 <=8 THEN
2.　　机械手2垂直移动参数=机械手2垂直移动参数+1
3.　　垃圾5垂直移动参数=垃圾5垂直移动参数+0.44　'垃圾块垂直移动
4.　　垃圾6垂直移动参数=垃圾6垂直移动参数+0.44
5.　　IF 机械手2垂直移动参数 >=100 THEN　'机械手垂直移动限位
6.　　　　机械手2垂直移动参数=100
7.　　ENDIF
8.　　IF 垃圾5垂直移动参数 >=43.2 THEN　'垃圾块垂直移动限位
9.　　　　垃圾5垂直移动参数=43.2
10.　ENDIF
11.　IF 垃圾6垂直移动参数 >=43.2 THEN
12.　　　垃圾6垂直移动参数=43.2
13.　ENDIF
14.ENDIF
15.IF 定时器2计时 >=8 AND 定时器2计时 <=10 THEN
16.　　机械手2垂直移动参数=机械手2垂直移动参数-1
17.　　IF 机械手2垂直移动参数 <=0 THEN　'机械手垂直移动限位
18.　　　　机械手2垂直移动参数=0
19.　ENDIF
20.ENDIF

2）调试方法。

定时器 2 计时到 6~8 s 时，垃圾吊夹取垃圾块下移投放垃圾；定时器 2 计时到 8~10 s 时，垃圾投放完成收回垃圾吊。通过调整垃圾块每次刷新的垂直移动量，使其移动速度与垃圾吊保持一致。调整垃圾吊和垃圾块的限位，使其正好放置到推料平台上。

> **小提示：**
> 防止垃圾吊一直移动，可加入以下语句，用于对垃圾吊移动限位：
> ```
> 1.IF 机械手 2 垂直移动参数 <= 0 THEN    '机械手垂直移动限位
> 2.    机械手 2 垂直移动参数 = 0
> 3.ENDIF
> ```

（5）焚烧室程序的编辑与调试

1）焚烧室控制程序。

```
1.IF 定时器 2 计时 >=11 AND 定时器 2 计时 <=20 THEN
2.    火焰显示参数 =1    '开启燃烧器
3.    温度参数 = 温度参数 +1.6    '每次刷新温度增加
4.    IF 温度参数 >=850 THEN    '温度增加到设定值后停止加热
5.        温度参数 =850
6.    ENDIF
7.ENDIF
```

2）调试方法。

定时器 2 计时到 11~20 s 时，开启燃烧器，焚烧室开始升温，当温度到达设定温度后停止升温。

（6）推料器程序的编辑与调试

1）推料器控制程序。

焚烧室、推料器程序

```
1.IF 定时器 2 计时 >=20 AND 定时器 2 计时 <=23 THEN
2.    火焰显示参数 =0
3.    传送带启动参数 =1
4.    风机参数 =1
5.    风量参数 =50
6.    推杆 = 推杆 +1
7.    推料指示灯 =1
8.    IF 推杆 >=17 THEN    '推料器接触到垃圾块的位置
9.        垃圾 5 水平移动参数 = 垃圾 5 水平移动参数 +0.19    '垃圾块水平移动
10.       垃圾 6 水平移动参数 = 垃圾 6 水平移动参数 +0.19
11.   ENDIF
12.   IF 推杆 >=100 THEN
13.       推杆 =100
14.   ENDIF
```

```
15.IF 垃圾6水平移动参数 >=41.5 THEN    '垃圾块移动限位
16.    垃圾6水平移动参数=41.5
17.    ENDIF
18.    IF 垃圾5水平移动参数 >=45 THEN
19.    垃圾5水平移动参数=45
20.    ENDIF
21.    IF 垃圾6水平移动参数 >=41.5 THEN '模拟垃圾块掉落到传送带上动画效果
22.    垃圾6旋转移动参数=垃圾6旋转移动参数+3
23.ENDIF
24.    IF 垃圾5水平移动参数 >=45 THEN
25.    垃圾5旋转移动参数=垃圾5旋转移动参数+3
26.    ENDIF
27.    IF 垃圾6旋转移动参数 >=100 THEN '垃圾块旋转限位
28.    垃圾6旋转移动参数=100
29.    垃圾6显示参数=1
30.    ENDIF
31.    IF 垃圾5旋转移动参数 >=100 THEN
32.        垃圾5旋转移动参数=100
33.        垃圾5显示参数=1
34.     ENDIF
35.ENDIF
```

2) 调试方法。

定时器2计时到20~23 s时，关闭燃烧器，开启传送带，开启风机，推料器将垃圾块推送到传送带上。调整推料器接触到垃圾块的位置，使推料器接触到垃圾块后垃圾块再移动；调整垃圾块移动量，使其移动速度与推料器保持一致。

（7）焚烧块燃烧动画程序的编辑与调试

焚烧块燃烧程序

1) 输入控制程序。

```
1.IF 定时器2计时 >=22
2.    推杆=推杆-1    '收回推料器
3.    推料指示灯=0
4.    焚烧1火焰效果=1
5.    '系统刷新焚烧块垂直移动量
6.  焚烧块1垂直移动参数=焚烧块1垂直移动参数+0.3
7. '系统刷新焚烧块水平移动量
8. 焚烧块1水平移动参数=焚烧块1水平移动参数+0.3
9. 焚烧块1大小参数=焚烧块1大小参数+0.3    '焚烧块系统刷新缩小量
10.    渣量参数=渣量参数+0.017  '系统刷新灰渣增加量
11.    IF 推杆 <=0 THEN    '收回推料器限位
12.        推杆=0
```

```
13.         ENDIF
14.     IF 焚烧块1水平移动参数 >=100 THEN    '焚烧块移动限位
15.         焚烧块1水平移动参数=100
16.     ENDIF
17.     IF 焚烧块1垂直移动参数 >=100 THEN
18.         焚烧块1垂直移动参数=100
19.     ENDIF
20. IF 焚烧块1大小参数 >=100 THEN
21.     焚烧块1大小参数=100
22.     焚烧1火焰效果=0
23.     ENDIF
24. ENDIF
25. IF 定时器2计时 >=23
26.     机械手2水平移动参数=机械手2水平移动参数-1
27.     焚烧2火焰效果=1
28.     焚烧块2垂直移动参数=焚烧块2垂直移动参数+0.3
29.     焚烧块2水平移动参数=焚烧块2水平移动参数+0.3
30.     焚烧块2大小参数=焚烧块2大小参数+0.3
31.     渣量参数=渣量参数+0.017
32.     IF 渣量参数>=60 THEN
33.         渣量参数=60
34.     ENDIF
35.     IF 机械手2水平移动参数 <=0 THEN
36.         机械手2水平移动参数=0
37.     ENDIF
38.     IF 焚烧块2水平移动参数 >=100 THEN
39.         焚烧块2水平移动参数=100
40.         火焰显示参数=0
41.     ENDIF
42.     IF 焚烧块2垂直移动参数 >=100 THEN
43.         焚烧块2垂直移动参数=100
44.     ENDIF
45. IF 焚烧块2大小参数 >=100 THEN
46.     焚烧块2大小参数=100
47.     焚烧2火焰效果=0
48.     火焰显示参数=0
49.     风机参数=0
50.     传送带启动参数=0
51.     风量参数=0
52.     温度参数=温度参数-1
53.     IF 温度参数 <=0 THEN
```

54.　　　　温度参数=0
55.　　ENDIF
56.ENDIF
57.ENDIF

2) 调试方法。

定时器 2 计时到 22 s 时，第一块垃圾开始焚烧，定时器 2 计时到 23 s 时，第二块垃圾开始焚烧，同时垃圾吊退回到初始位置，焚烧完成后关闭风扇，开始降温。焚烧块火焰呈现燃烧状；焚烧块保持在传送带上缓慢移动的同时逐渐缩小，保证焚烧块在到达传送带底部时全部消失。

刮板输灰机、变量复位程序

(8) 刮板输灰机显示和灰渣显示程序的编辑与调试

1) 输入控制程序。

1.'传送带循环显示
2. IF 传送带移动参数 >=100 THEN
3.　　传送带移动参数=0
4. ENDIF
5. IF 传送带启动参数=1 THEN
6.　　传送带移动参数=传送带移动参数+2
7. ENDIF
8. IF 渣量参数 >=90 THEN
9.　　渣量参数=0
10.　　ENDIF

2) 调试方法。

传送带移动到固定位置时，回到最初位置循环往复，以此来实现传送带移动动画效果，当渣坑灰渣含量达到 90%时，清空渣坑。

(9) 变量复位程序的编辑与调试

1) 输入变量复位程序。

1. IF 复位指示灯=1 AND 定时器 2 计时>=30 THEN　　'判断复位按钮是否按下
2.　　定时器 2 启动=0
3.　　定时器 2 复位=1
4.　　复位指示灯=0
5.　ELSE
6.　　定时器 2 复位=0
7.ENDIF
8.IF 定时器 2 计时>=30 THEN
9.　　定时器 2 复位=1
10.　　推杆=0
11.　　焚烧 1 火焰效果=0
12.　　焚烧 2 火焰效果=0

13. 垃圾 5 垂直移动参数 = 0
14. 垃圾 5 水平移动参数 = 0
15. 垃圾 5 旋转移动参数 = 0
16. 垃圾 5 显示参数 = 0
17. 垃圾 6 垂直移动参数 = 0
18. 垃圾 6 水平移动参数 = 0
19. 垃圾 6 旋转移动参数 = 0
20. 垃圾 6 显示参数 = 0
21. 机械手 2 水平移动参数 = 0
22. 机械手 2 垂直移动参数 = 0
23. 焚烧块 1 水平移动参数 = 0
24. 焚烧块 1 垂直移动参数 = 0
25. 焚烧块 1 大小参数 = 0
26. 焚烧块 2 水平移动参数 = 0
27. 焚烧块 2 垂直移动参数 = 0
28. 焚烧块 2 大小参数 = 0
29. 火焰显示参数 = 0
30. 温度参数 = 0
31. 传送带启动参数 = 0
32. ENDIF

2) 调试方法。

定时器 2 计时到≥30 s 时，所有变量全部置 0。如果复位指示灯 = 1，则定时器 2 停止计时，复位指示灯灭，程序不再循环；如果复位指示灯 = 0，定时器从 0 重新计时，程序进入下一次循环。

引导问题 27：注释语句以什么开头？_____

> **小提示**：
>
> ```
> IF 定时器 2 计时 >= 27 THEN
>     料斗挡板 = 料斗挡板 - 1
>     IF 料斗挡板 <= 0 THEN
>         料斗挡板 = 0
>         料斗开启指示灯 = 0
>     ENDIF
> ENDIF
> ```

请按照理解，在上述程序必要的地方增加注释，注意项目规范性。

引导问题 28：观察项目运行，思考目前还有哪些未完成功能？

_____

【项目报告】

1. 任务目的及要求

2. 任务工具

项目二　完整程序

3. 任务步骤

1) 工艺过程分析及控制要求，收集所有 I/O 点信息。

①工艺过程及控制要求：

②所有 I/O 点信息（可以按照分类填写）：

静态画面制作时，静态画面数据对象填入表 2-8。

表 2-8　静态画面数据对象

对象名称	类型	注释

动态属性添加时（可以按照分类填写），动态属性数据对象填入表 2-9。

表 2-9　动态属性数据对象

对象名称	类型	注释

定时器设置时，定时器设置数据对象填入表 2-10。

表 2-10 定时器设置数据对象

对象名称	类型	注释

2）根据工艺过程设计、绘制监控画面结构和画面草图。

3）按照统计的 I/O 点信息建立_____。

4）按设计画面结构，在用户窗口绘制_____及添加_____。

5）控制功能的设置（回答控制功能设置中有哪些注意点）。

6）分段和总体调试（回答为什么要分段调试）。

7）投入运行的注意事项。

4. 项目心得

【评价反馈】

评价主要包括学生评价、教师评价以及企业导师评价,如表 2-11 和表 2-12 所示。其中学生评价包括小组内自评、互评,学生要在完成项目的过程中逐步完成评价,可以按照不同人员评分比重给予不同分值,然后总分按照比例压缩至满分 100 分。

表 2-11 组内评价表

序号	评价内容	分值	组长评价	组员1	组员2	组员3	组员4	组员5	组员6	自评评价
1	比例/%	100								
2	对应满分	100								
3	工艺过程分析									
4	收集所有 I/O 点信息									
5	绘制监控画面草图									
6	建立实时数据库									
7	绘制静态画面									
8	添加动态属性									
9	控制功能的设置									
10	分段和总体调试									
11	合计									
	总分:									

主观性评价:

综合评价如表 2-12 所示。

表 2-12 综合评价

项目名称					
班级			日期		
姓名			组号		组长
序号	评价项任务		比例	分值	得分
1	学生评价	小组自评			
		小组互评			

续表

序号	评价项任务		比例	分值	得分
2	教师评价	调试排故			
		调试报告			
3	企业导师评价	项目汇报			
总分					

【常见问题解答】

1. 刮板输灰机移动异常

设置刮板输灰机移动距离，移动距离为两挡板间距离，调整移动速度使传送带移动顺畅。

2. 推料器推送垃圾块不同步

不断调试推送时垃圾块水平移动参数，以及垃圾块开始移动时推杆的位置，确保推杆接触到垃圾块时垃圾块开始移动。

【项目拓展】

本项目炉排在启动、停止时是整体启动、停止的，但是工厂设计传送带类设备为了防止堆料，启动时要从末端向前端启动，停止时从前端向末端停止，请大家思考按照实际方式更改控制策略，设计项目，完成项目设计，使控制更接近真实生产场景。图 2-105 所示为传送带设备运行示意图。

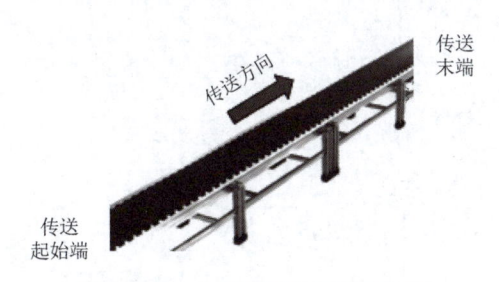

图 2-105 传送带设备运行示意图

【能量驿站】

聚焦工控发展　国产品牌崛起正当时

随着信息化和数字化的不断深入，工控设备作为关键的技术支撑，逐渐扮演着越来越重要的角色，国内工控行业也正面临着新的发展趋势和机遇，制造业数字化、高端化转型离不开软硬件的自主可控。

曾经，国内工业控制系统的核心部件可编程逻辑控制器（PLC）大多由国外公司提供，不仅技术受制于人，工控安全也面临严峻形势。为打破国外厂商垄断，有效化解工业自动化控制领域"卡脖子"风险，我国投入大量的精力，给予政策资金扶持、集中优势科研力量开展集中攻关，自主研发了国产中大型高性能的PLC，有效带动国产芯片、半导体、电子元器件等在工业领域的研发应用。围绕智能控制、数据采集、边缘计算等领域，聚集产业上下游合作伙伴，以众包、众创、众智的方式打造数字化、网络化、智能化高端制造应用场景。

工业软件被誉为工业制造的大脑和神经，随着全球"传统制造"加快向"智能制造"转型升级，工业软件正在成为智能制造的核心基础性工具，是支撑国家发展和创新的隐形"国之重器"。近年来，国产软件纷纷加大研发力度，推进国产化替代，逐渐打破了工业软件被"卡脖子"的尴尬局面。打造创新协同的智能化控制系统，让控制技术能更好地服务于智能制造、柔性制造，持续推动国产工业软件的落地与应用。

项目三　基于 MCGS 的垃圾接收监控系统

> **导读**
>
> 　　本项目以垃圾接收系统的监控系统开发为任务，与项目二在制作方法、思路上有重合，但难度超越项目二，且需要学生在掌握监控系统设计流程的基础上，具有设置动画连接的发散思维。本项目要求学生掌握垃圾接收监控系统的工作原理，并能按照工艺流程实现静态画面绘制、动态画面连接以及程序仿真调试。

【项目准备】

学习情境描述　　　　　　　　　　　　　　　　　安全小提示——起重机吊装"十不吊"

本项目是垃圾焚烧发电监控系统当中的"垃圾接收监控系统"子项目，如图 3-1 所示。

图 3-1　项目流程

垃圾接收监控系统由垃圾称重系统、垃圾卸料大厅、垃圾池、垃圾吊、焚烧室、渗沥液收集池等设施和设备组成，如图 3-2 所示。

图 3-2　垃圾接收监控系统流程

生活垃圾由专用的垃圾车，从垃圾转运站运送至厂区，经地磅计量后，通过垃圾车运至垃圾卸料大厅。垃圾在垃圾池内堆放的过程中，会发酵产生渗沥液，渗沥液经垃圾池底部的排水格栅流入渗沥液收集池，渗沥液收集池内的渗沥液经输送泵送入渗沥液处理站，进行无害化处理后回收再利用。

1. 垃圾称重系统

垃圾称重系统的主要功能是对进厂的垃圾车进行称重，统计进厂垃圾的质量，并将相关数据直接送到所需部门，为上级监管机构实时监控垃圾车进出情况提供准确数据和实时图像。

2. 垃圾卸料大厅

垃圾卸料大厅供垃圾车卸料，卸料大厅布置观察室，供车辆管理人员观察垃圾车运行情况，必要时对垃圾车的运行进行指挥。

3. 垃圾池

垃圾池用于垃圾的接收和储存，同时排出垃圾池内的渗沥液。垃圾池池底坡度为1%，便于垃圾池内的渗沥液流向排水格栅。在垃圾池上方布置垃圾吊、垃圾吊操作室等。入炉垃圾的热值能否提高、垃圾电厂的内部气味能否有效控制以及垃圾池内的渗沥液能否顺利外排，垃圾池都起到非常重要的作用。

4. 垃圾吊

垃圾吊为垃圾电厂的主要设备之一，垃圾吊的稳定运行直接影响垃圾电厂的稳定运行。垃圾吊工作负荷极高、工作环境恶劣，垃圾吊的故障率高会影响机组的稳定运行。

通常垃圾吊选用橘瓣式液压抓斗吊车，该类型抓斗力矩大、抓取容量多，对大的、不均匀的和斜面的垃圾具有好的抓取效果，稳定性好。在垃圾吊操作室，工作人员通过夹爪起重机将垃圾送至炉前料斗，抓斗每次可抓起 6~8 t 生活垃圾，经过进料斗及溜槽后，垃圾被推料器推到机械炉排上进行干燥、着火、燃烧、燃烬。

5. 渗沥液收集池

渗沥液收集池的作用是及时排出和收集垃圾池内的渗沥液。对提高垃圾热值、防止垃圾池臭味扩散和提高经济效益有着非常重要的作用。

学习目标

知识目标	1. 分析工具箱、对象元件库、动画连接的功能； 2. 熟悉 MCGS 定时器属性，掌握脚本程序语法规则； 3. 区分水平移动、垂直移动、大小变化动画连接的含义，理解移动速度和缩放速度的设置原理
技能目标	1. 尝试根据变量分配表在 MCGS 中建立开关型变量和数值型变量，正确设置变量的类型和初值； 2. 类比绘制文字、直线、矩形按钮、机械手、管道、指示灯等，并能够修改内容、大小、颜色、位置、方向、角度等； 3. 制作按钮、指示灯、垃圾吊等的动画连接，并能进入运行环境进行调试，测试动画连接是否成功； 4. 熟练在循环策略中添加脚本程序，并会使用分段调试方法进行程序编辑与调试

续表

素养目标	1. 树立吊装"十不吊"的安全思维； 2. 通过实操、总结不断促使知识内化； 3. 培养知识迁移能力，举一反三
教学重点	1. 在 MCGS 组态软件开发环境下进行软件设计； 2. 要求垃圾吊能按要求顺序动作，讨论并制定方案，编辑画面； 3. 按照控制要求添加动画连接，测试动画连接是否成功； 4. 定时器的设置； 5. 编辑与调试垃圾接收监控系统脚本程序
教学难点	1. 分析垃圾接收监控系统功能，确定系统所需变量； 2. 分段调试方法进行程序的编辑与调试
建议学时	8 学时
推荐教学方法	从项目入手，教师提出工作任务，促使学生剖析垃圾接收监控系统的工作流程，并注重"螺旋式上升"学习，引导其讨论并制定方案，建立实时数据库、制作静态画面、添加动态属性。在程序设计阶段，突出强调程序注释的重要性
推荐学习方法	多提问、多思考、多动手是学好本门课的关键，通过"边做边学"达到更好的学习效果

任务书

按照工艺流程，系统要求如表 3-1 所示。

表 3-1 系统要求

按下启动按钮，定时器开始工作		
投料准备	2~4 s	料斗挡板打开，且 4 s 开始垃圾车驶入
投料	4~12 s	投料操作，且 6~8 s，垃圾车车厢旋转，开始倾倒垃圾；8~12 s，垃圾倒入垃圾池内；9~12 s，垃圾车倾倒结束
堆料操作	12~14 s	垃圾吊左移，且 13 s 开始垃圾车驶出
	14~16 s	垃圾吊下移
	16~18 s	垃圾吊上移
	18~20 s	垃圾吊右移
	20~22 s	垃圾吊下移
	22~24 s	垃圾吊上移
	24~36 s	重复 12~24 s 操作
抓取垃圾至焚烧室	36~38 s	垃圾吊右移
	38~40 s	垃圾吊下移
	40~42 s	垃圾吊上移
	42~45 s	垃圾吊右移

续表

垃圾吊返回	45~48 s	垃圾吊左移
	48 s	复位所有变量，判断是否按下复位按钮，如果按下复位按钮，关闭定时器；如果没有按下复位按钮，定时器从 0 开始重新计时
中途按下暂停按钮，定时器暂停工作，再次按下启动按钮定时器继续计时		
按下复位按钮，此处投料操作完成后回到初始状态		

任务实施提示：

1）基于项目二的学习，选择组长，组长基于项目二经验合理分工；
2）区分可以按照项目二类推自主完成的部分，以及需要创新思考的部分；
3）简单、能实现功能永远是设计的核心原则；
4）不能光靠想，要实际动手不断尝试，切换各种不同配置，可能会出现意想不到的效果；
5）小组间相互交流，及时纠错、整改。

任务分组

表 3-2 所示为任务分组。

表 3-2　任务分组

班级		组号		指导教师	
组长		学号		日期	
组员	姓名		学号	姓名	学号
任务分工：					

任务分析

引导问题 1：了解垃圾处理的 4 种方法（图 3-3），思考垃圾焚烧的优缺点以及工厂存储垃圾时需要注意哪些方面？

垃圾发酵会产生什么影响？_____

如何提高垃圾热值？_____

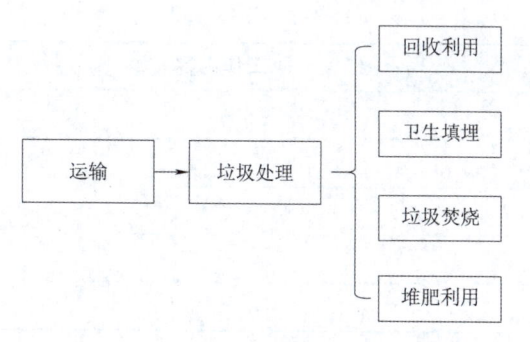

```
运输 → 垃圾处理 ┬ 回收利用
              ├ 卫生填埋
              ├ 垃圾焚烧
              └ 堆肥利用
```

图 3-3　垃圾处理方法

引导问题 2：通过引导问题 1，分析本项目的工艺过程及控制要求。

_____

_____

引导问题 3：分析所有信号，并填表 3-3。

表 3-3　信号统计表

名称	输入/输出	数字信号/模拟信号	名称	输入/输出	数字信号/模拟信号

引导问题 4：分析本项目与项目二监控制作相同与不同的部分，并填表 3-4。

表 3-4　项目二、三之间异同分析

任务内容	相同点	不同点
静态画面制作		
动画连接与调试		
定时器设置与使用		
控制程序编写与调试		

工作计划

1. 制定工作方案

按照前文提示，制定垃圾接收监控系统制作步骤，小组讨论并按照工作量分配子任务，相对复杂的子任务可以由两位学生一起完成，并填表 3-5。

表 3-5　任务分配

步骤	工作内容	负责人
1		
2		
3		
4		
5		

2. 列出任务涉及的功能模块

表 3-6 所示为工作方案。

表 3-6　工作方案

工作内容	效果实现方案	软件模块选择

3. 绘制监控画面结构和画面草图

进行决策

1) 各组派代表阐述设计方案。
2) 各组对其他组的设计方案提出自己不同的看法。
3) 教师结合学生完成的情况进行点评,选出最佳方案。
最佳方案框架:

【项目实施】

任务一　定义变量

在 MCGS 中，变量也叫数据对象。工程建立后首先需要定义变量。

1）如图 3-4 所示，单击工作台中的"实时数据库"选项卡，进入"实时数据库"窗口。窗口中列出了系统已有数据对象的名称，它们是系统本身自建的变量，暂不必理会。现在将表 3-7 中定义的数据对象（变量）进行添加。

2）如图 3-4 所示，单击工作台右侧"新增对象"按钮，窗口中立刻出现一个新的数据对象"InputETime1"。

定义变量

表 3-7　数据对象（变量）

对象名称	类型	注释
启动按钮	开关型	启动命令，按下有效
启动指示灯	开关型	启动指示灯控制信号，=1 有效
暂停按钮	开关型	暂停命令，按下有效
暂停指示灯	开关型	暂停指示灯控制信号，=1 有效
复位按钮	开关型	复位停止命令，=1 复位后停止
复位指示灯	开关型	复位指示灯控制信号，=1 有效
挡板指示灯	开关型	挡板控制信号，=1 有效
倒垃圾指示灯	开关型	倒垃圾控制信号，=1 有效
堆料指示灯	开关型	堆料控制信号，=1 有效
机械手上移指示灯	开关型	机械手控制信号，=1 有效
机械手下移指示灯	开关型	机械手控制信号，=1 有效
机械手左移指示灯	开关型	机械手控制信号，=1 有效
机械手右移指示灯	开关型	机械手控制信号，=1 有效
机械手垂直移动参数	数值型	控制机械手在垂直方向的运动
机械手水平移动参数	数值型	控制机械手在水平方向的运动
车移动参数	数值型	控制车的移动
车厢旋转参数	数值型	控制车厢旋转
料斗挡板	数值型	打开或关闭，打开后垃圾可以进入
垃圾质量	数值型	进入垃圾池的垃圾质量

85

续表

对象名称	类型	注释
垃圾块 1 旋转参数	数值型	控制垃圾块 1 旋转
垃圾块 1 垂直移动参数	数值型	控制垃圾块 1 在垂直方向运动
垃圾块 1 水平移动参数	数值型	控制垃圾块 1 在水平方向运动
垃圾块 2 旋转参数	数值型	控制垃圾块 2 旋转
垃圾块 2 垂直移动参数	数值型	控制垃圾块 2 在垂直方向运动
垃圾块 2 水平移动参数	数值型	控制垃圾块 2 在水平方向运动
垃圾块 3 旋转参数	数值型	控制垃圾块 3 旋转
垃圾块 3 垂直移动参数	数值型	控制垃圾块 3 在垂直方向运动
垃圾块 3 水平移动参数	数值型	控制垃圾块 3 在水平方向运动
垃圾块 4 旋转参数	数值型	控制垃圾块 4 旋转
垃圾块 4 垂直移动参数	数值型	控制垃圾块 4 在垂直方向运动
垃圾块 4 水平移动参数	数值型	控制垃圾块 4 在水平方向运动

3）选中该数据对象，单击右侧"对象属性"按钮或直接双击该数据对象，弹出"数据对象属性设置"窗口，按照表 3-7 进行对象"启动按钮"的设置，注意对象类型和初始值的设置，如图 3-5 所示，单击"确认"按钮。

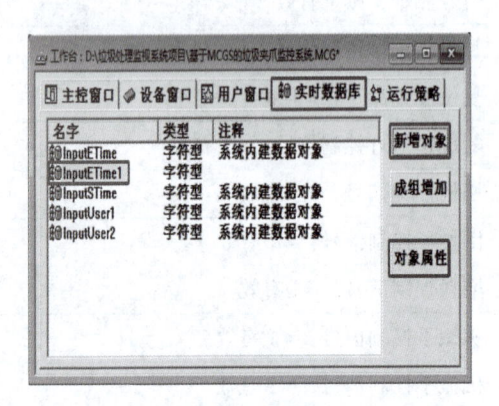

图 3-4 新增对象

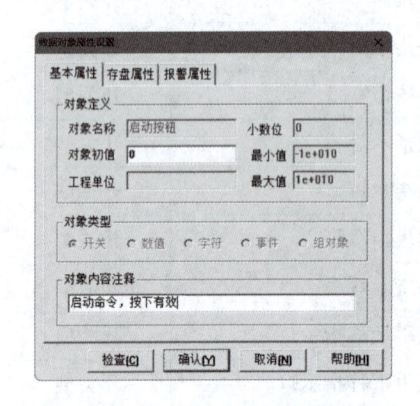

图 3-5 数据对象属性设置

4）重复步骤 2）和 3），将表 3-7 中的所有对象添加完成。
5）保存文件。

任务二　设计与编辑画面

基于 MCGS 的垃圾接收监控系统画面如图 3-6 所示。

项目三　基于 MCGS 的垃圾接收监控系统

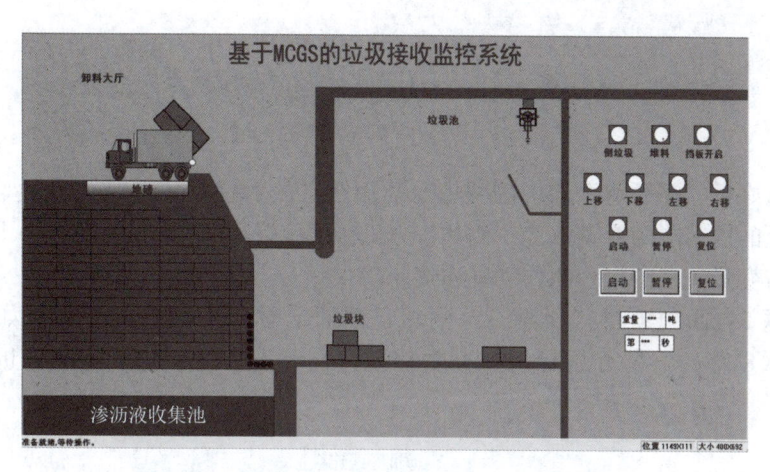

图 3-6　基于 MCGS 的垃圾接收监控系统画面

按照项目二编辑画面的方法，分别新建"基于 MCGS 的垃圾接收监控系统"用户窗口，在窗口输入文字"基于 MCGS 的垃圾接收监控系统"，制作按钮，绘制指示灯、垃圾吊、卸料大厅，添加垃圾车，绘制挡板、车内垃圾块、排水槽、渗沥液收集池、料斗、垃圾池垃圾块、地磅、墙体，最后保存文件，完成监控画面制作，具体编辑过程详见以下二维码。

设计与编辑画面跟我学　建立画面　输入文字　制作按钮　绘制指示灯

绘制垃圾吊　绘制卸料大厅　添加垃圾车　绘制挡板　绘制车内垃圾块

绘制排水槽、渗沥液收集池、料斗　绘制垃圾池垃圾块、地磅　绘制墙体

87

任务三　动画连接与调试

画面编辑好后，需要将画面中的图形与前面定义的数据对象（变量）关联起来，以便运行时画面上的内容能随变量改变。例如，当机械手做下移动作时，下移指示灯点亮。将画面上的对象与变量关联的过程叫作动画连接。

引导问题 5：回顾项目二所学，深刻领悟画面上看似不相关的事物是如何联系在一起，实现关联动作的？请分析导线在开关控制灯亮时发挥的作用，类比分析动画连接时变量的作用。

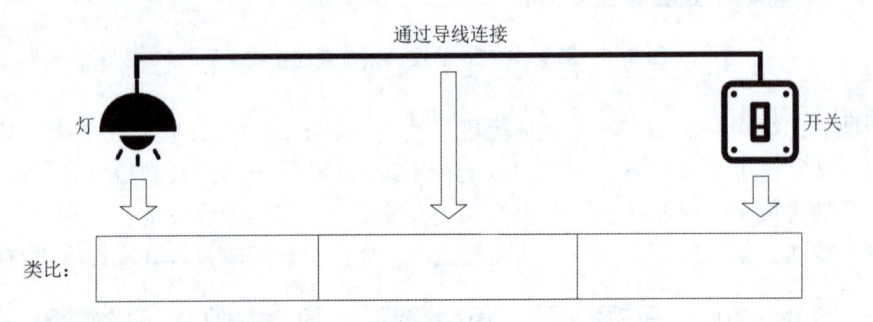

通过导线连接

灯　　　　　　　　　　　　　　　　开关

类比：｜　　　　　｜　　　　　｜　　　　　｜

变量作用：＿＿＿＿＿＿＿＿＿＿＿＿＿＿＿＿＿＿＿＿＿＿＿＿＿＿＿＿

回顾项目二动画连接方法，依次添加按钮、指示灯、移动值和滑动输入器、垃圾吊、车厢倾斜、垃圾挡板、垃圾车、倾倒垃圾的动画，具体操作步骤可参见以下二维码内容。

| 动画连接与调试跟我学 | 按钮动画 | 指示灯动画 | 移动值和滑动输入器 | 垃圾吊动画 |

| 车厢倾斜动画 | 垃圾挡板动画 | 垃圾车动画 | 倾倒垃圾动画 |

任务四　定时器的设置与使用

依据控制要求，系统需要一个定时器来控制垃圾车的移动、挡板打开关闭等。MCGS 提供了定时器构件，可以利用定时器实现定时功能。

根据任务要求，需要新增一个设定值为 48 s 的定时器，具体操作参见以下二维码内容。

定时器设置与使用跟我学　　　定时器设置

任务五　控制程序编写与调试

项目功能需要通过编写控制程序实现，MCGS 在"运行策略"中编写程序。

1. 运行策略的设置

1）单击"工作台"按钮，打开"工作台"，进入"运行策略"窗口，如图 3-7 所示。

2）选择"循环策略"后，单击窗口右侧"策略属性"按钮，弹出"策略属性设置"窗口，如图 3-8 所示，将循环时间设定为 1 ms，即每 1 ms 执行一次，单击"确认"按钮。

运行策略设置

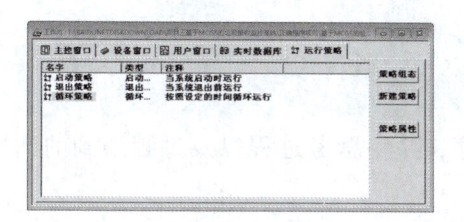

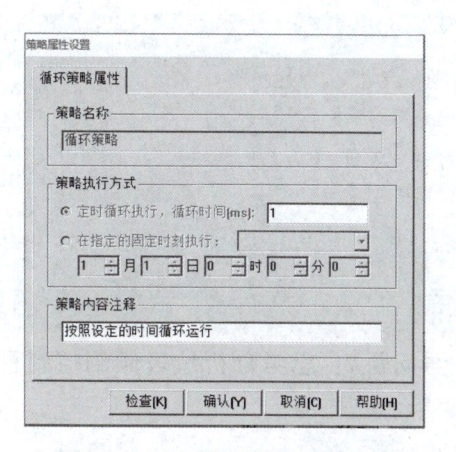

图 3-7　运行策略窗口　　　图 3-8　设定循环策略的循环时间

3）双击"循环策略"，弹出"循环策略"窗口，单击"新增策略行"按钮，单击新增策略行末端的矩形，使其显示蓝色，之后双击"策略工具箱"中的"脚本程序"，如图 3-9 所示。

4）双击策略行中的"脚本程序"，进入脚本程序编辑窗口。

5）输入图 3-10 中所示的测试程序。该程序使"启动指示灯""复位指示灯"和"倒垃圾指示灯"3 个变量=1，"暂停指示灯""挡板指示灯"2 个变量=0。程序中涉及的变量名可直接键入，也可通过单击右侧"数据对象"工具，从数据对象列表中获得变量名。

89

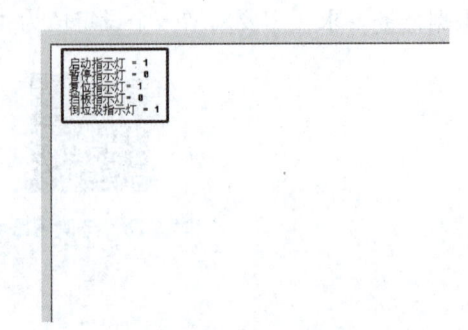

图 3-9　将脚本程序作为策略　　　　　　图 3-10　新增策略行

6）程序输入后单击"检查"按钮，检查是否有语法错误。

7）检查无错后单击"确定"按钮，保存。

8）进入运行环境，启动指示灯、复位指示灯、倒垃圾指示灯应为红色，其余为白色。如果不是该状态，应检查程序或动画连接是否正确。

9）运行结果正确后，退出运行环境，回到脚本程序编辑窗口，将程序中的"0"全部修改为"1"，"1"全部修改为"0"。重新下载，运行测试。

10）回到组态环境，删除图 3-10 所示的测试程序。

引导问题 6：按照下面给出的启动程序，分别写出暂停、复位程序。

```
        '启动              '暂停             '复位
IF 启动按钮 = 1 THEN
启动指示灯 = 1
定时器 1 复位 = 0
定时器 1 启动 = 1
暂停指示灯 = 0
复位指示灯 = 0
ENDIF
```

引导问题 7：思考分析垃圾倾倒控制程序，并将思考过程以及过程遇到的问题写在下方。

_____

_____

_____

```
1. IF 定时器 1 计时 >= 6 AND 定时器 1 计时 <= 8 THEN    '计时在 6~8 s
2.     车厢旋转参数 = 车厢旋转参数 +1                   '车厢旋转
3.     垃圾质量 = 2                                    '显示垃圾质量
4.     IF 车厢旋转参数 >= 100 THEN                     '车厢旋转限位
5.         车厢旋转参数 = 100
6.     ENDIF
7. ENDIF
```

①倾倒垃圾最大角度 45°，完成倾倒所需时间共 2 s。

②2 s 内旋转移动参数增量 = 2 s/1 ms = 2 000。

在 2 s 内通过"车厢旋转参数 = 车厢旋转参数 + 1"，即可实现垃圾倾倒。那么如何实现复原呢？实则就是采用"车厢旋转参数 = 车厢旋转参数 - 1"，直到其旋转角度为 0°。大家可仿照上述程序进行设置。

程序调试与分析

2. 完整控制程序

（1）启动、暂停、复位程序的编辑与调试

1）输入启动、暂停、复位程序。

```
1.'启动
2.IF 启动按钮=1 THEN             '当启动按钮按下
3.    启动指示灯=1
4.    定时器1复位=0
5.    定时器1启动=1
6.    暂停指示灯=0
7.    复位指示灯=0
8.ENDIF
9.'暂停
10.IF 暂停按钮=1 THEN             '当暂停按钮按下
11.    启动指示灯=0
12.    复位指示灯=0
13.    暂停指示灯=1
14.    定时器1启动=0
15.    定时器1复位=0
16.ENDIF
17.'复位
18.IF 复位按钮=1 THEN             '当复位按钮按下
19.    复位指示灯=1
20.    启动指示灯=0
21.    暂停指示灯=0
22.ENDIF
23.IF 定时器1时间到=1 THEN        '定时器1计时时间到后重新计时
24.    定时器1复位=1
25.    ELSE
26.    定时器1复位=0
27.ENDIF
```

2）调试方法。

①首先单击"启动按钮"，"启动"指示灯变为红色。

②接着单击"暂停按钮"，"暂停"指示灯变为红色，"启动"指示灯熄灭。

③最后单击"复位按钮"，"复位"指示灯变为红色，其余指示灯熄灭。

建议每个阶段都进行测试，防止逻辑误区。

(2) 挡板控制程序的编辑与调试

1) 输入挡板控制程序。

```
1. IF 定时器1 计时 >=2 AND 定时器1 计时 <=4 THEN    '定时器1 计时在 2~4 s
2.     挡板指示灯=1                                '开启挡板指示灯
3.     倒垃圾指示灯=1                              '开启倒垃圾指示灯
4.     料斗挡板=料斗挡板+1                         '开启料斗挡板
5.     IF 料斗挡板 >=100 THEN                      '料斗挡板限位
6.         料斗挡板=100
7.     ENDIF
8. ENDIF
```

2) 调试方法。

单击"启动按钮",定时器1计时在2~4 s时,挡板指示灯亮,倒垃圾指示灯亮,料斗挡板打开,打开到位后停止。建议每个阶段都进行测试,防止逻辑误区。

3) 垃圾车控制程序的编辑与调试

单击"启动"按钮后,观察垃圾车位置,达到垃圾车一开始未出现在画面的效果,注意垃圾车的水平移动连接参数,如图3-11所示。

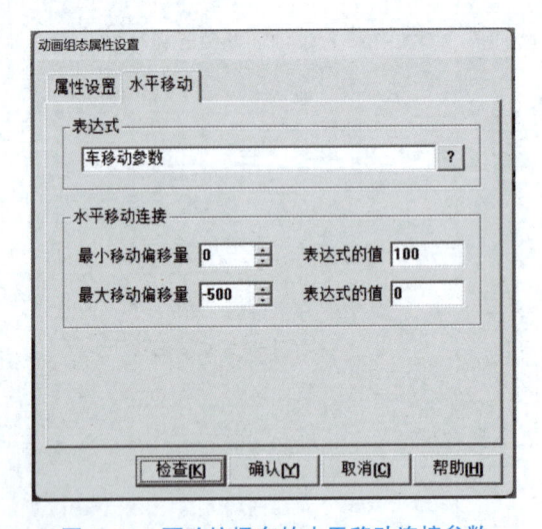

图3-11 更改垃圾车的水平移动连接参数

1) 输入垃圾车控制程序。

```
1. IF 定时器1 计时 >=4 AND 定时器1 计时 <=12 THEN    '定时器计时在 4~12 s
2.     车移动参数=车移动参数+1                       '垃圾车进入投料位置
3.     IF 车移动参数 >=100 THEN                      '垃圾车移动限位
4.         车移动参数=100
5.     ENDIF
6. ENDIF
```

```
7. IF 定时器1计时 >=13 THEN              '定时器计时大于13 s
8.     车移动参数=车移动参数-1            '垃圾车退出投料位置
9.     IF 车移动参数 <=0 THEN             '垃圾车移动限位
10.        车移动参数=0
11.    ENDIF
12. ENDIF
```

2) 调试方法。

单击"启动按钮",定时器1计时到4 s时,垃圾车驶入;定时器1计时到13 s时,垃圾车驶出。建议每个阶段都进行测试,防止逻辑误区。

(4) 垃圾倾倒控制程序的编辑与调试

1) 输入垃圾倾倒控制程序。

```
'倾倒动作
1. IF 定时器1计时 >=6 AND 定时器1计时 <=8 THEN    '定时器计时在6~8 s
2.     车厢旋转参数=车厢旋转参数+1               '车厢旋转
3.     垃圾质量=2                                '显示垃圾质量
4.     IF 车厢旋转参数 >=100 THEN                 '车厢旋转限位
5.        车厢旋转参数=100
6.     ENDIF
7. ENDIF
8. IF 定时器1计时 >=9 AND 定时器1计时 <=12 THEN   '定时器计时在9~12 s
9.     车厢旋转参数=车厢旋转参数-1               '车厢复位
10.    IF 车厢旋转参数 <=0 THEN                   '车厢限位
11.       车厢旋转参数=0
12.    ENDIF
13. ENDIF
```

2) 调试方法。

单击"启动按钮",定时器1计时6~8 s时,垃圾车车厢旋转,开始倾倒垃圾;定时器1计时到9~12 s时,垃圾车倾倒结束。建议每个阶段都进行测试,防止逻辑误区。

(5) 垃圾块控制程序的编辑与调试

1) 输入垃圾倾倒控制程序。

```
'垃圾块动画
1. IF 定时器1计时 >=8 AND 定时器1计时 <=12 THEN   '定时器计时在8~12 s
2.     垃圾块显示参数=1                          '垃圾块显示
3.     垃圾块1水平移动参数=垃圾块1水平移动参数+1  '垃圾块1掉落
4.     垃圾块1垂直移动参数=垃圾块1垂直移动参数+1
5.     垃圾块1旋转参数=垃圾块1旋转参数+1
6.     IF 垃圾块1垂直移动参数 >=100 THEN          '垃圾块1掉落限位
7.        垃圾块1垂直移动参数=100
8.     ENDIF
```

9.   IF 垃圾块1水平移动参数 >=100 THEN
10.   垃圾块1水平移动参数=100
11. ENDIF
12. IF 垃圾块1旋转参数 >=100 THEN
13.   垃圾块1旋转参数=100
14. ENDIF
15. 垃圾块2水平移动参数=垃圾块2水平移动参数+1   '垃圾块2掉落
16. 垃圾块2垂直移动参数=垃圾块2垂直移动参数+1
17. 垃圾块2旋转参数=垃圾块2旋转参数+1
18. IF 垃圾块2垂直移动参数 >=100 THEN   '垃圾块2掉落限位
19.   垃圾块2垂直移动参数=100
20. ENDIF
21. IF 垃圾块2水平移动参数 >=100 THEN
22.   垃圾块2水平移动参数=100
23. ENDIF
24. IF 垃圾块2旋转参数 >=100 THEN
25.   垃圾块2旋转参数=100
26. ENDIF
27. 垃圾块3水平移动参数=垃圾块3水平移动参数+1   '垃圾块3掉落
28. 垃圾块3垂直移动参数=垃圾块3垂直移动参数+1
29. 垃圾块3旋转参数=垃圾块2旋转参数+1
30. IF 垃圾块3垂直移动参数 >=100 THEN   '垃圾块3掉落限位
31.   垃圾块3垂直移动参数=100
32. ENDIF
33. IF 垃圾块3水平移动参数 >=100 THEN
34.   垃圾块3水平移动参数=100
35. ENDIF
36. IF 垃圾块3旋转参数 >=100 THEN
37.   垃圾块3旋转参数=100
38. ENDIF
39. 垃圾块4水平移动参数=垃圾块4水平移动参数+1   '垃圾块4掉落
40. 垃圾块4垂直移动参数=垃圾块4垂直移动参数+1
41. 垃圾块4旋转参数=垃圾块4旋转参数+1
42. IF 垃圾块4垂直移动参数 >=100 THEN   '垃圾块4掉落限位
43.   垃圾块4垂直移动参数=100
44. ENDIF
45. IF 垃圾块4水平移动参数 >=100 THEN
46.   垃圾块4水平移动参数=100
47. ENDIF
48. IF 垃圾块4旋转参数 >=100 THEN
49.   垃圾块4旋转参数=100

50.　　ENDIF
51.ENDIF

2) 调试方法。

单击"启动按钮",定时器1计时到8~12 s时,垃圾块倒入垃圾池内。建议每个阶段都进行测试,防止逻辑误区。

(6) 垃圾吊控制程序的编辑与调试

1) 输入垃圾吊控制程序。

以垃圾吊搬运垃圾块1、垃圾块2完成一次循环为例,此过程包括:垃圾吊左移→下移→上移→右移→下移→上移等操作。如程序中"机械手水平移动量>=85"等语句,该语句中85一值,需根据实际画面去确定。

```
'垃圾吊动画
1.IF 定时器1计时 >=12 AND 定时器1计时 <=14 THEN
2.    挡板指示灯=0                          '关闭挡板指示灯
3.    倒垃圾指示灯=0                        '关闭倒垃圾指示灯
4.    堆料指示灯=1                          '开启堆料指示灯
5.    料斗挡板=料斗挡板-1                   '关闭料斗挡板
6.    机械手左移指示灯=1                    '开启机械手左移指示灯
7.    机械手水平移动参数=机械手水平移动参数+1   '机械手左移
8.    IF 机械手水平移动参数 >=85 THEN '机械手左移限位
9.        机械手水平移动参数=85
10.       机械手左移指示灯=0
11.   ENDIF
12.   IF 料斗挡板 <=0 THEN                  '关闭料斗挡板限位
13.       料斗挡板=0
14.   ENDIF
15.ENDIF
16.IF 定时器1计时 >=14 AND 定时器1计时 <=16 THEN '定时器计时在14~16 s
17.   机械手下移指示灯=1
18.   机械手垂直移动参数=机械手垂直移动参数+1     '机械手下移
19.   IF 机械手垂直移动参数 >=100 THEN            '机械手下移限位
20.       机械手垂直移动参数=100
21.       机械手下移指示灯=0
22.   ENDIF
23.ENDIF
24.IF 定时器1计时 >=16 AND 定时器1计时 <=18 THEN '定时器计时在16~18 s
25.   机械手上移指示灯=1
26.   机械手垂直移动参数=机械手垂直移动参数-1     '机械手上移
27.   垃圾块1垂直移动参数=垃圾块1垂直移动参数-0.8  '垃圾块上移
28.   垃圾块2垂直移动参数=垃圾块2垂直移动参数-0.9
29.   IF 机械手垂直移动参数 <=0 THEN     '机械手上移限位
```

```
30.        机械手垂直移动参数=0
31.        机械手上移指示灯=0
32.    ENDIF
33.    IF 垃圾块1垂直移动参数<=21 THEN          '垃圾块上移限位
34.        垃圾块1垂直移动参数=21
35.    ENDIF
36.    IF 垃圾块2垂直移动参数<=15 THEN
37.        垃圾块2垂直移动参数=15
38.    ENDIF
39. ENDIF
40. IF 定时器1计时>=18 AND 定时器1计时<=20 THEN '定时器计时在18~20 s
41.    机械手右移指示灯=1
42.    机械手水平移动参数=机械手水平移动参数-1     '机械手右移
43.    垃圾块1水平移动参数=垃圾块1水平移动参数+0.9  '垃圾块右移
44.    垃圾块2水平移动参数=垃圾块2水平移动参数+0.9
45.    IF 机械手水平移动参数<=20 THEN          '机械手右移限位
46.        机械手水平移动参数=20
47.        机械手右移指示灯=0
48.    ENDIF
49.    IF 垃圾块1水平移动参数>=158 THEN         '垃圾块右移限位
50.        垃圾块1水平移动参数=158
51.    ENDIF
52.    IF 垃圾块2水平移动参数>=158 THEN
53.        垃圾块2水平移动参数=158
54.    ENDIF
55. ENDIF
56. IF 定时器1计时>=20 AND 定时器1计时<=22 THEN '定时器计时在20~22 s
57.    机械手下移指示灯=1
58.    机械手垂直移动参数=机械手垂直移动参数+1     '机械手下移
59.    垃圾块1垂直移动参数=垃圾块1垂直移动参数+0.79 '垃圾块下移
60.    垃圾块2垂直移动参数=垃圾块2垂直移动参数+0.85
61.    IF 机械手垂直移动参数>=100 THEN         '机械手下移限位
62.        机械手垂直移动参数=100
63.        机械手下移指示灯=0
64.    ENDIF
65.    IF 垃圾块1垂直移动参数>=100 THEN        '垃圾块下移限位
66.        垃圾块1垂直移动参数=100
67.    ENDIF
68.    IF 垃圾块2垂直移动参数>=100 THEN
69.        垃圾块2垂直移动参数=100
70.    ENDIF
```

```
71.ENDIF
72.IF 定时器1计时 >=22 AND 定时器1计时 <=24 THEN '定时器计时在22～24 s
73.    机械手上移指示灯=1
74.    机械手垂直移动参数=机械手垂直移动参数-1            '机械手上移
75.    IF 机械手垂直移动参数<=0 THEN                    '机械手上移限位
76.        机械手垂直移动参数=0
77.        机械手上移指示灯=0
78.    ENDIF
79.ENDIF
```

2) 调试方法。

单击"启动按钮"后,定时器1计时到12～14 s时,堆料指示灯亮,机械手左移指示灯亮,垃圾吊开始向左移动,左移到位后左移指示灯灭;定时器1计时到14～16 s时,机械手下移指示灯亮,垃圾吊开始向下移动,下移到位后下移指示灯灭;定时器1计时到16～18 s时,机械手上移指示灯亮,垃圾吊开始向上移动,上移到位后上移指示灯灭;定时器1计时到18～20 s时,机械手右移指示灯亮,垃圾吊开始向右移动,右移到位后右移指示灯灭;定时器1计时到20～22 s时,机械手下移指示灯亮,垃圾吊开始向下移动,下移到位后下移指示灯灭;定时器1计时到22～24 s时,机械手上移指示灯亮,垃圾吊开始向上移动,上移到位后上移指示灯灭。在垃圾吊搬运垃圾块1、垃圾块2的过程中,堆料指示灯一直亮。垃圾块3、垃圾块4程序编写可仿照以上程序。建议每个阶段都进行测试,防止逻辑误区。

(7) 运送垃圾到下一监控系统控制程序的编辑与调试

1) 输入控制程序。

```
'运送垃圾到下一监控系统
1.IF 定时器1计时 >=36 AND 定时器1计时 <=38 THEN '定时器计时在36～38 s
2.    机械手右移指示灯=1
3.    机械手水平移动参数=机械手水平移动参数-1            '机械手右移
4.    IF 机械手水平移动参数<=20 THEN                   '机械手右移限位
5.        机械手水平移动参数=20
6.        机械手右移指示灯=0
7.    ENDIF
8.ENDIF
9.IF 定时器1计时 >=38 AND 定时器1计时 <=40 THEN '定时器计时在38～40 s
10.   机械手下移指示灯=1
11.   机械手垂直移动参数=机械手垂直移动参数+1            '机械手下移
12.   IF 机械手垂直移动参数>=100 THEN                  '机械手下移限位
13.       机械手垂直移动参数=100
14.       机械手下移指示灯=0
15.   ENDIF
16.ENDIF
17.IF 定时器1计时 >=40 AND 定时器1计时 <=42 THEN '定时器计时在40～42 s
18.   机械手上移指示灯=1
```

```
19.    机械手垂直移动参数=机械手垂直移动参数-1              '机械手上移
20.    垃圾块1垂直移动参数=垃圾块1垂直移动参数-0.79        '垃圾块上移
21.    垃圾块2垂直移动参数=垃圾块2垂直移动参数-0.85
22.    IF 机械手垂直移动参数<=0 THEN                      '机械手上移限位
23.        机械手垂直移动参数=0
24.        机械手上移指示灯=0
25.    ENDIF
26.    IF 垃圾块1垂直移动参数 <=21 THEN                   '垃圾块上移限位
27.        垃圾块1垂直移动参数=21
28.    ENDIF
29.    IF 垃圾块2垂直移动参数 <=15 THEN
30.        垃圾块2垂直移动参数=15
31.    ENDIF
32.ENDIF
33.IF 定时器1计时 >=42 AND 定时器1计时 <=45 THEN         '定时器计时在42~45 s
34.    机械手右移指示灯=1
35.    机械手水平移动参数=机械手水平移动参数-1              '机械手右移
36.    垃圾块1水平移动参数=垃圾块1水平移动参数+0.9         '垃圾块右移
37.    垃圾块2水平移动参数=垃圾块2水平移动参数+0.9
38.    IF 机械手水平移动参数<=-50   THEN                  '机械手右移限位
39.        机械手水平移动参数=-50
40.        机械手右移指示灯=0
41.    ENDIF
42.    IF 垃圾块1水平移动参数 >=210 THEN                  '垃圾块右移限位
43.        垃圾块1水平移动参数=210
44.    ENDIF
45.    IF 垃圾块2水平移动参数 >=210 THEN
46.        垃圾块2水平移动参数=210
47.    ENDIF
48.ENDIF
49.IF 定时器1计时 >=45 AND 定时器1计时 <=48 THEN '定时器计时在45~48 s
50.    机械手左移指示灯=1
51.    机械手水平移动参数=机械手水平移动参数+1              '机械手左移
52.    IF 机械手水平移动参数>=0 THEN                      '机械手左移限位
53.        机械手水平移动参数=0
54.        机械手左移指示灯=0
55.    ENDIF
56.ENDIF
```

2) 调试方法。

单击"启动按钮"后,定时器1计时到36~38 s时,机械手右移指示灯亮,垃圾吊开始向右移动,右移到位后右移指示灯灭;定时器1计时到38~40 s时,机械手下移指示灯亮,垃圾吊开始向下移动,下移到位后下移指示灯灭;定时器1计时到40~42 s时,机械手上移指示灯亮，垃圾吊拖动垃圾块 1、2 开始向上移动，上移到位后上移指示灯灭；定时器 1 计时到 42~45 s 时，机械手右移指示灯亮，垃圾吊拖动垃圾块 1、2 开始向右移动，右移到位后右移指示灯灭；定时器 1 计时到 45~48 s 时，机械手左移指示灯亮，垃圾吊向左移动，左移到位后左移指示灯灭。建议每个阶段都进行测试，防止逻辑误区。

（8）变量复位程序的编辑与调试

1）输入变量复位程序。

```
'变量复位
1. IF 定时器 1 计时 >=48 THEN        '定时器计时大于 48 s
2.    定时器 1 计时 =0              '复位所有变量
3.    倒垃圾指示灯 =0
4.    堆料指示灯 =0
5.    挡板指示灯 =0
6.    机械手左移指示灯 =0
7.    机械手右移指示灯 =0
8.    机械手上移指示灯 =0
9.    机械手下移指示灯 =0
10.   料斗挡板 =0
11.   车厢旋转参数 =0
12.   车移动参数 =0
13.   机械手水平移动参数 =0
14.   机械手垂直移动参数 =0
15.   垃圾块 1 水平移动参数 =0
16.   垃圾块 1 垂直移动参数 =0
17.   垃圾块 1 旋转参数 =0
18.   垃圾块 2 水平移动参数 =0
19.   垃圾块 2 垂直移动参数 =0
20.   垃圾块 2 旋转参数 =0
21.   垃圾块 3 水平移动参数 =0
22.   垃圾块 3 垂直移动参数 =0
23.   垃圾块 3 旋转参数 =0
24.   垃圾块 4 水平移动参数 =0
25.   垃圾块 4 垂直移动参数 =0
26.   垃圾块 4 旋转参数 =0
27.   垃圾块显示参数 =0
28.   垃圾质量 =0
29.   IF 复位指示灯 =1 THEN          '如果复位指示灯亮
30.      定时器 1 启动 =0            '定时器停止运行
31.      复位指示灯 =0
32.   ENDIF
33. ENDIF
```

2) 调试方法。

单击"启动按钮"后，定时器 1 计时到 ≥48 s 时，所有变量全部置 0。如果复位指示灯=1，则定时器 1 停止计时，复位指示灯灭，程序不再循环；如果复位指示灯=0，则程序进入下一次循环。建议每个阶段都进行测试，防止逻辑误区。

项目三　完整程序

【项目报告】

具体模板和要求详见以下二维码内容。

项目三　项目报告模板

【评价反馈】

评价主要包括学生评价、教师评价以及企业导师评价，如表 3-8 和表 3-9 所示。其中学生评价包括小组内自评、互评，学生要在完成项目的过程中逐步完成评价，可以按照不同人员评分比重给予不同分值，然后总分按照比例压缩至满分 100 分。

表 3-8　组内评价表

序号	评价内容	分值	组长评价	组员1	组员2	组员3	组员4	组员5	组员6	自评评价
1	比例/%	100								
2	对应满分	100								
3	工艺过程分析									
4	收集所有 I/O 点信息									
5	绘制监控画面草图									
6	建立实时数据库									
7	绘制静态画面									
8	添加动态属性									

续表

序号	评价内容	分值	组长评价	组员1	组员2	组员3	组员4	组员5	组员6	自评评价
9	控制功能的设置									
10	分段和总体调试									
11	合计									
	总分：									

主观性评价：
_____
_____
_____

综合评价如表 3-9 所示。

表 3-9　综合评价

项目名称						
班级			日期			
姓名			组号		组长	
序号	评价项任务			比例	分值	得分
1	学生评价		小组自评			
			小组互评			
2	教师评价		调试排故			
			调试报告			
3	企业导师评价		项目汇报			
总分						

【常见问题解答】

1. 垃圾块掉落不协调

尝试修改垂直移动参数和水平移动参数，如果掉落过快可以适当减小垃圾块垂直移动参数，反复调整参数使动画效果达到最佳状态。

2. 记录投料次数不准确

新建投料标志变量，在 2~4 s 时标志置 1，在 4 s 后执行判断语句，当投料标志为 1 时，投料次数加 1，同时标志位置 0；从而实现投料次数准确显示。

【项目拓展】

本任务采用定时器按照时间控制垃圾吊运行,但企业真实生产时,垃圾的投放并不均匀,此时就需要按照垃圾量进行控制,请读者改变控制策略,按照垃圾车投放垃圾次数计算垃圾量,改变机械手运行策略。

【能量驿站】

科技巨匠的抉择与奉献

党在中华民族伟大复兴的"逐梦"征程上,有这样一群人——他们勇攀科学高峰,始终心向祖国、志在梦想,纵然前进的道路上充满泥泞与曲折,他们都无惧无畏,在意志上"铸铁造钢",在奋进的道路上"步履不停",为科技事业的进步,为人民群众生活质量的提升和民族发展事业做出了重大贡献。

钱学森(1911—2009年),祖籍杭州,世界著名科学家、空气动力学家,被誉为"中国航天之父""中国导弹之父""中国自动化控制之父",为我国科技事业做出了杰出贡献,他说:"作为一名科研工作者,最大的用处就是为人民服务,如果人民对我的服务感到满意,那就是我最高的荣誉。"在新中国成立初期,当时国内科学技术水平还谈不上先进,各方面生活条件更是艰苦,而他毫不犹豫地放弃优越的一切。在经历了美国的限制出境、拘留甚至被监视、"软禁"等磨难后,历尽千辛万苦毅然决然回到祖国,应时代之需,解国家之难,投身新中国的建设与航天事业的发展。

作为我国国防科技事业的主要技术领导者,他不仅担负着技术抓总的重任,而且经常身临一线进行具体指导。在进行"两弹结合"的导弹核武器发射试验期间,为了确保人民的安全万无一失,他竭尽心力。导弹上的元器件成千上万,任何一个零件出现故障,都可能影响导弹的安全性和可靠性。他就以表格的方式,把各种可能存在的问题一一列出来,详细到晶体管、电位器、电容器、开关插座、螺钉螺母等。这对需要思考诸多大事的技术统帅来说,是何其可贵。

正是有无数拥有着钱学森精神的科技人才,他们殚精竭虑、默默奉献,使中国的火箭技术、航天技术等国际高精尖技术,从无到有、由弱变强,使中国成为世界上少数几个具有独立自主的航天技术的国家之一,跻身世界强国之列。

项目四 基于 MCGS 的烟气污水净化系统

导读

本项目以垃圾焚烧发电监控系统开发为任务，依据《生活垃圾焚烧污染控制标准》（GB 18485—2014）分析工厂监控需求，在之前项目学习基础上，增加报警以及报表功能的制作，促使学生在绘制静态画面、动态画面连接、程序调试的基础上，学习数据的保存以及异常数据的报警处理，要求学生能迁移应用之前项目学习的知识，并与新学技能贯通。

【项目准备】

学习情境描述

安全小提示——作业现场安全标志

本项目是垃圾焚烧发电监控系统当中的"烟气污水净化系统"子项目，如图 4-1 所示。

图 4-1 系统流程

垃圾焚烧会产生氮氧化物、二氧化硫等酸性气体以及灰尘等污染物，《生活垃圾焚烧污染控制标准》对这些有害烟尘的排放都有明确规定。

当前垃圾发电厂垃圾焚烧产生的烟气一般经过 SNCR 脱硝系统、半干法（旋转喷雾器）脱硫系统、布袋除尘器等净化工艺来处理，使烟气中各成分浓度达到可以直接排放的标准，如图 4-2 所示。

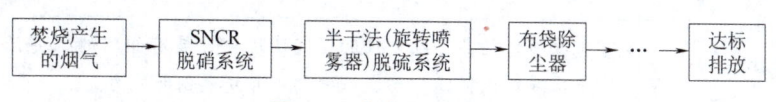

图 4-2 烟气处理流程

学习目标

知识目标	1. 内化系统各类变量的含义； 2. 掌握变量报警属性和存盘属性的含义； 3. 分析实时报警、历史报警、实时报表、历史报表、实时曲线和历史曲线的功能； 4. 总结用户策略与循环策略的不同之处； 5. 掌握 MCGS 脚本程序语法规则
技能目标	1. 灵活绘制所需静态画面； 2. 能根据要求对烟气污水净化系统进行动画连接：按钮动画连接、脱硝系统动画连接、脱硫系统动画连接； 3. 设计符合要求的定时器； 4. 编辑与调试烟气污水净化系统脚本程序； 5. 建立组变量，设置变量的报警属性、存盘属性； 6. 搭建实时报警窗口、历史报警窗口，进行正确设置并调试成功； 7. 制作实时报表和历史报表，并调试成功； 8. 创建实时和历史曲线，并调试成功
素养目标	1. 贯彻"无票不操作"的安全思维； 2. 精益求精、追求卓越； 3. 理论联系实际，知识应用能力
教学重点	1. 讨论并制定方案，按要求编辑烟气污水净化系统画面； 2. 按照控制要求添加动画连接，测试动画连接是否成功； 3. 定时器的设置； 4. 按要求在循环策略中添加一个脚本程序，并编辑程序
教学难点	1. 使用分段调试方法进行程序编辑与调试，测试动画连接是否成功； 2. 创建实时报警、历史报警、实时报表、历史报表、实时曲线、历史曲线，进行正确设置并调试成功
建议学时	6 学时
推荐教学方法	从项目任务入手，通过实时数据库建立、静态画面制作、动态属性添加、控制功能的设置等实现烟气污水净化系统。在程序设计阶段，突出强调程序整体规划框架的重要性
推荐学习方法	学生可通过项目任务，在创设的探究情境中开展有组织的探究活动，展示探究成果，从而获得知识技能，形成探索精神并发展创新能力

任务书

按照工艺流程，系统要求如表 4-1 所示。

表 4-1　系统要求

按下启动按钮，定时器开始工作	
0~1 s	有害物含量逐渐增加
1~4 s	开启喷头（实现每 5 s 喷头开启 3 s）
	当有害物值大于设定报警值时，报警标志改变，根据报警标志位开启喷头数量
4~5 s	关闭所有脱硝喷头和石灰浆喷头
5 s	复位重新计时
中途按下暂停按钮，定时器暂停工作，再次按下启动按钮定时器继续计时	
按下复位按钮，回到初始状态	

任务实施提示：
1）从该项目与之前学习项目的异同点着手，安排分工；
2）小组间相互交流，及时纠错、整改。

任务分组

表 4-2 所示为任务分组。

表 4-2　任务分组

班级		组号		指导教师	
组长		学号		日期	
组员	姓名		学号	姓名	学号
任务分工：					

任务分析

引导问题 1：依据国家标准《生活垃圾焚烧污染控制标准》（GB 18485—2014），了解生活垃圾焚烧污染控制标准包含哪些项，并填表 4-3。

表 4-3 生活垃圾焚烧污染控制标准

污染物名称	单位	1 小时均值限制	24 小时均值限制	处理方法

> **小提示：**
> 　　中华人民共和国国家标准，简称国标。国家标准分为强制性标准和推荐性标准。强制性国家标准由国务院有关行政主管部门负责项目提出、组织起草、征求意见和技术审查，国务院标准化行政主管部门负责立项审查、立项、编号和对外通报，最后由国务院批准发布或者授权批准发布。推荐性国家标准由国务院标准化行政主管部门制定并发布。
> 　　大家在工作中一定要注意贯彻国家标准，做合格规范的产品。

引导问题 2：SNCR 脱硝系统主要针对哪种污染物？原理是什么？

_____
_____
_____
_____
_____
_____

> **小提示：**
> 　　SNCR 脱硝系统通过在焚烧炉中合适的温度区域喷入还原剂将氮氧化物还原为氮气和水，在高温区域发生还原反应，因此又称炉内脱硝，反应过程中不产生任何有害环境的副产物。SNCR 脱硝系统采用尿素作为还原剂，实现垃圾焚烧全自动高效炉内脱硝。以尿素溶液作为还原剂的总反应式：
> $$NO + CO(NH_2)_2 + 1/2 O_2 \longrightarrow 2N_2 + CO_2 + H_2O$$

引导问题 3：脱硫反应塔主要针对哪种污染物？原理是什么？

_____
_____
_____

> **小提示：**
> 在脱硫反应塔中，烟气中的重金属和有害气体成分（HCl、SO_2），通过与喷入的石灰浆接触而在适当温度下发生中和反应，降低其在烟气中的含量，另外还在烟气的出口喷入活性炭来吸附汞和二噁英。一部分固体灰渣会混在烟气中一同进入下游的除尘器中，而另一部分灰渣会从烟气中分离出来沉落于反应塔底部，然后经过底部的锥体进入灰渣储存和处理系统。

引导问题 4：布袋除尘器主要针对哪种污染物？原理是什么？

_____

_____

_____

> **小提示：**
> 布袋除尘器是垃圾焚烧发电厂烟气处理系统关键设备之一。布袋除尘器由除尘器本体、收集灰渣的灰斗以及卸灰阀等部分组成。布袋除尘器的功能有两个：第一，在进口处分离烟气中的灰尘和固体颗粒，然后在出口处将无尘的干净气体排出；第二，袋子上黏附的粉尘中含有石灰浆和活性炭，可以延续中和反应和吸附粉尘中的有害物。

引导问题 5：分析所有信号，并填表 4-4。

表 4-4 信号统计表

名称	输入/输出	数字信号/模拟信号	名称	输入/输出	数字信号/模拟信号

工作计划

1. 制定工作方案

按照前文提示，制定烟气污水净化系统制作步骤，小组讨论并按照工作量分配子任务，相对复杂的子任务可以由两位学生一起完成，并填表 4-5。

表 4-5　任务分配

步骤	工作内容	负责人
1		
2		
3		
4		
5		

2. 列出任务涉及的功能模块

表 4-6 所示为工作方案。

表 4-6　工作方案

工作内容	效果实现方案	软件模块选择

3. 绘制监控画面结构和画面草图

进行决策

1）各组派代表阐述设计方案。
2）各组对其他组的设计方案提出自己不同的看法。
3）教师结合学生完成的情况进行点评，选出最佳方案。
最佳方案框架：

【项目实施】

任务一 定义变量

定义变量

1）工程建立后开始定义变量。将表 4-7 中定义的数据对象（变量）添加进去。

表 4-7 数据对象（变量）

对象名称	类型	初值	注释
启动按钮	开关型	0	启动命令，按下有效
启动指示灯	开关型	0	启动指示灯控制信号，=1 有效
复位按钮	开关型	0	复位停止命令，=1 复位后停止
复位指示灯	开关型	0	复位指示灯控制信号，=1 有效
暂停按钮	开关型	0	暂停命令，按下有效
暂停指示灯	开关型	0	暂停指示灯控制信号，=1 有效
脱硝一号喷头	开关型	0	控制脱硝一号喷头，=1 有效
脱硝二号喷头	开关型	0	控制脱硝二号喷头，=1 有效
脱硝三号喷头	开关型	0	控制脱硝三号喷头，=1 有效
脱硝四号喷头	开关型	0	控制脱硝四号喷头，=1 有效
石灰浆一号喷头	开关型	0	控制石灰浆一号喷头，=1 有效
石灰浆二号喷头	开关型	0	控制石灰浆二号喷头，=1 有效
石灰浆三号喷头	开关型	0	控制石灰浆三号喷头，=1 有效
石灰浆四号喷头	开关型	0	控制石灰浆四号喷头，=1 有效
排风扇	开关型	0	控制排风扇，=1 有效
定时器1复位	开关型	0	值为非零时，对定时器进行复位
定时器1计时	数值型	0	定时器当前值
定时器1启动	开关型	0	定时器计时条件，值为非零时计时
定时器1时间到	开关型	0	定时器计时状态
氮氧化物超标	数值型	0	氮氧化物含量是否超标
氮氧化物含量	数值型	0	氮氧化物含量实时显示
二氧化硫超标	数值型	0	二氧化硫含量是否超标
二氧化硫含量	数值型	0	二氧化硫含量实时显示
颗粒物超标	数值型	0	颗粒物含量是否超标

续表

对象名称	类型	初值	注释
颗粒物含量	数值型	0	颗粒物含量实时显示
氯化氢超标	数值型	0	氯化氢含量是否超标
氯化氢含量	数值型	0	氯化氢含量实时显示
一氧化碳超标	数值型	0	一氧化碳含量是否超标
一氧化碳含量	数值型	0	一氧化碳含量实时显示
有害物组	组对象		历史报表使用

2）如图4-3所示，单击工作台右侧"新增对象"按钮，窗口中立刻出现一个新的数据对象"InputETime1"。

3）选中该数据对象，单击右侧"对象属性"按钮或直接双击该数据对象，弹出"数据对象属性设置"窗口，按表4-7进行对象"启动按钮"的设置，注意对象类型和初值的设置，如图4-4所示，单击"确认"按钮。

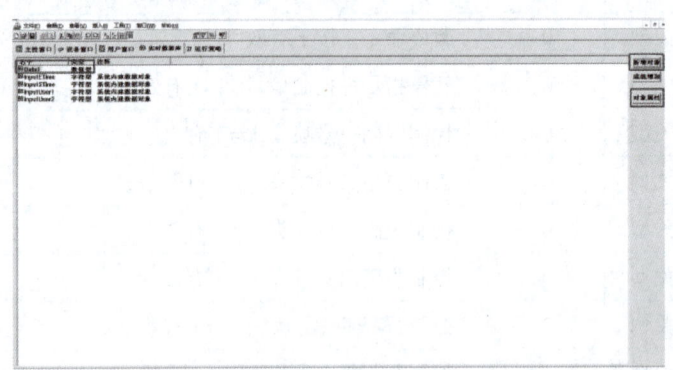

图4-3 新增对象

图4-4 数据对象属性设置

4）重复步骤2）和3），将表4-7中的所有对象添加完成。
5）保存文件。

任务二 设计与编辑画面

基于MCGS的烟气污水净化系统监控画面如图4-5所示。画面设计包括建立画面、编辑画面两个步骤。

按照项目二编辑画面的方法，分别新建"基于MCGS的烟气污水净化系统"用户窗口，在窗口依次输入文字，绘制炉排、焚烧室、脱硝剂储罐、脱硫反应塔、布袋除尘器、启动按钮、复位按钮及指示灯、脱硝喷头显示界面、石灰浆喷头显示界面、烟气污染物显示框，最后保存文件，完成监控画面制作，具体编辑过程详见以下二维码内容。

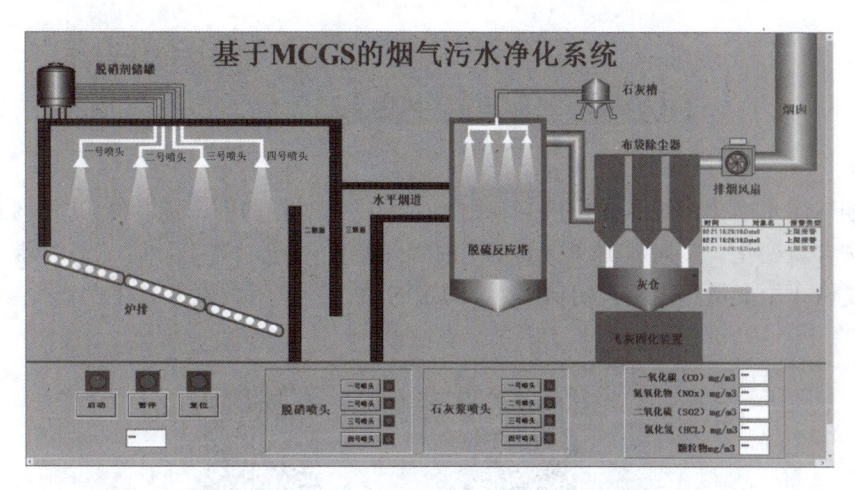

图 4-5 基于 MCGS 的烟气污水净化系统监控画面

| 设计与编辑画面跟我学 | 建立画面 | 输入文字 | 绘制炉排 | 绘制燃烧室 |

| 绘制脱硝剂储罐 | 绘制脱硫反应塔 | 绘制布袋除尘器 | 绘制指示灯及按钮 | 绘制显示界面 |

任务三　动画连接与调试

回顾项目二所学，根据烟气污水净化系统监控要求，依次添加按钮、指示灯、排风扇、脱硝系统、脱硫系统的动画，具体操作步骤详见以下二维码。

| 动画连接与调试跟我学 | 按钮与指示灯动画 | 脱硝系统动画 | 脱硫系统动画 |

111

任务四　定时器的设置与使用

依据烟气污水净化系统监控要求，利用 MCGS 中定时器构件，控制喷头打开频率，同时模拟有害物含量变化。实时数据库中新增定时器 1 启动、定时器 1 计时、定时器 1 时间到、定时器 1 复位 4 个变量，新增设定值为 5 s 的定时器，并进行设置，具体操作可参见以下二维码内容。

定时器设置与使用跟我学　　　定时器设置

任务五　控制程序编写与调试

项目功能需要通过编写控制程序实现，在 MCGS "运行策略" 中编写程序。回顾项目三程序编写与调试方法，根据烟气污水净化系统监控要求，进行运行策略设置，并编写启动、暂停、复位程序，有害物检测程序，模拟有害物产生程序和去除有害物动作程序，输入脚本程序编辑器并进行调试，具体编辑调试过程参见以下二维码内容。

控制程序编写与调试跟我学　　运行策略的设置　　程序控制　　项目四　完整程序

任务六　制作与调试实时和历史报警窗口

在实际运行过程中，可能会发生参数越限的情况，报警显示是最基本的安全手段。

1. 实时报警

运行过程中实时报警窗口的显示效果如图 4-6 所示，由图可以看出其报警内容比较丰富。

实时报警

时间	对象名	报警类型	报警事件	当前值	界限值	报警描述
01-23 16:13:2	一氧化碳含	上限报警	报警产生	100.119	100	一氧化碳超
01-23 16:13:2	一氧化碳含	上限报警	报警结束	99.6093	100	一氧化碳超
01-23 16:13:3	二氧化硫含	上限报警	报警产生	100.03	100	二氧化硫超
01-23 16:13:3	二氧化硫含	上限报警	报警结束	99.9498	100	二氧化硫超
01-23 16:13:3	二氧化硫含	上限报警	报警产生	100.14	100	二氧化硫超

图 4-6　运行过程中实时报警窗口的显示效果

实时报警窗口制作方法如下：

（1）对氮氧化物含量、二氧化硫含量等进行报警属性的设置

1）进入实时数据库，双击数据对象氮氧化物含量，弹出"数据对象属性设置"窗口，选择"存盘属性"选项卡，勾选"自动保存产生的报警信息"复选框，如图 4-7（a）所示。

2）选择"报警属性"选项卡，勾选"允许进行报警处理"复选框，报警设置域被激活。

3）勾选"上限报警"复选框，报警值设为 300；报警注释："氮氧化物超标"，如图 4-7（b）所示。

4）单击"确认"按钮，氮氧化物超标报警属性设置完毕。

5）同理设置二氧化硫含量、一氧化碳含量、氯化氢含量、颗粒物含量的报警属性，需要改动的设置为：

上限报警—报警值设为 100；报警注释："二氧化硫超标"。

上限报警—报警值设为 100；报警注释："一氧化碳超标"。

上限报警—报警值设为 60；报警注释："氯化氢超标"。

上限报警—报警值设为 30；报警注释："颗粒物超标"。

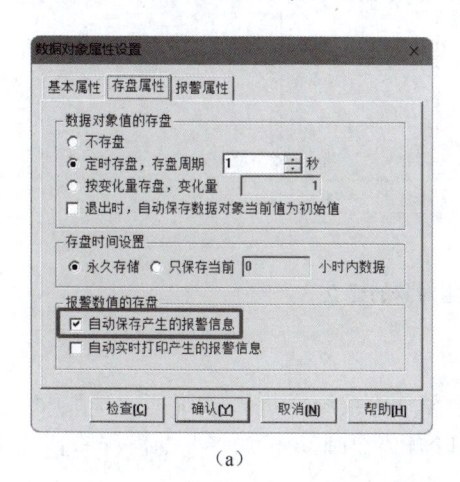

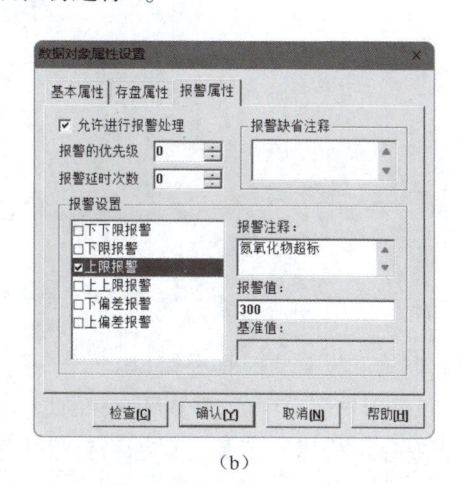

(a)　　　　　　　　　　(b)

图 4-7　变量氮氧化物含量属性设置

（2）将变量氮氧化物含量、二氧化硫含量等放在一个组里

1）进入实时数据库，单击"新增对象"按钮，增加一个数据对象，双击该对象，弹出"数据对象属性设置"窗口，在"基本属性"选项卡设置对象名：有害物组，对象类型：组对象，如图 4-8（a）所示。

2）单击"存盘属性"选项卡，进入"存盘属性"窗口，"定时存盘，存盘周期"设为

1 s，如图 4-8（b）所示。

3）单击"组对象成员"选项卡，进入"组对象成员"窗口。在左边"数据对象列表"中选择"氮氧化物含量"，单击"增加"按钮，数据对象氮氧化物超标被添加到右边的"组对象成员列表"中。按照同样的方法将二氧化硫含量、一氧化碳含量、氯化氢含量、颗粒物含量添加到组对象成员列表中，如图 4-8（c）所示。

4）单击"确认"按钮，组对象设置完毕。

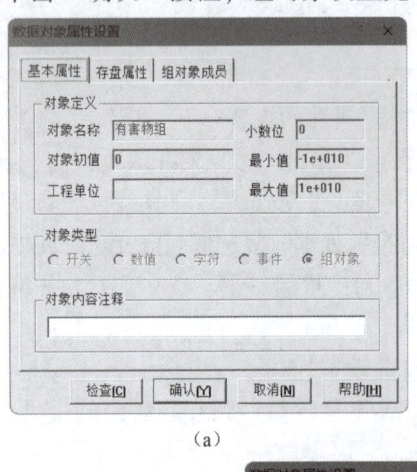

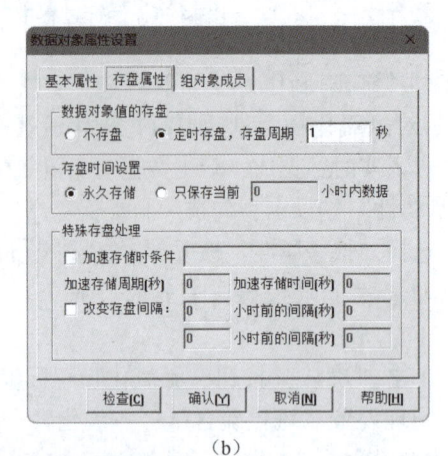

图 4-8 有害物组对象的建立

（3）制作和设置实时报警窗口

1）双击用户窗口中的基于 MCGS 的烟气污水净化系统，进入该画面。选取"工具箱"中的"报警显示构建"工具。鼠标指针呈十字形后，在画面下方，拖动鼠标至适当大小画出报警窗口，如图 4-9 所示。

图 4-9 组态环境下的实时报警窗口

2）双击报警窗口，弹出"报警显示构件属性设置"窗口，在"基本属性"选项卡中将"对应的数据对象的名称"设为"有害物组"，最大记录次数设为 5，如图 4-10 所示。

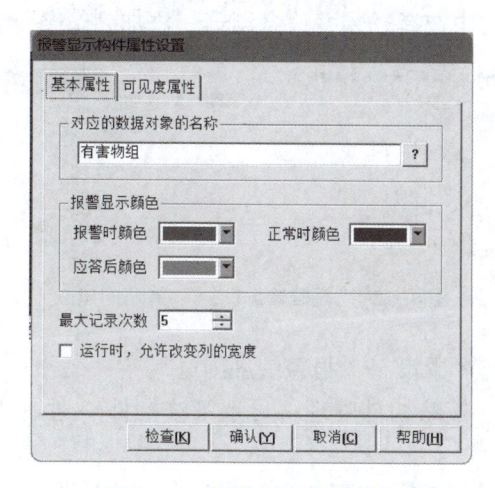

图 4-10 报警窗口属性设置

3）单击"确认"按钮，进入运行环境，单击"启动"按钮，观察报警窗口内容。

2. 历史报警

实时报警能显示的报警条数是有限的（实时报警窗口最大记录次数为 5）。历史报警则可以显示指定时间段内的所有报警信息。进行历史报警需要的操作如下：

历史报警

（1）新增一用户策略

1）在"运行策略"窗口中，单击"新建策略"按钮，弹出"选择策略的类型"窗口，如图 4-11（a）所示。

2）选择"用户策略"，单击"确定"按钮，"运行策略"窗口增加了一条策略，名为"策略 1"，如图 4-11（b）所示。

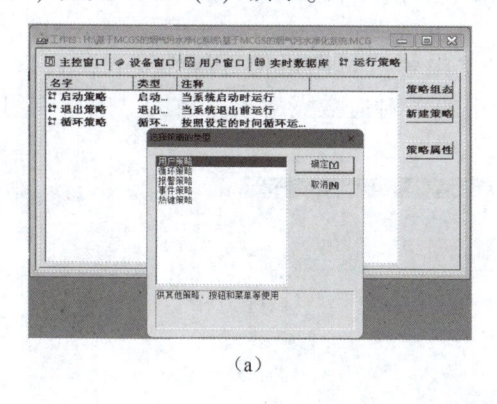

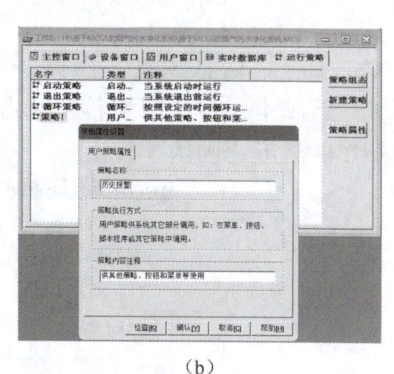

(a)　　　　　　　　　　　　(b)

图 4-11 历史报警策略的建立

3）选择"策略 1"，单击"策略属性"按钮，弹出"策略属性设置"窗口，在"策略名称"输入框中输入：历史报警，单击"确认"按钮。策略 1 更名为历史报警，如图 4-11（b）所示。

4）双击"历史报警"策略，进入"策略组态"窗口。单击工具条中的新增策略行图标，新增一个策略行。

5）从"策略工具箱"中选择"报警信息浏览"添加到策略行，如图4-12所示。

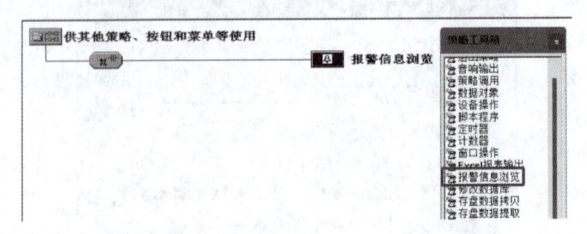

图4-12 "报警信息浏览"策略的建立

6）如果"策略工具箱"中没有"报警信息浏览"：

①请在菜单栏→工具→策略构件管理→可选策略构件→通用功能构件中找到"报警信息浏览"；

②单击"增加"按钮，将它添加到"选定策略构件"中即可，如图4-13所示。

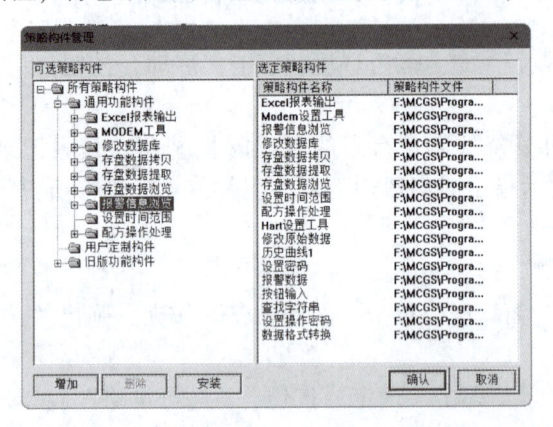

图4-13 将"报警信息浏览"策略构件添加到选定策略

7）双击"报警信息浏览"图标，弹出"报警信息浏览构件属性设置"窗口。进入"基本属性"选项卡，将"报警信息来源"中的"对应数据对象"改为"有害物组"，如图4-14所示，单击"确认"按钮。

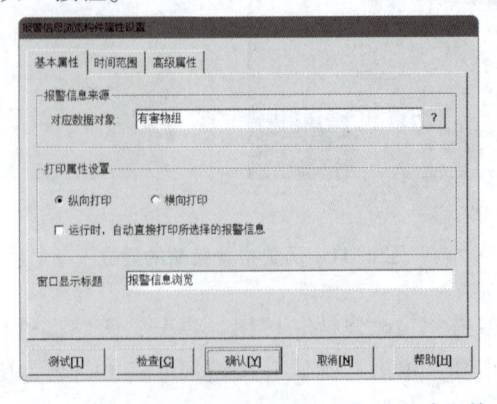

图4-14 将报警信息浏览策略构件添加到选定策略

（2）新增菜单项及建立历史报警菜单和策略之间的关系

1）在 MCGS 工作台上单击"主控窗口"选项卡，选择"主控窗口"图标，单击"菜单组态"按钮，进入"菜单组态"窗口。单击工具条中的"新增菜单项"图标，增加"操作0"菜单，如图 4-15 所示。

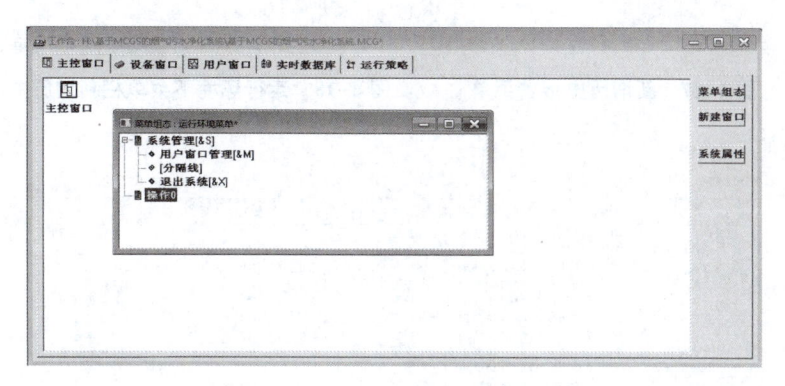

图 4-15 新增"操作 0"菜单

2）双击"操作 0"菜单，弹出"菜单属性设置"窗口，进行以下设置：如图 4-16（a）所示，在"菜单属性"选项卡中，将菜单名改为"历史报警"；如图 4-16（b）所示，在"菜单操作"选项卡中，勾选"执行运行策略块"复选框，并从下拉式菜单中选择"历史报警"。

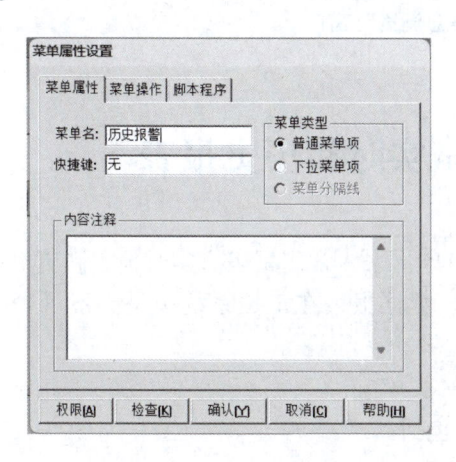

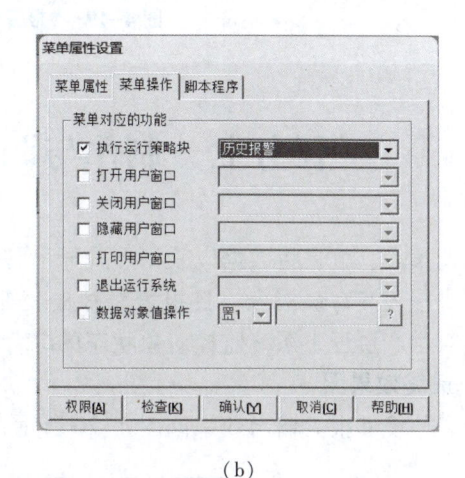

（a）　　　　　　　　　　　　（b）

图 4-16 新增菜单基本属性和操作属性设置

3）单击"确认"按钮，设置完毕，主控窗口菜单组态页面出现"历史报警"菜单，如图 4-17 所示。

4）存盘并进入运行环境，看到菜单栏增加了"历史报警"菜单，如图 4-18 所示。

5）单击"历史报警"，弹出"报警信息浏览"窗口，如图 4-19 所示。

6）单击"退出"按钮，回到监控画面。

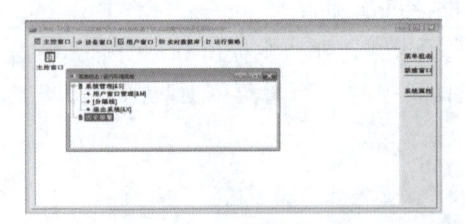

图 4-17　新增历史报警菜单　　　　图 4-18　运行环境下菜单栏新增历史报警菜单

图 4-19　"报警信息浏览"窗口

任务七　制作与调试实时和历史报表

所谓报表，就是将数据以表格形式显示和打印出来，常用报表有实时报表和历史报表两种。历史报表又有班报表、日报表、月报表等。数据报表在工控系统中是必不可少的一部分，是对生产过程中系统监控对象状态的综合记录。

1. 最终效果图

组态环境下报表输出效果如图 4-20 所示，包括：

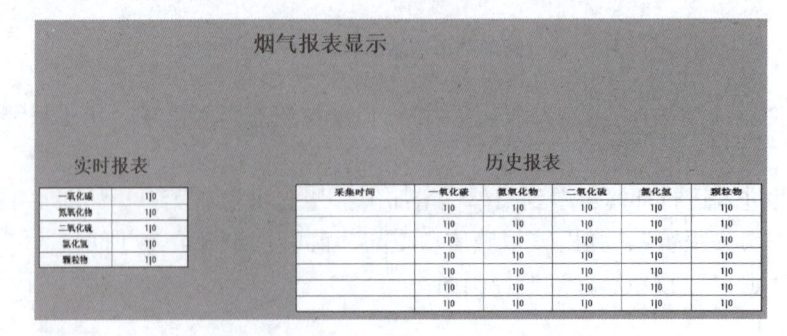

图 4-20　组态环境下报表输出效果

1 个标题——烟气报表显示。
2 个表名——实时报表、历史报表。
2 个报表——实时报表、历史报表。

2. 实时报表

1) 实时报表可以通过构建自由表格来创建。具体制作步骤如下：

①在用户窗口中新建一个窗口，窗口名称、窗口标题均设置为数据报表。双击数据报表窗口，进入动画组态。按照效果图，使用标签构件制作 1 个标题：烟气报表显示；2 个表名：实时报表、历史报表。

②选取"工具箱"中的"自由表格"工具，在适当位置绘制一个表格，如图 4-21（a）所示。

③双击表格进入编辑状态，如图 4-21（b）所示。改变单元格大小的方法同微软的 Excel 表格的编辑方法一样，即把鼠标指针移到 A 与 B 或 1 与 2 之间，当鼠标指针呈十字分格线形状时，拖动鼠标至所需大小即可。

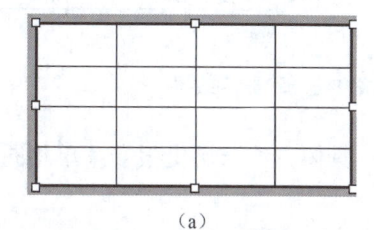

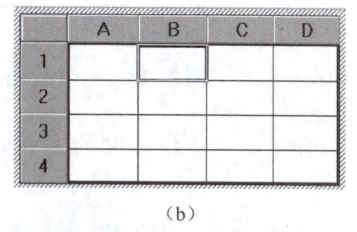

图 4-21 制作实时报表的表格

④保持编辑状态。单击鼠标右键，从弹出的快捷菜单中选择"删除一列"命令，连续操作 2 次，删除 2 列。再选择"增加一行"命令，在表格中增加 1 行，形成 5 行 2 列表格。

⑤双击 A 列的第 1 个单元格，光标变成"｜"字形，输入：一氧化碳。同样方法在 A 列其他单元格中分别输入：氮氧化物、二氧化硫、氯化氢、颗粒物。

⑥B 列的 5 个单元格中分别输入：1|0，如图 4-22（a）所示。1|0 表示：显示一位小数，无空格。注意：数字中间是竖线，而非左斜线或右斜线。

⑦在 B 列中，选择一氧化碳对应的单元格，右击，从弹出的快捷菜单中选择"连接"命令，实时报表变成如图 4-22（b）所示表格。

⑧右击，弹出数据对象列表，双击数据对象一氧化碳，将 B 列 1 行单元格显示内容与数据对象一氧化碳进行连接。

⑨按照上述操作，将 B 列的 2、3、4、5 行分别与数据对象氮氧化物、二氧化硫、氯化氢、颗粒物建立连接，如图 4-22（c）所示。

图 4-22 制作并连接实时报表

⑩按 F5 键进入运行环境，单击"启动"按钮，画面中的烟气开始变化，但是画面中未出现报表，接下来进行设置。

2）方法一：进入运行环境，利用系统管理菜单的用户窗口管理。

①进入运行环境，单击系统管理菜单的"用户窗口管理"，弹出"用户窗口管理"窗口，如图 4-23（a）和图 4-23（b）所示。

②勾选"数据报表"复选框，单击"确定"按钮，即可进入该窗口。如图 4-23（c）所示，可以看到实时报表中的数据有显示且随烟气变化。

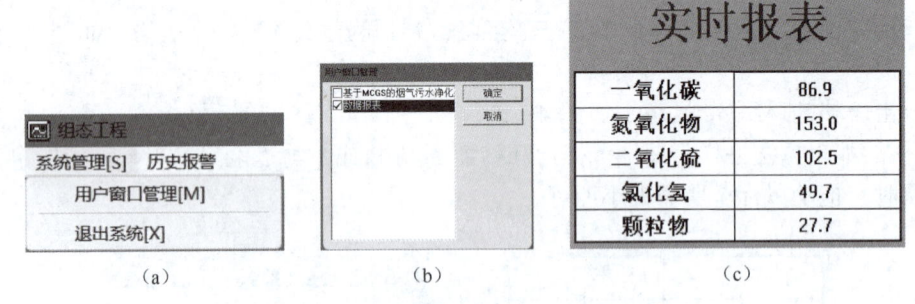

图 4-23　实时报表的调试方法一和显示效果

3）方法二：利用主控窗口，增加一个菜单。具体方法与历史报警菜单相同，如图 4-24 所示。

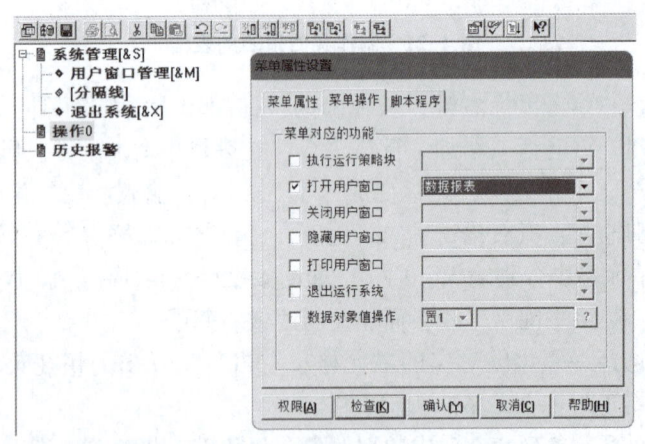

图 4-24　菜单栏增加一个数据报表菜单

①在组态环境下，进入主控窗口，单击"菜单组态"按钮，增加一个名为数据报表的菜单，菜单操作应设置为：打开用户窗口→数据报表。

②确定后按 F5 键进入运行环境，单击"启动"按钮，单击菜单项中的报表显示，打开报表显示窗口，即可看到实时报表。

3. 历史报表

历史报表指从历史数据中提取数据记录，并以一定的格式显示。实现历史报表有三种方式：利用策略构件中的存盘数据浏览构件；利用设备构件中的历史表格构件；利用动画构件中的存盘数据浏览构件。这里仅介绍第 2 种。

历史报表

(1) 制作历史报表

1) 历史报表制作前必须设置变量的存盘属性。分别设置变量一氧化碳、氮氧化物、二氧化硫、氯化氢、颗粒物的"存盘属性"为"定时存盘，存盘周期1秒"，在实时数据库中选择相应变量，双击选择"存盘属性"，如图4-25所示。

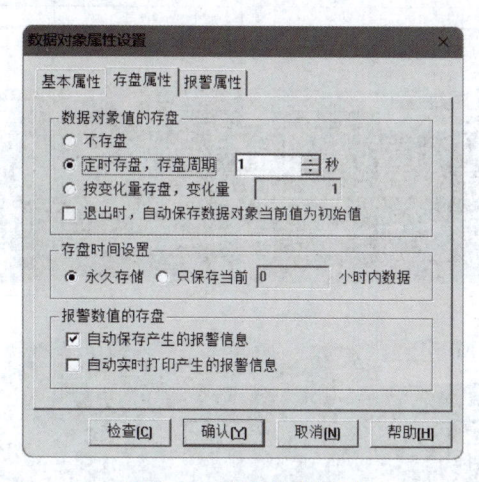

图4-25 设置存盘属性

2) 在数据显示组态窗口中，选取"工具箱"中的"历史表格构件"工具，在适当位置绘制历史表格，如图4-26（a）所示。

3) 双击历史表格图标进入编辑状态，如图4-26（b）所示。使用快捷菜单中的增加一行、删除一行命令，或者单击按钮，使用编辑条中的编辑表格命令，制作一个8行6列的表格。

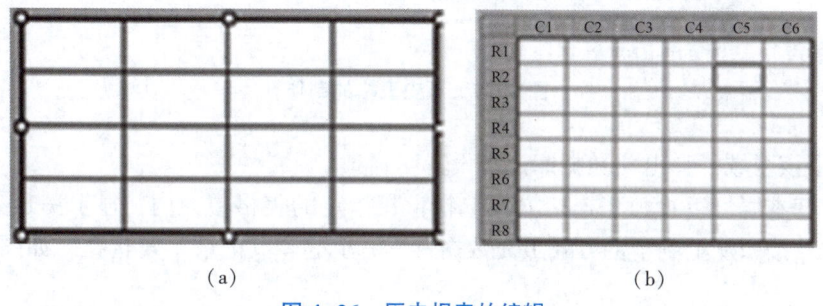

图4-26 历史报表的编辑

4) 在R1行的各个单元格分别输入：采集时间、一氧化碳、氮氧化物、二氧化硫、氯化氢、颗粒物；R2C2~R8C6各单元格输入：1|0，如图4-27（a）所示。

5) 光标移动到R2C1，选择该单元格，然后按下鼠标左键向右下方拖动，将R2~R8各行所有单元格都选中，如图4-27（b）所示。

6) 单击鼠标右键，在弹出的快捷菜单中选择"连接"命令，历史报表变成如图4-27（c）所示画面。

7) 单击菜单栏中的"表格"菜单，在弹出的快捷菜单中选择"合并表元项"命令，所选区域会出现反斜杠，如图4-27（d）所示。

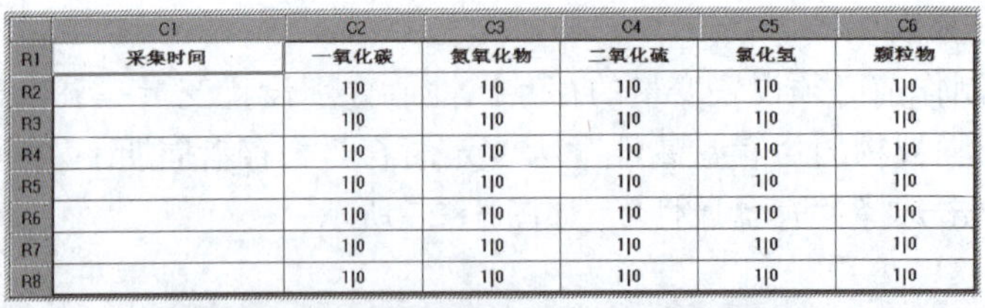

图 4-27 历史表格的制作

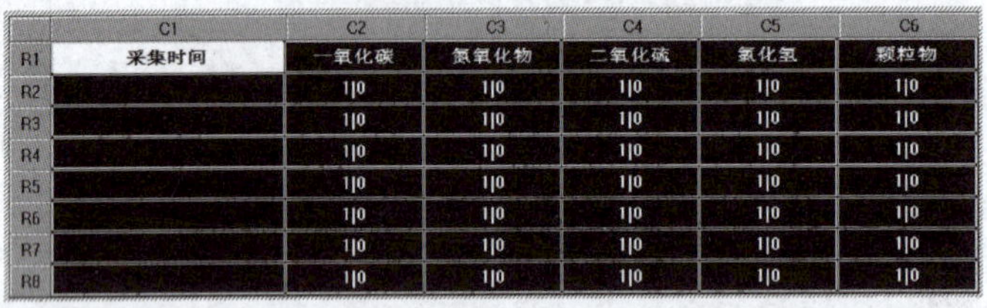

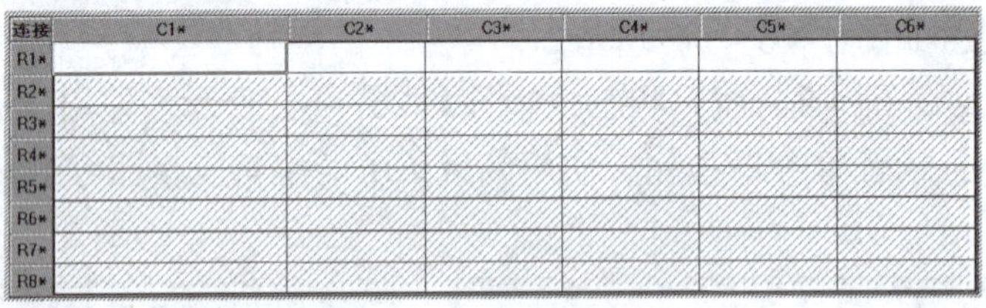

8) 双击该区域，弹出"数据库连接设置"窗口。

①在"基本属性"窗口，连接方式选择：在指定的表格单元内，显示满足条件的数据记录；勾选"按照从上到下的方式填充数据行""显示多页记录"复选框，如图 4-28（a）所示。

②在"数据来源"窗口，选择"组对象对应的存盘数据"；组对象名：有害物组，如图 4-28（b）所示。

③在"显示属性"窗口，单击"复位"按钮，如图 4-28（c）所示。

④在"时间条件"窗口，排序列名：MCGS_Time；选择"降序"；时间列名：MCGS_Time；所有存盘数据如图 4-28（d）所示。

(2) 存盘进入运行环境

存盘进入运行环境，单击"启动"按钮，单击菜单项数据报表，进入数据显示窗口，观察历史报表显示情况，如图 4-29 所示。

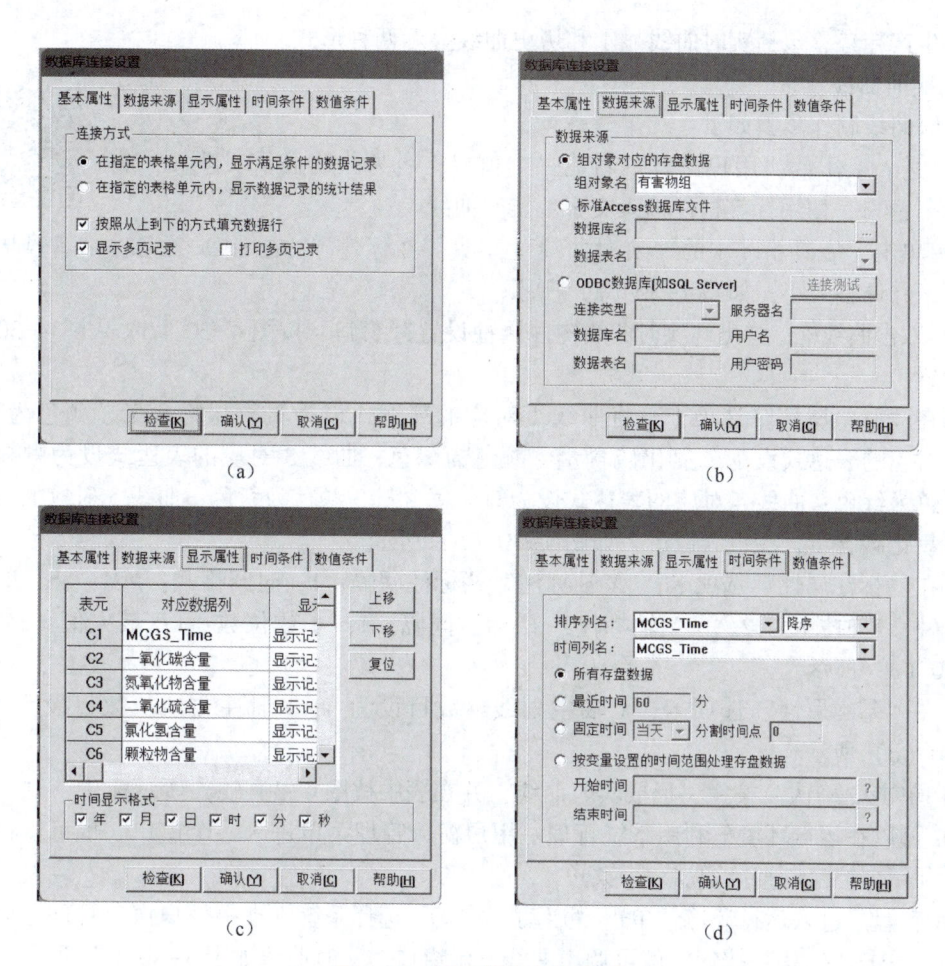

图 4-28　历史报表连接设置

图 4-29　历史报表显示

任务八　制作与调试实时和历史曲线

对生产过程的重要参数进行曲线显示有两个好处：一是评价过去的生产情况，二是预测以后的生产趋势，包括实时曲线显示和历史曲线显示两种形式。

1. 实时曲线

实时曲线制作步骤如下：

1）进入工作台"用户窗口"新建一个窗口，名为曲线显示。进入"曲线显示"窗口，使用标签构件输入文字：实时曲线。

2）单击"工具箱"中的"实时曲线"工具，在标签下方绘制一个实时曲线框，并调整大小，如图4-30（a）所示。

实时曲线

3）双击曲线框，弹出"实时曲线构件属性设置"窗口，按图4-30（b）~图4-30（d）所示设置。

①在"画笔属性"选项卡，将曲线1对应的表达式设为氮氧化物含量，颜色为蓝色；曲线2对应的表达式设为二氧化硫含量，颜色为绿色；曲线3对应的表达式设为颗粒物含量，颜色为红色；曲线4对应的表达式设为氯化氢含量，颜色为紫色；曲线5对应的表达式设为一氧化碳含量，颜色为橙色，如图4-30（b）所示。

②在"标注属性"选项卡，"X轴标注"栏标注间隔：1；时间格式：MM：SS；时间单位：分钟；X轴长度：2。"Y轴标注"栏标注间隔：1；小数位数：1；最大值：350，如图4-30（c）所示。

③在"基本属性"选项卡，X轴主划线：数目设为4；Y轴主划线：数目设为4，如图4-30（d）所示。

4）单击"确认"按钮，形成实时曲线，并在表中按图4-30（e）所示标注。

5）可以在运行环境下利用系统管理→用户窗口管理菜单进入一个窗口，也可以在组态环境下利用主控窗口直接增加一个菜单。

6）存盘后进入运行环境，单击"启动"按钮，选择系统管理→用户窗口管理→曲线显示菜单，单击"确认"按钮，就可调出曲线显示窗口，实时曲线如图4-30（f）所示。双击该曲线可放大观察效果。

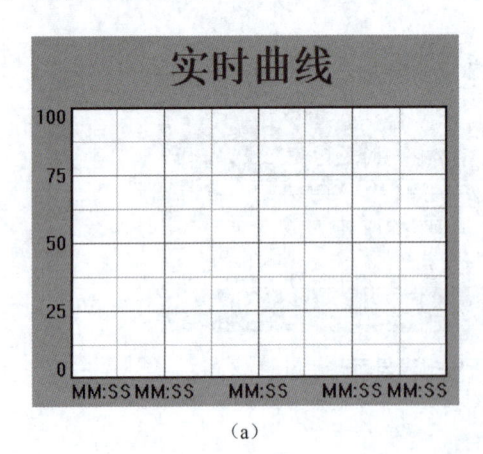

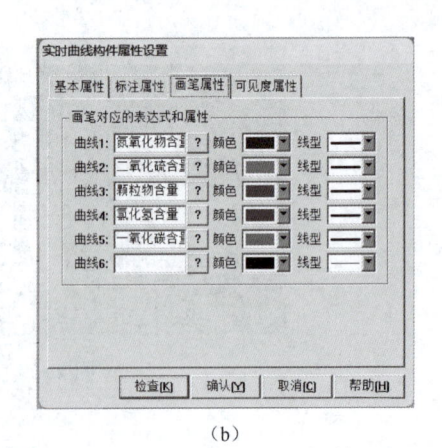

(a)　　　　　　　　　　　　　　(b)

图4-30　实时曲线制作步骤

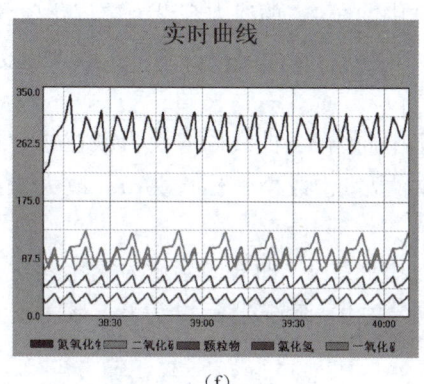

项目四　基于 MCGS 的烟气污水净化系统

(c)　　　　　　　　　　　　　　(d)

(e)　　　　　　　　　　　　　　(f)

图 4-30　实时曲线制作步骤（续）

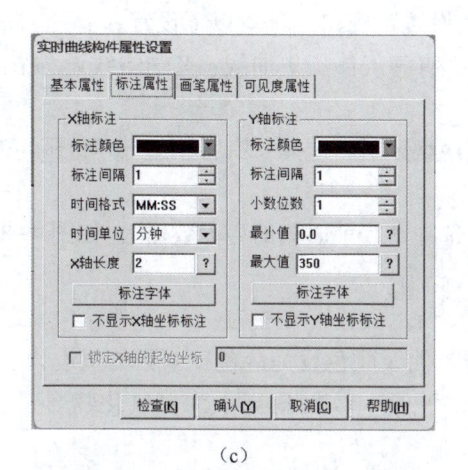

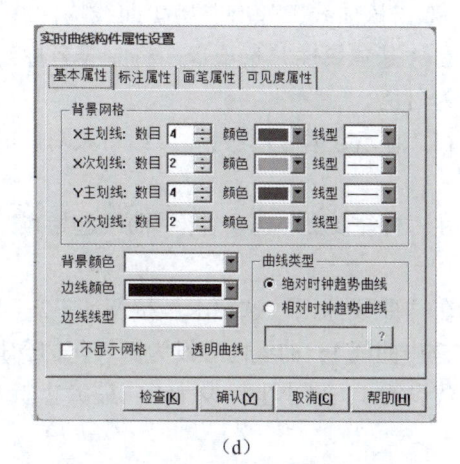

2. 历史曲线

历史曲线主要用于事后查看数据和状态、分析变化趋势和总结规律。与历史报表一样，历史曲线要求设置变量的存盘属性，由于前面已进行设置，这里不再重复，可直接进行历史曲线制作，步骤如下：

历史曲线

1) 在"曲线显示"窗口中，使用标签构件输入：历史曲线。

2) 在文字下方，使用"工具箱"中的"历史曲线构件"工具，绘制一个一定大小的历史曲线框，如图 4-31 所示。

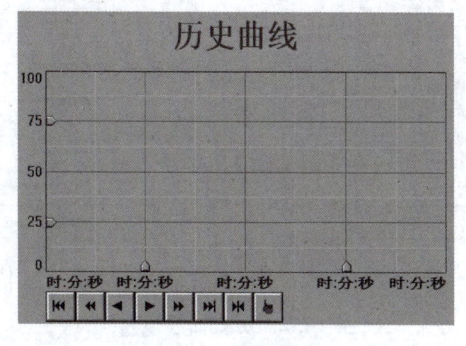

图 4-31　历史曲线

125

3）双击该曲线，弹出"历史曲线构件属性设置"窗口，进行以下设置：

①在"基本属性"选项卡，将曲线名称设为有害气体历史曲线；Y 轴主线设为 6；背景颜色设为白色。

②在"存盘数据"选项卡，"组对象对应的存盘数据"选择"有害物组"，如图 4-32（a）所示。

③在"标注设置"选项卡，"曲线起始点"选择"当前时刻的存盘数据"，如图 4-32（b）所示。

④在"曲线标识"选项卡，按图 4-32（c）所示设置，方法为：

a. 选中曲线 1，曲线内容设为氮氧化物含量，曲线颜色设为蓝色，工程单位设为 mg/m^3，小数位数设为 1，最小坐标设为 0，最大坐标设为 350，实时刷新设为氮氧化物含量，其他不变。

b. 选中曲线 2，曲线内容设为二氧化硫含量，曲线颜色设为绿色，工程单位设为 mg/m^3，小数位数设为 1，最小坐标设为 0，最大坐标设为 100，实时刷新设为二氧化硫含量，其他不变。

c. 选中曲线 3，曲线内容设为颗粒物含量，曲线颜色设为红色，工程单位设为 mg/m^3，小数位数设为 1，最小坐标设为 0，最大坐标设为 100，实时刷新设为颗粒物含量，其他不变。

d. 选中曲线 4，曲线内容设为氯化氢含量，曲线颜色设为紫色，工程单位设为 mg/m^3，小数位数设为 0，最小坐标设为 0，最大坐标设为 100，实时刷新设为氯化氢含量，其他不变。

e. 选中曲线 5，曲线内容设为一氧化碳含量，曲线颜色设为橙色，工程单位设为 mg/m^3，小数位数设为 0，最小坐标设为 0，最大坐标设为 100，实时刷新设为一氧化碳含量，其他不变。

⑤在"高级属性"选项卡，按图 4-32（d）所示设置。勾选"运行时显示曲线翻页操作按钮""运行时显示曲线放大操作按钮""运行时显示曲线信息显示窗口""运行时自动刷新，刷新周期 1 s"复选框，并选择在 60 s 后自动恢复刷新状态。

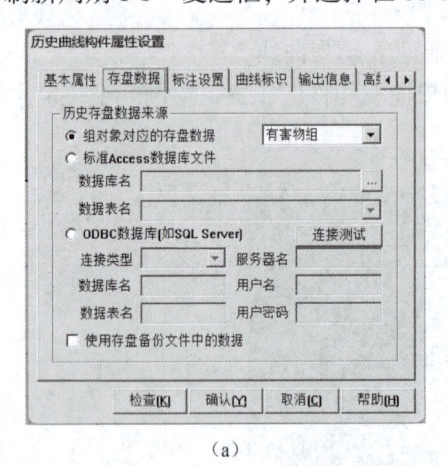

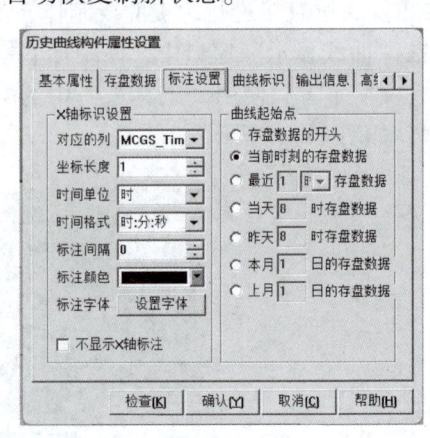

（a） （b）

图 4-32 历史曲线设置

（c）　　　　　　　　　　　　　　　　　　（d）

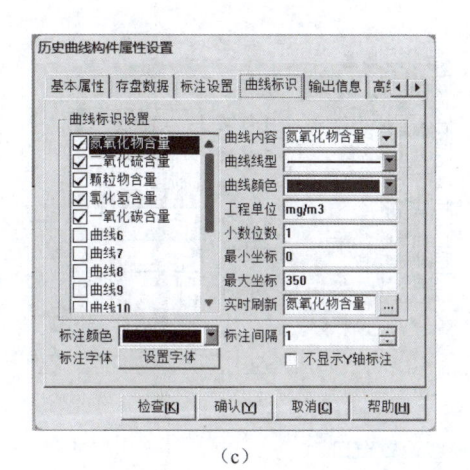

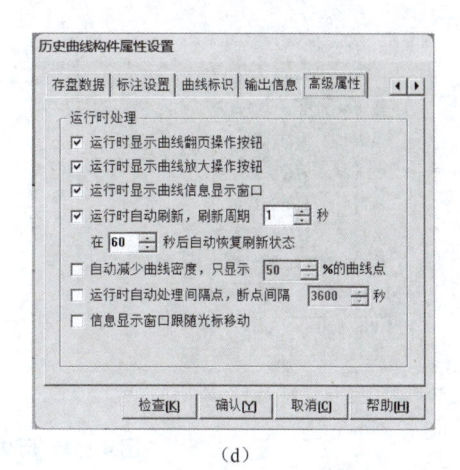

图 4-32　历史曲线设置（续）

4）生成历史曲线，进入运行环境，单击"启动"按钮，选择系统管理→用户窗口管理→曲线显示菜单，单击"确认"按钮，就可调出曲线显示窗口，如图 4-33 所示。

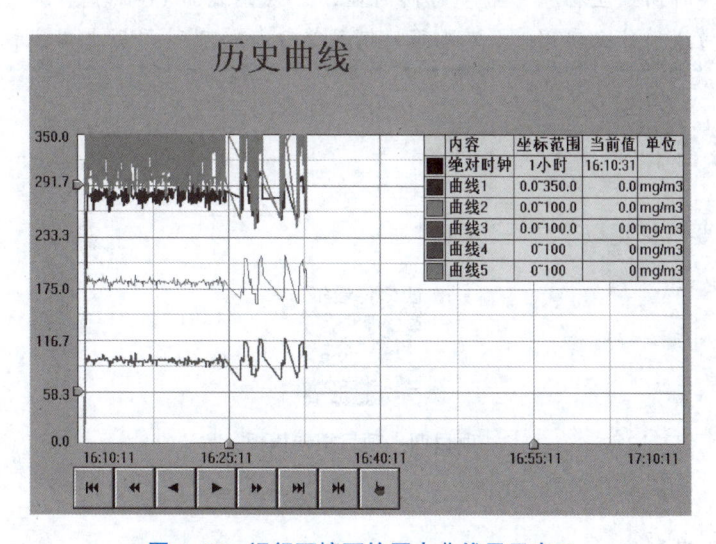

图 4-33　运行环境下的历史曲线显示窗口

历史曲线包含 8 个操作按钮，运行环境下可以用来进行后退◀、前进▶、快速后退◀◀、快速前进▶▶、前进到当前时刻▶▌、后退到开始时刻▌◀操作，以方便查看。

按钮▌◀用来设置显示曲线的起始时间。运行过程中，单击该按钮，弹出如图 4-34（a）所示对话框，运行人员可根据需要设定。

按钮用来重新进行曲线标识设置，如图 4-34（b）所示。

127

(a)   (b)

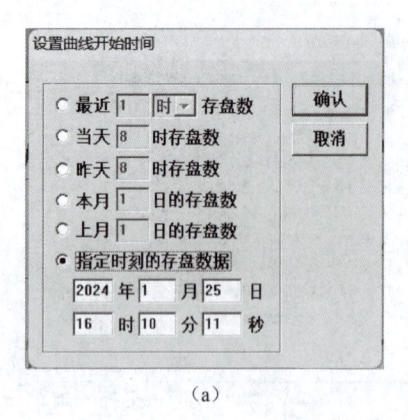

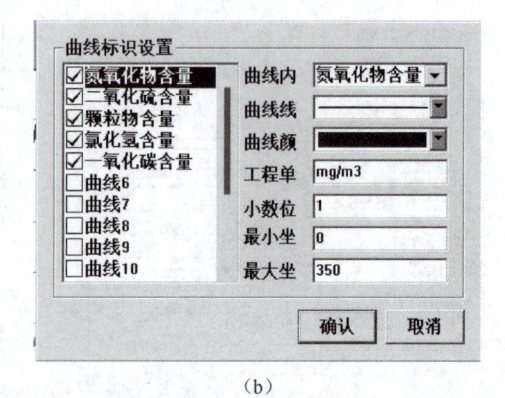

图 4-34 历史曲线设置窗口

> **总结：**
> 1. 实时曲线用什么实现？（工具箱→倒数第 6 行第 1 列"实时曲线构件"工具）
> 2. 一个实时曲线坐标系中最多可同时显示几条曲线？（6 条）
> 3. 历史曲线用什么实现？（工具箱→倒数第 3 行第 2 列"历史曲线构件"工具）

【项目报告】

具体模板和要求详见以下二维码内容。

项目四 项目报告模板

【评价反馈】

评价主要包括学生评价、教师评价以及企业导师评价，如表 4-8 和表 4-9 所示。其中学生评价包括小组内自评、互评，学生要在完成项目的过程中逐步完成评价，可以按照不同人员评分比重给予不同分值，然后总分按照比例压缩至满分 100 分。

表 4-8 组内评价表

序号	评价内容	分值	组长评价	组员1	组员2	组员3	组员4	组员5	组员6	自评评价
1	比例/%	100								
2	对应满分	100								

续表

序号	评价内容	分值	组长评价	组员1	组员2	组员3	组员4	组员5	组员6	自评评价
3	工艺过程分析									
4	收集所有 I/O 点信息									
5	绘制监控画面草图									
6	建立实时数据库									
7	绘制静态画面									
8	添加动态属性									
9	控制功能的设置									
10	分段和总体调试									
11	报警制作									
12	历史、实时报表									
13	历史、实时曲线									
14	合计									
	总分：									

主观性评价：
_____
_____
_____

综合评价如表4-9所示。

表4-9 综合评价

项目名称					
班级			日期		
姓名			组号		组长
序号	评价项任务		比例	分值	得分
1	学生评价	小组自评			
		小组互评			
2	教师评价	调试排故			
		调试报告			
3	企业导师评价	项目汇报			
总分					

【常见问题解答】

1. 喷头开启异常
检查脚本程序中，定时器设置是否正确，察看喷头连接是否连接到对应编号。

2. 有害物一直处于报警状态
检查报警上下限是否设置正确，脚本程序中模拟有害物产生参数过大，适当调小有害物增长速度。

3. 无法显示报警
检查每个有害物参数报警值是否正确，设置好"有害物组"和各有害物参数的定期存盘，察看报警构件连接是否正确。

【项目拓展】

本项目布袋除尘器并未真正参与控制，请大家按照布袋除尘器功能，设置其变化规律，加入项目。

【能量驿站】

牢记初心使命　　推动绿色发展

良好生态环境是最公平的公共产品，是最普惠的民生福祉。

在党的二十大报告中，习近平总书记明确指出，中国式现代化是人与自然和谐共生的现代化，尊重自然、顺应自然、保护自然是全面建设社会主义现代化国家的内在要求。要协同推进降碳、减污、扩绿、增长，推进生态优先、节约集约、绿色低碳发展。

"十四五"以来，在低碳化进程推进的带动下，固废处理相关国家政策进一步优化，支持力度进一步加大，全面禁止进口固体废物，继续加强大固废综合利用，大力开展"无废城市"建设，固废处理行业发展进入快车道。在生活垃圾处理领域，我国人均温室气体排放量显著低于美国、欧盟，已经处于国际领先水平，根据住建部城乡建设统计年鉴的数据，我国生活垃圾填埋量从2017年开始下降，2020年焚烧处理量超过填埋处理量。2021年，全国城镇生活垃圾填埋处理量下降到0.9亿吨，焚烧处理量达到2.1亿吨，回收利用后的生活垃圾填埋处理比例下降到原来的30%。我国生态环境保护成就得到国际社会广泛认可，成为全球生态文明建设的重要参与者、贡献者、引领者。

在新征程中，我们要继续以生态环境高水平保护推动经济高质量发展、创造高品质生活、带动高效能治理，将绿色发展理念融入各个产业、各个环节，积极构建绿色低碳循环发展的生产体系，让低碳绿色和生态友好成为城市形象、品质和责任感的重要标志。

项目五　基于 MCGS 的垃圾发电监测系统

> **导读**
>
> 本项目以垃圾焚烧发电监控系统开发为任务，要求学生在之前学习垃圾接收、垃圾焚烧、烟气处理的基础上，掌握垃圾汽轮机发电工艺，并基于之前学习的 MCGS 软件操作，自主完成项目部分功能，尤其是基于项目四锻炼曲线、报表、报警制作能力。

【项目准备】

学习情境描述

安全小提示——两票三制度

本项目是垃圾焚烧发电监控系统当中的"垃圾发电监测系统"子项目，如图 5-1 所示。

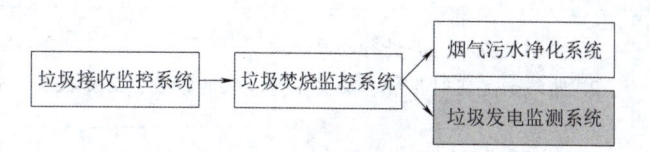

图 5-1　项目流程图

除盐水经过除氧器热力除氧后，由给水泵经给水操作台送至省煤器，给水经过两级省煤器吸收烟气热量后到达汽包，汽包里的水经下降管、下联箱、水冷壁管、汽包组成循环回路不断循环，汽包中产生的饱和蒸汽经引出管到包覆管和各级过热器，不断吸收高温烟气温度，从而变成一定温度和压力的过热蒸汽，最后进入汽轮机做功，如图 5-2 所示。

图 5-2　垃圾发电系统工艺流程

学习目标

知识目标	1. 区别组变量的含义、变量的报警属性和存盘属性的含义； 2. 熟悉实时报警和历史报警构件的功能、实时报表和历史报表构件的功能、实时曲线和历史曲线的功能； 3. 总结主控窗口的功能； 4. 掌握设备属性设置窗口中基本属性页的功能、设备属性设置窗口中通道连接页的功能、设备属性设置窗口中设备调试页的功能、设备属性设置窗口中数据处理页的功能
技能目标	1. 绘制汽轮机、阀门、流动块、水泵，并进行动画连接； 2. 设计符合要求的定时器； 3. 类推建立组变量，设置变量的报警属性、存盘属性； 4. 创建实时报警窗口，进行正确设置并调试成功； 5. 使用用户策略创建历史报警窗口，进行正确设置并调试成功； 6. 制作实时报表和历史报表，并调试成功； 7. 创建实时和历史曲线，并调试成功
素养目标	1. 关注企业安全标识，学会查看安全标识； 2. 养成规范设计的习惯； 3. 筑牢安全意识，保护企业秘密
教学重点	1. 绘制汽轮机，并进行动画连接； 2. 熟练创建实时报警、历史报警、实时报表、历史报表、实时曲线、历史曲线
教学难点	设计与调试MCGS控制程序
建议学时	6学时
推荐教学方法	从项目任务入手，讨论并确定基于MCGS的垃圾发电监测系统方案，尤其注重学生方案制作、探讨修改能力。建议前期的静态画面制作、动画调试由学生自行完成，后续的内容可以在教师的引导下完成。在程序设计阶段，突出强调程序流程图的撰写规范
推荐学习方法	动手操作是学好MCGS组态软件的关键，也是创新的基础。对项目四的熟练制作、流程总结是学好项目五的关键

任务书

按照工艺流程，系统要求如表 5-1 所示。

表 5-1　系统要求

按下启动按钮，定时器开始工作	
0~3 s	系统开始运行，开启汽轮机，开启发电机，开启流动块（模拟水循环）；显示发电均值
3 s~按下复位按钮	模拟汽包水箱水位变化
	当汽包水箱水位大于/小于设定报警值，报警标志置 1
当按下复位按钮，系统停止运行，所有数值置 0	

任务实施提示：

1) 回顾总结项目四的开展过程，对合理安排本项目有很大的帮助；
2) 小组间相互交流，及时纠错、整改。

任务分组

表 5-2 所示为任务分组。

表 5-2　任务分组

班级		组号		指导教师	
组长		学号		日期	
组员	姓名	学号	姓名	学号	
任务分工：						

任务分析

引导问题 1：垃圾焚烧项目能否与周边居民和谐相处？为什么能或者不能？

_____

_____

_____

> 小提示：
> 　　上海虹桥垃圾焚烧厂——距阳光威尼斯（百万平方米中高档住宅）仅 500 m；
> 　　佛山南海区生活垃圾焚烧发电厂——位于狮山大学城旁；
> 　　澳门垃圾焚烧发电厂——位于中国大酒店旁。

引导问题 2：自主搜索并填写垃圾发电相关的一些名词。

除氧器：_____

除盐水：_____

省煤器：_____

过热器：_____

汽包：_____

联箱：_____

汽轮机：_____

饱和蒸汽：_____

过热蒸汽：_____

汽水混合物：_____

引导问题 3：在图 5-2 中标注出饱和蒸汽、过热蒸汽、汽水混合物的位置，并总结。

_____

_____

引导问题 4：在垃圾发电监测系统中需通过"过热器"，可结合日常生活中暖气片供热原理（图 5-3）类比设计"过热器"。

过热器原理：_____

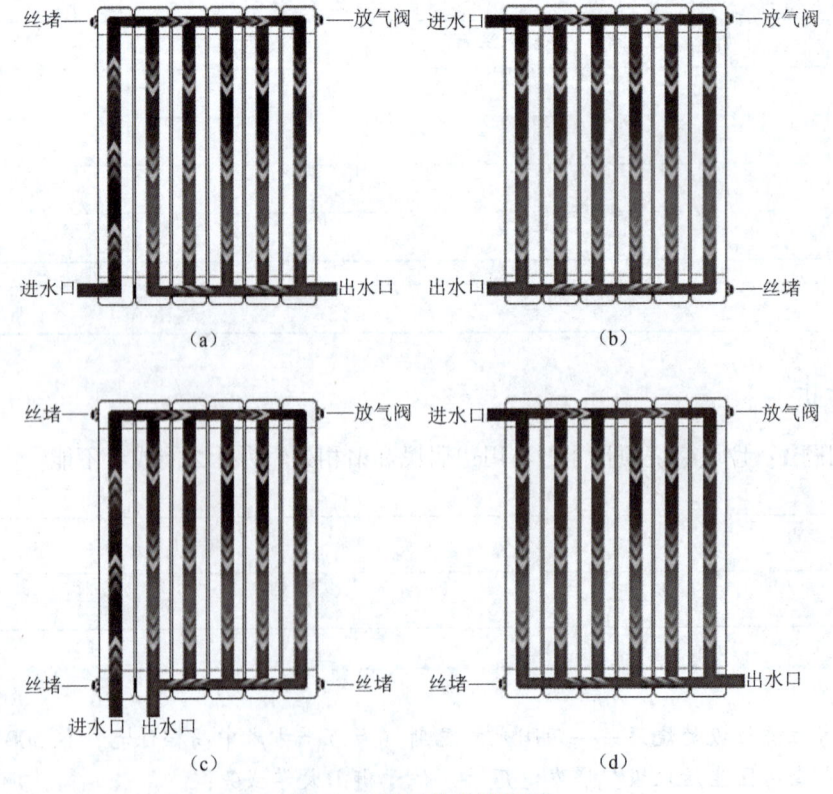

图 5-3 暖气片供热原理

(a) 下进下出；(b) 同侧上进下出；(c) 底进底出；(d) 异侧上进下出

自主设计过热器：

引导问题 5： 简单分析工艺过程及剖析控制要求。

_____
_____
_____
_____

工作计划

1. 制定工作方案

按照前文提示，制定垃圾发电监测系统制作步骤，小组讨论并按照工作量分配子任务，相对复杂的子任务可以由两位学生一起完成，并填表 5-3。

表 5-3 任务分配

步骤	工作内容	负责人
1		
2		
3		
4		
5		
6		
7		
8		

2. 列出任务涉及的功能模块

表 5-4 所示为工作方案。

表 5-4 工作方案

工作内容	效果实现方案	软件模块选择

3. 绘制监控画面结构和画面草图

进行决策

1）各组派代表阐述设计方案。
2）各组对其他组的设计方案提出自己不同的看法。
3）教师结合学生完成的情况进行点评，选出最佳方案。
最佳方案框架：

【项目实施】

任务一　定义变量

在 MCGS 中，变量也叫数据对象。工程建立后首先需要定义变量。

1）如图 5-4 所示，单击工作台中的"实时数据库"选项卡，进入"实时数据库"窗口。窗口中列出了系统已有数据对象的名称，它们是系统本身自建的变量，暂不必理会。现在要将表 5-5 中定义的数据对象（变量）添加进去。

2）如图 5-4 所示，单击工作台右侧"新增对象"按钮，窗口中立刻出现一个新的数据对象"InputETime1"。

表 5-5　数据对象（变量）

对象名称	类型	注释
启动按钮	开关型	启动按钮，=1 有效
启动指示灯	开关型	启动指示灯，=1 点亮
停止按钮	开关型	停止按钮，=1 有效
停止指示灯	开关型	停止指示灯，=1 有效
汽轮机启动	开关型	汽轮机启动标志，=1 启动
汽轮旋转动画	数值型	汽轮机旋转效果
发电机启动	开关型	发电机启动标志，=1 启动
发电均值	数值型	发电均值实时显示
水循环	开关型	流动块启动标志，=1 启动
汽包水箱水位	数值型	汽包水箱水位变量
汽包水箱上限	开关型	汽包水箱水位上限标志，=1 有效
给水泵启动	开关型	给水泵启动标志，=1 启动
给水箱水位	数值型	给水箱水位变量
给水箱缺水	开关型	给水箱缺水标志，=1 有效

3）选中该数据对象，单击右侧"对象属性"按钮或直接双击该数据对象，弹出"数据对象属性设置"窗口，按表 5-4 进行对象"启动按钮"的设置，注意对象类型和初始值的设置，如图 5-5 所示，单击"确认"按钮。

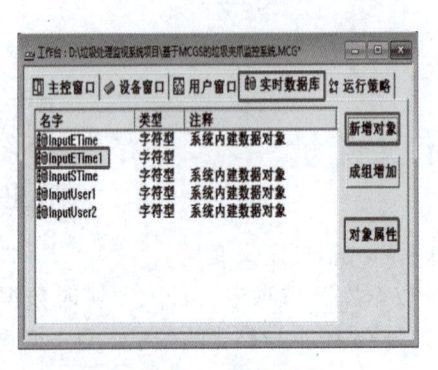

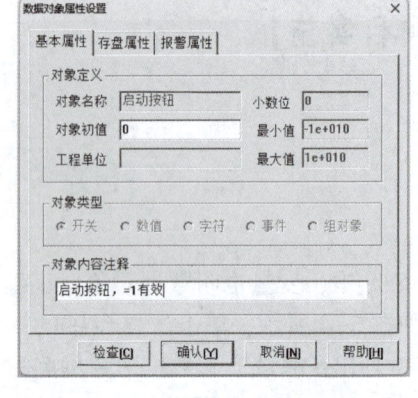

图 5-4　新增对象

图 5-5　数据对象属性设置

4）重复步骤 2）和 3），将表 5-4 中的所有对象添加完成。
5）保存文件。

任务二　设计与编辑画面

基于 MCGS 的垃圾发电监测系统画面如图 5-6 所示。

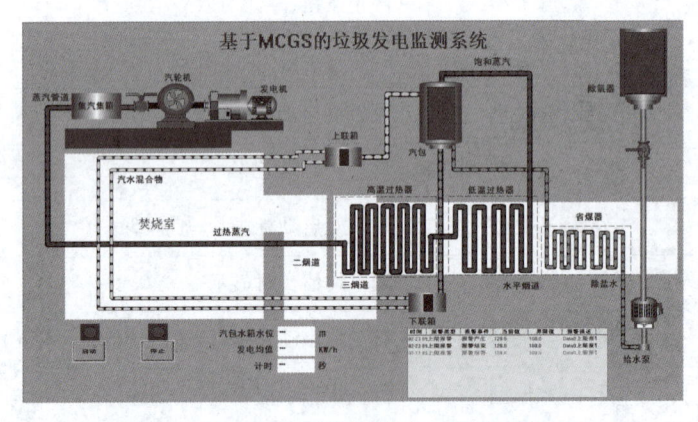

图 5-6　基于 MCGS 的垃圾发电监测系统画面

引导问题 6：工艺过程分析，参考画面与小组讨论设计的有什么区别，并决定是否修改。

_____

按照项目二编辑画面的方法，新建"基于 MCGS 的垃圾发电监测系统"用户窗口，在窗口依次输入文字，绘制焚烧室、集汽集箱、汽轮机、发电机、输送管道、阀门、汽包、上下联箱、除氧器、给水泵、流动块、水位、矩形框等，最后保存文件，完成监测系统画面制作，具体编辑过程详见以下二维码。

项目五 基于 MCGS 的垃圾发电监测系统

设计与编辑
画面跟我学

建立画面

输入文字

绘制燃烧室

绘制集汽集箱、
汽轮机、发电机

绘制输送管道、
阀门、汽包

绘制上下联箱、
除氧器、给水泵

绘制流动块

绘制水位、
矩形框

任务三 动画连接与调试

画面编辑好以后,需要将画面中的图形与前面定义的数据对象(变量)关联起来,以便运行时,画面上的内容能随变量改变。例如,当机械手做下移动作时,下移指示灯点亮。将画面上的对象与变量关联的过程叫作动画连接。

1. 元器件的动画连接

1)双击"汽包水箱",在弹出的"单元属性设置"窗口中选择"数据对象"选项卡,单击"大小变化"后方的" ? ",选择"汽包水箱水位",单击"确认"按钮,如图 5-7 所示。

元器件动画

图 5-7 汽包属性设置

2)双击"除氧器",重复步骤(1),将数据对象连接为"给水箱水位",单击"确认"按钮。

3)双击连接"汽包"和"给水泵"的流动块,在弹出的"流动块构件属性设置"窗口中选择"流动属性"选项卡,单击表达式后方的" ? ",选择"给水泵启动",如图 5-8 所示。

139

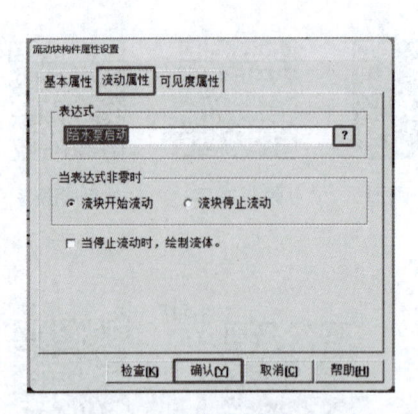

图 5-8 流动块构件属性设置

4）双击除氧器下方的"阀门"，在弹出的"单元属性设置"窗口中选择"数据对象"选项卡，单击"可见度"后方的"?"，选择"给水泵启动"，单击"确认"按钮，如图 5-9 所示。

图 5-9 单元属性设置

5）双击蒸汽管道处的"阀门"，将其可见度更改为"水循环"，单击"确认"按钮。
6）除"汽包水箱"和"给水泵"之前连接的流动块，将剩余的流动块的"流动属性"选项卡中表达式更改为"水循环"，如图 5-10 所示。

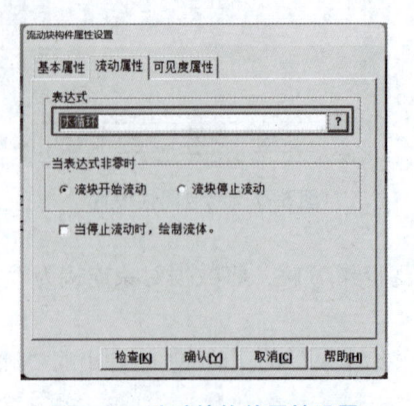

图 5-10 流动块构件属性设置

7）双击"发电机"，将数据对象中的填充颜色更改为"发电机启动"。

8）双击"给水泵"，将数据对象中的填充颜色更改为"给水泵启动"。

9）双击流动块 1，弹出"流动块构件属性设置"窗口，选择"流动属性"选项卡，将表达式后"?"连接到"给水泵启动"，单击"确认"按钮。

10）双击流动块 2，弹出"流动块构件属性设置"窗口，选择"流动属性"选项卡，将表达式后"?"连接到"水循环"，单击"确认"按钮。

11）按照步骤 10）设置流动块 3~6，将表达式后"?"均连接到"水循环"。

12）保存文件。

2. 按钮、指示灯的动画连接

1）选中矩形工具，绘制两个同等的矩形，并将其颜色更改为"灰色"，如图 5-11 所示。

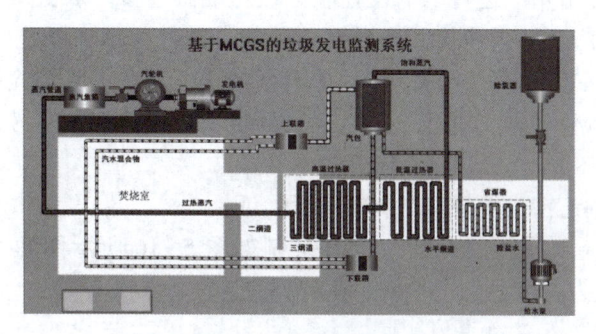

图 5-11　按钮底色

2）在工具栏中单击"标准按钮"工具，绘制两个相同的按钮并置于图 5-11 矩形块的上方，双击绘制出的按钮，弹出"标准按钮构件属性设置"窗口，如图 5-12 所示，分别将按钮标题更改为"启动""停止"，如图 5-13 所示。

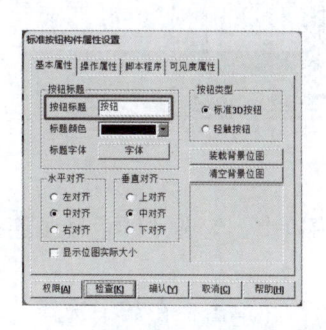

图 5-12　标准按钮构件属性设置　　　　图 5-13　按钮名称更改

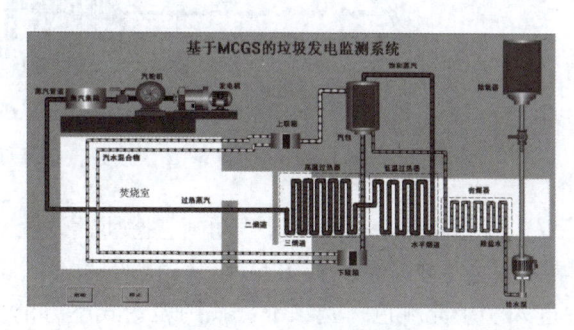

3）双击"启动"按钮，在弹出的"标准按钮构件属性设置"窗口中，选择"操作属性"选项卡，勾选"数据对象值操作"复选框，并将后方更改为"按 1 松 0""启动按钮"，单击"确认"按钮，如图 5-14 所示。

4）将停止按钮按图 5-15 所示制作。

图 5-14　启动按钮属性设置　　　　图 5-15　停止按钮属性设置

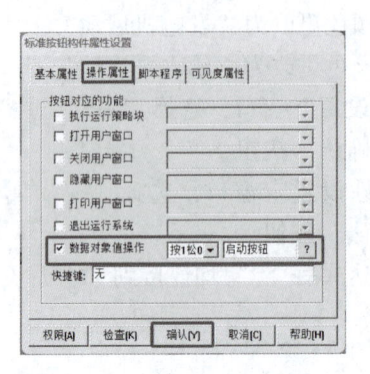

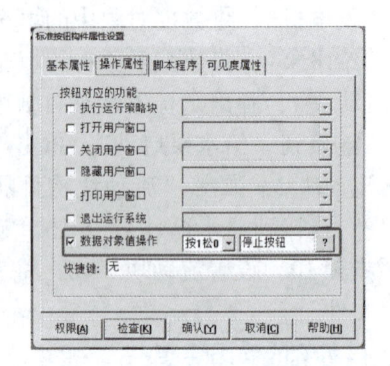

5）可通过对按钮下矩形进行以下设置验证按钮动画连接。双击矩形，弹出"动画组态属性设置"窗口，在颜色动画连接下选择填充颜色，进入"填充颜色"选项卡，单击"？"按钮，在弹出的菜单中选择"启动按钮"。单击增加按钮两次，将填充颜色连接项中 0 对应颜色改为灰色，1 对应颜色改为绿色。进入运行环境，单击"启动"按钮，可发现按钮颜色发生绿灰转变。

6）停止按钮动画连接也可按步骤 5）进行验证。

7）利用"矩形"工具和"椭圆"工具绘制如图 5-16 所示图案，将矩形颜色更改为"深灰色"，椭圆更改为"红色"，并将椭圆置于矩形的上方。

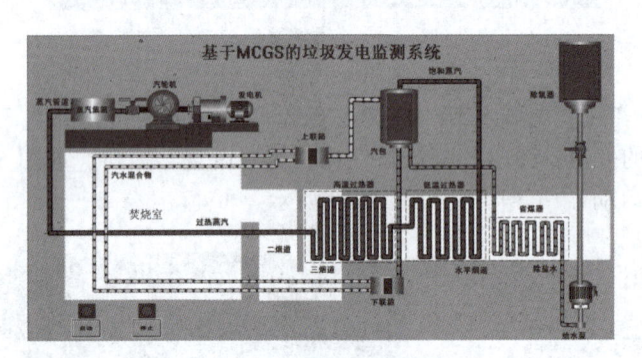

图 5-16　按钮、指示灯

8）双击红色椭圆，在弹出的"动画组态属性设置"窗口中，勾选"颜色动画连接"栏中的"填充颜色"复选框，如图 5-17（a）所示。

9）进入"填充颜色"选项卡，找到表达式下方的"？"并单击，在其中选择"启动指示灯"，在填充颜色连接的下方单击两次"增加"，会出现"0"和"1"两个颜色连接，单击"0"后面的颜色将其改为红色；单击"1"后面的颜色将其改为绿色，并单击"确认"按钮，如图 5-17（b）所示。

10）按步骤 8）、9）对停止指示灯进行设置。

11）可将步骤 9）里表达式后"？"连接到启动按钮，进入运行环境验证启动指示灯动画连接是否成功。同理，暂停指示灯也可按上述方法验证。

　　　　　　　　(a)　　　　　　　　　　　　(b)

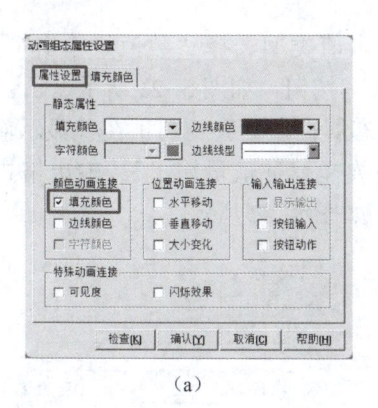

　　　　　　图 5-17　启动指示灯动画组态属性设置

3. 标签的动画制作

1）在工具栏中选择"标签"工具，绘制如图 5-18 所示标签，输入"***"符号，并将其填充为"白色"，边线选择"没有边线"，双击此标签，在弹出的"动画组态属性设置"窗口中，勾选"输入输出连接"栏中"显示输出"复选框，如图 5-19 所示。

标签动画

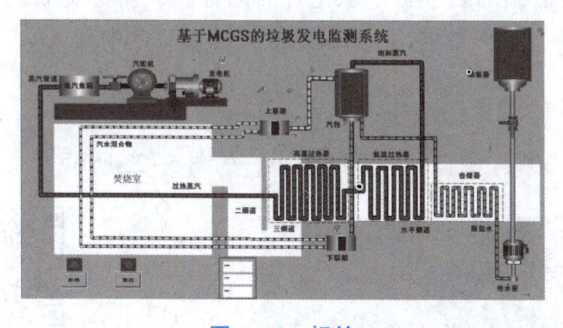

　　图 5-18　标签　　　　　　图 5-19　动画组态属性设置

2）再次选择"标签"工具；在图 5-20 的标签旁边输入备注，并将字体颜色调整为"蓝色"，字形为"粗体"，大小为"小三"。标签绘制完成如图 5-20 所示。

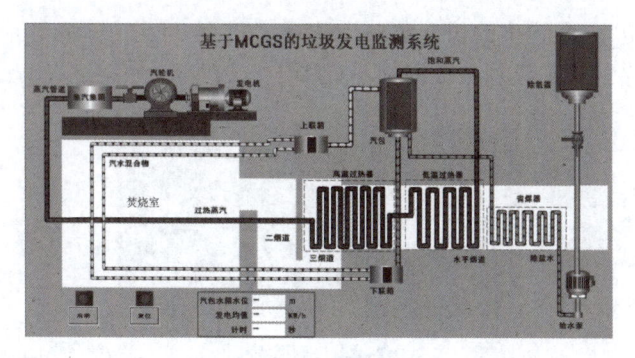

图 5-20　标签绘制完成

3）双击汽包水箱水位后的标签，弹出"动画组态属性设置"窗口，在"显示输出"选项卡中,将表达式更改为"汽包水箱水位",输出值类型选择"数值量输出",输出格式选择"向中对齐",小数位数为"2",单击"确认"按钮,如图5-21所示。

4)双击发电均值后的标签,弹出"动画组态属性设置"窗口,在"显示输出"选项卡中,将表达式更改为"发电均值",输出值类型选择"数值量输出",输出格式选择"向中对齐",小数位数为"1",单击"确认"按钮,如图5-22所示。

图5-21 动画组态属性设置　　　　图5-22 动画组态属性设置

5)计时后标签动画连接可在定时器添加后进行。双击计时后标签,将标签表达式更改为"定时器1计时",输出值类型选择"数值量输出",输出格式选择"向中对齐",小数位数为"1",单击"确认"按钮。

4. 汽轮机的动画制作

1)利用"插入原件",插入"泵30",调整到合适的大小,如图5-23所示。

图5-23 泵30

汽轮机动画

2)右击"泵30",在弹出的快捷菜单中选择"排列"→"分解单元"命令,选中泵30中任意一个扇叶删除,直到只剩一个扇叶,如图5-24所示。

图5-24 删除扇叶

3)选中剩余的扇叶,单击鼠标右键,在弹出的快捷菜单中选择"排列"→"分解图符"命令,单击编辑栏中的"转换多边形/多边形旋转状态切换",此时扇叶中央出现一个黄色的菱形，将其移动至泵中心的原点上，如图 5-25 所示。

4）复制三份该叶片，配合使用编辑栏中的"右旋 90 度"将其分布，如图 5-26 所示。

图 5-25　转换多边形　　　　　　图 5-26　扇叶

5）双击叶片，弹出"动画组态属性设置"窗口：

①在"属性设置"选项卡"特殊动画连接"栏中勾选"旋转动画"复选框，如图 5-27（a）所示。

②在"旋转动画"选项卡中将表达式更改为"汽轮旋转动画"，最大旋转角度为"90"，单击"确认"按钮，如图 5-27（b）所示。剩余三个叶片重复此操作。

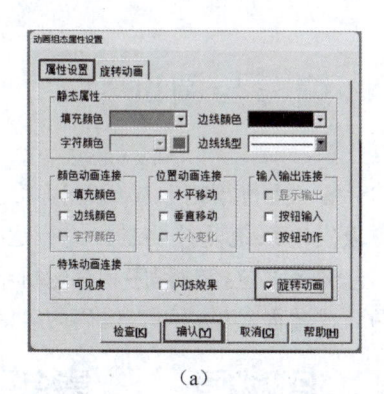

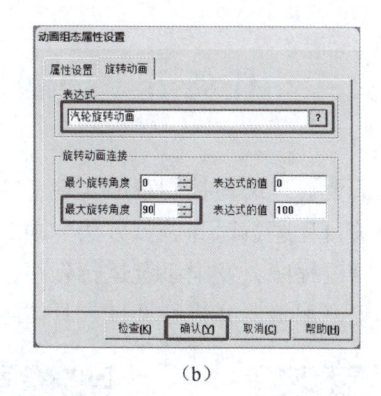

（a）　　　　　　　　　　　　（b）

图 5-27　动画组态属性设置

6）将整个"泵 30"全部选中，右击，在弹出的快捷菜单中选择"排列"→"合成单元"命令。

7）单击"编辑"，选择"保存元件"，在弹出的"对象元件库管理"窗口中，将"新图形"改名为"旋转汽轮"，单击"确定"按钮，再单击"保存"按钮，如图 5-28 所示。

图 5-28　对象元件库管理

145

8）将原有汽轮删除，插入新建好的"旋转汽轮"，并调整到合适大小。
9）可通过添加滑动输入器，验证汽轮机动画连接是否正确。

任务四　定时器的设置与使用

由于控制要求，系统需要一个定时器控制汽轮机、发电机、流动块（模拟水循环）开启等。MCGS 提供了定时器构件，可以利用它实现定时功能。

实时数据库中新增定时器 1 启动、定时器 1 计时、定时器 1 时间到、定时器 1 复位 4 个变量，并进行设置，具体操作可参见以下二维码内容。

定时器设置与使用跟我学　　　定时器设置

任务五　控制程序编写与调试

项目功能需要通过编写控制程序实现，MCGS 在"运行策略"中编写程序。

回顾前面项目程序编写与调试方法，根据垃圾发电系统监控要求，进行运行策略设置，并编写启动、复位程序，发电系统运行程序，汽包水箱水位控制程序和汽轮机给水泵控制程序，输入脚本程序编辑器并进行调试。具体编辑调试过程参见以下二维码内容。

控制程序编写与调试跟我学　　运行策略设置　　脚本程序编辑　　项目五　完整程序

任务六　制作与调试实时和历史报警窗口

实际运行时，可能会发生参数越限情况。报警显示是最基本的安全手段。

回顾项目四的操作方法，分别对"汽包水箱水位"进行实时报警和历史报警显示，具体操作过程可参见以下二维码内容。

项目五　基于 MCGS 的垃圾发电监测系统

实时报警、历史报警跟我学　　实时报警　　历史报警

> **总结：**
> 1. 若要进行历史报警，首先应该对存盘属性中哪个信息进行设置？（自动保存产生的报警信息）
> 2. 本任务，新建策略的类型是什么？（用户策略）
> 3. 新建策略行添加一个什么构件显示报警信息？（报警信息浏览）
> 4. 报警信息浏览构件在哪里可以找到？（策略工具箱）
> 5. 增加"历史报警"菜单，应该在工作台哪个窗口中进行设置？（主控窗口）

任务七　制作与调试实时和历史报表

所谓报表，就是将数据以表格形式显示和打印出来，常用报表有实时报表和历史报表，历史报表又有班报表、日报表、月报表等。数据报表在工控系统中是必不可少的一部分，是对生产过程中系统监控对象状态的综合记录。

回顾项目四操作方法，分别对"汽包水箱水位"进行实时报表和历史报表输出，具体操作步骤可参见以下二维码内容。

实时报表、历史报表跟我学　　实时报表　　历史报表

> **总结：**
> 1. 视频中制作历史报表前首先需要干什么？（在实时数据库中将需要历史报表输出的数据对象存盘）
> 2. 历史表格构件在哪里可以找到？（工具箱倒数第 5 行第 2 列）

任务八　制作与调试实时和历史曲线

对生产过程的重要参数进行曲线显示有两个好处：一是评价过去的生产情况，二是预测

以后的生产趋势,包括实时曲线显示和历史曲线显示两种形式。

回顾项目四操作方法,分别对"汽包水箱水位"进行实时曲线和历史曲线显示,具体操作步骤可参见以下二维码内容。

实时曲线、历史曲线跟我学　　　实时曲线　　　历史曲线

【项目报告】

具体模板和要求详见以下二维码内容。

项目五　项目报告模板

【评价反馈】

评价主要包括学生评价、教师评价以及企业导师评价,如表5-6和表5-7所示。其中学生评价包括小组内自评、互评,学生要在完成项目的过程中逐步完成评价,可以按照不同人员评分比重给予不同分值,然后总分按照比例压缩至满分100分。

表5-6　组内评价表

序号	评价内容	分值	组长评价	组员1	组员2	组员3	组员4	组员5	组员6	自评评价
1	比例/%	100								
2	对应满分	100								
3	工艺过程分析									
4	收集所有 I/O 点信息									
5	绘制监控画面草图									
6	建立实时数据库									
7	绘制静态画面									
8	添加动态属性									
9	控制功能的设置									

续表

序号	评价内容	分值	组长评价	组员1	组员2	组员3	组员4	组员5	组员6	自评评价
10	分段和总体调试									
11	报警制作									
12	历史、实时报表									
13	历史、实时曲线									
14	合计									
	总分：									

主观性评价：

综合评价如表 5-7 所示。

表 5-7 综合评价

项目名称						
班级				日期		
姓名				组号		组长
序号	评价项任务			比例	分值	得分
1	学生评价		小组自评			
			小组互评			
2	教师评价		调试排故			
			调试报告			
3	企业导师评价		项目汇报			
总分						

【常见问题解答】

1. 流动块流动方向异常

双击流动块，进入"流动块构件属性设置"窗口，修改流动方向。

2. 液位显示异常

检查液管动画连接是否正常，检查脚本程序是否编写了液位变化。

3. 历史报表无法显示

检查报表连接，检查"组对象"定期存盘属性，检查"汽包水箱水位"定期存盘属性。

【项目拓展】

在项目生产中"除盐水经过两级省煤器吸收尾部烟气温度后引入炉膛下部环形进口联箱，通过螺旋管圈水冷壁吸收垃圾焚烧产生的热量及高温烟气的热量而后到达汽包"，请大家按照这段描述，修改项目画面。

【能量驿站】

牢守安全生产底线　　打造美好明天

2024年5月某公司尿素车间液氨缓冲罐气相管线卡具注胶加固过程中，液氨突然泄漏，2名作业人员及现场1名巡检人员中毒晕倒，造成2人死亡，1人受伤。该起事故暴露出事故企业对异常工况处置不当、装置打卡子带"病"运行、隐患未及时消除、作业现场人员管控不到位等突出问题。各地区、有关化工企业要认真吸取事故教训。

抓好安全生产，要坚持预防为主。隐患就是事故，预防重于泰山。健全风险防范化解机制，需做到关口前移、重心下移，加强源头管控，夯实安全基础，强化灾害事故风险评估、隐患排查、监测预警，综合运用人防、物防、技防等手段，真正把问题解决在萌芽之时、成灾之前。

抓好安全生产，要坚持精准治理。科学认识和系统把握灾害事故致灾规律，统筹事前、事中、事后各环节，差异化管理、精细化施策，才能做到预警发布精准、抢险救援精准、恢复重建精准、监管执法精准。

抓好安全生产，要坚持社会共治。安全生产是事关人民群众生命财产安全的头等大事。每一起安全事故，都可能给家庭带来无法修复的创伤，给社会带来无法弥补的损失。要加强应急科普宣教，弘扬安全文化，普及安全知识，不断提高全社会安全意识，营造"人人讲安全，个个会应急"的良好氛围。

只有安全基础牢固，高质量发展的大厦才能稳固；只有安全保障有力，高质量发展的道路才能畅通。全社会要从思想认识和行动实践全面强化安全生产工作，将安全发展理念内化于心、外化于行。

项目六 综合项目

导读

本项目为项目二、三、四、五的综合项目，引导学生串联四大项目，实现完整垃圾焚烧发电监控系统，突出训练学生的项目综合能力。学生要在熟悉垃圾焚烧发电流程的基础上，掌握前序项目的制作，完成本项目。项目要求学生厘清思路、衔接项目，按照工艺流程监控要求实现项目开发。

【项目准备】

学习情境描述　　　　　　学习情境描述　　　　　　安全小提示——进入工厂，安全先行

垃圾焚烧发电监控系统运行主体包括垃圾接收监控系统、垃圾焚烧监控系统、烟气污水净化系统、垃圾发电监测系统等。

1）生活垃圾每天由专用的垃圾车，经地磅计量后，将垃圾卸入垃圾池，经过一定时间的发酵，同时排出渗沥液，工作人员通过垃圾吊堆料、投料。

2）垃圾经过进料斗及溜槽后，被推料器推到炉排上进行干燥、着火、燃烧、燃烬，垃圾燃烬后的炉渣经落渣口进入除渣机。

3）垃圾焚烧产生的热能，提供给汽轮发电机组发电。

4）烟气由余热锅炉排出后，经过 SNCR 脱硝系统、半干法（旋转喷雾器）脱硫系统、布袋除尘器等净化工艺处理，使烟气中各成分浓度符合可以直接排放的标准。

您知道吗？

生活垃圾无害化、减量化、资源化处置，有效解决了生活垃圾出路问题，可节约填埋空间的同时，实现二氧化碳减排，通过垃圾焚烧每年产生绿色电力，取得了良好的社会效益和经济效益。

学习目标

知识目标	1. 熟悉静态画面制作、动画连接操作； 2. 掌握 MCGS 多个定时器设置与使用； 3. 熟悉脚本程序语法规则； 4. 内化实时报警和历史报警构件的功能、实时报表和历史报表构件的功能、实时曲线和历史曲线的功能
技能目标	1. 能够分析项目变量，并正确设置变量的类型和初值； 2. 会按要求进行多个项目动画连接协调； 3. 能合并多个程序，并对程序进行二次开发与调试
素养目标	1. 项目综合、分析能力； 2. 分析问题、解决问题能力； 3. 民族自豪感、勇于创新、团队自信心
教学重点	1. 尝试按照单独项目控制要求确定整体控制方案； 2. 按照控制要求添加、修改动画连接，测试动画连接是否成功； 3. 创建实时报警、历史报警、实时报表、历史报表、实时曲线、历史曲线，进行正确设置并调试成功
教学难点	1. 分析监控系统功能，确定系统所需变量； 2. 分段调试方法进行程序的二次开发与调试
建议学时	6 学时
推荐教学方法	每一个项目都是由复杂的系统按照流程分解为相对简单的部分，要求学生在前序实现简单项目的基础上，能将其合并融合为一个综合项目。所以在教学中主要是引导，帮助分析问题，找到解决办法。尤其是调试的时候，可能问题会比较多
推荐学习方法	先确定好控制方案、提出解决办法的基础上去动手操作，可以避免很多误区

任务书

回顾并分析项目二、项目三、项目四、项目五，然后按照模块自行制定项目任务，并填表 6-1。

项目任务要求

表 6-1 任务书设计表

时间/s	任务内容	备注

按照工艺流程监控要求，系统要求具有以下功能，如表6-2所示。

表 6-2　系统要求

控制要求	按下启动按钮，定时器 5 启动
	大于 0 s，启动定时器 1，进行卸料、堆料操作，48 s 一个周期
	大于 42 s，启动定时器 2，进行垃圾焚烧操作，30 s 一个周期
	大于 63 s，启动定时器 3 和 4，进行有害物去除，过程中产生高压蒸汽推动汽轮机运转
	按下暂停按钮 1. 暂停卸料、堆料操作，按下启动按钮后继续操作； 2. 暂停垃圾焚烧操作，按下启动按钮后继续操作； 3. 排风扇停止运行，按下启动按钮后继续操作； 4. 发电系统停止运行，按下启动按钮后继续操作
	按下复位按钮 1. 完成本周期卸料、堆料操作后，停止运行，按下启动按钮后重新操作； 2. 完成本周期垃圾焚烧操作后，停止运行，按下启动按钮后重新操作； 3. 烟气污水净化系统将所有变量复位，按下启动按钮后重新操作； 4. 发电监测系统停止运行，按下启动按钮后重新操作
监视要求	1. 监控画面：4 个，垃圾接收监控画面、垃圾焚烧监控画面、烟气污水净化画面、垃圾发电监测画面； 2. 报警窗口：有害物质和汽包水箱水位的实时报警和历史报警； 3. 曲线显示：有害物质和汽包水箱水位的实时曲线和历史曲线； 4. 报表输出：有害物质和汽包水箱水位的实时报表和历史报表
安全设置	1. 设置工程师组和操作员组，分别包含工程师 A、工程师 B 和操作员 A、操作员 B 两个用户； 2. 权限设置：工程师组可登录退出运行环境，可操作画面上的"启动""暂停""复位"3 个按钮；操作员组不能登录退出运行环境，可操作画面上的"启动""暂停""复位"3 个按钮

任务实施提示：
1）注意分析流程之间时间重叠部分；
2）任务分工可以按照工艺前后顺序；
3）可以尝试成立难题攻坚小组；
4）注意小组间相互交流，及时纠错、整改。

任务分组

表 6-3 所示为任务分组。

表 6-3　任务分组

班级		组号		指导教师	
组长		学号		日期	
组员	姓名	学号	姓名	学号	

任务分工：

任务分析

引导问题 1：本项目为综合性项目，思考如何在一个工程中建立项目二~项目五画面。

_____

_____

引导问题 2：若一项目中需要用到多个定时器，可在运行策略中添加多个定时器，那么若要添加项目二~项目五修改后程序，思考是否可以通过创建 4 个脚本程序将对应程序添加进去，以及这样做有什么好处。

_____

_____

_____

工作计划

1. 制定工作方案

按照前文提示，制定综合项目开发步骤，小组讨论并按照工作量分配子任务，相对复杂的子任务可以由两位学生一起完成，并填表 6-4。

表 6-4　任务分配

步骤	工作内容	负责人
1		
2		
3		
4		
5		

续表

步骤	工作内容	负责人
6		
7		
8		

2. 列出任务涉及的功能模块

表6-5所示为工作方案。

表6-5　工作方案

工作内容	效果实现方案	软件模块选择

进行决策

1）各组派代表阐述设计方案。
2）各组对其他组的设计方案提出自己不同的看法。
3）教师结合学生完成的情况进行点评，选出最佳方案。
最佳方案框架：

【项目实施】

任务一　定义变量

在 MCGS 中，变量也叫数据对象。工程建立后首先需要定义变量。

1）将前四个项目用到的所有变量全部添加。

> 小提示：
> 项目中所有变量不能重名，如有相同，请自行修改。

2）新增表 6-6 中定时器对象。

表 6-6　定时器对象

对象名称	类型	注释
定时器 2 启动	开关型	定时器启动命令
定时器 2 复位	开关型	定时器复位命令
定时器 2 时间到	开关型	定时器计时标志
定时器 2 计时	数值型	定时器计时
定时器 3 启动	开关型	定时器启动命令
定时器 3 复位	开关型	定时器复位命令
定时器 3 时间到	开关型	定时器计时标志
定时器 3 计时	数值型	定时器计时
定时器 4 启动	开关型	定时器启动命令
定时器 4 复位	开关型	定时器复位命令
定时器 4 时间到	开关型	定时器计时标志
定时器 4 计时	数值型	定时器计时
定时器 5 启动	开关型	定时器启动命令
定时器 5 复位	开关型	定时器复位命令
定时器 5 时间到	开关型	定时器计时标志
定时器 5 计时	数值型	定时器计时

3）保存文件。

任务二 设计与编辑画面

1. 新建画面

1）单击"用户窗口"选项卡,进入"用户窗口"。

2）单击"新建窗口",出现"窗口0"图标,如图6-1所示。

3）右击"窗口0"图标,选择"属性",如图6-2所示。

4）弹出"用户窗口属性设置"窗口,按图6-3所示设置,单击"确认"按钮。

5）如图6-4所示,"窗口0"图标已变为"垃圾接收监控系统"。

设计与编辑画面

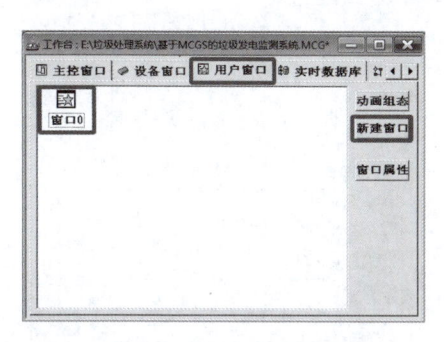

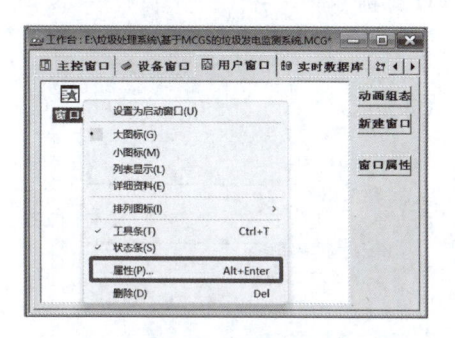

图6-1 新建用户窗口　　　　　　　　图6-2 进入用户窗口的属性设置

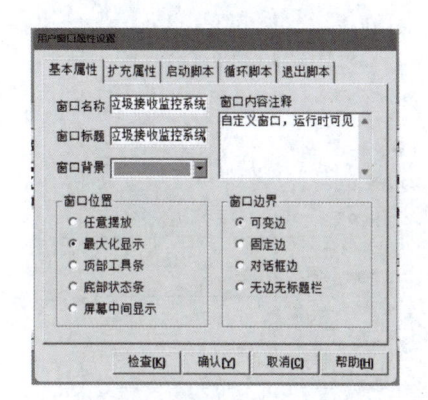

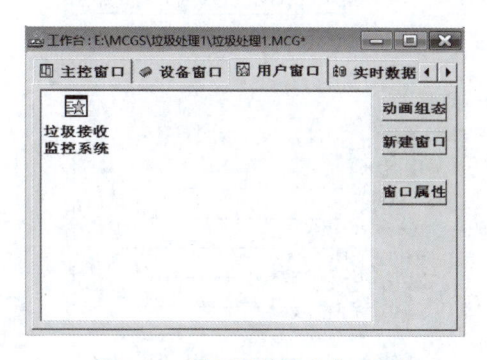

图6-3 设置用户窗口属性　　　　　　图6-4 设置后的用户窗口图标

6）选中"垃圾接收监控系统",单击鼠标右键,在弹出的快捷菜单中选中"设置为启动窗口",则当MCGS运行时,将自动加载该窗口。

7）用上述方法,建立其余三个画面,画面名称分别为"垃圾焚烧监控系统""烟气污水净化系统""垃圾发电监测系统"。

2. 编辑画面

1）将项目三的画面复制到"垃圾接收监控系统"窗口中,单击"保存"按钮。

2）将项目二的画面复制到"垃圾焚烧监控系统"窗口中,单击"保存"按钮。

3）将项目四的画面复制到"烟气污水净化系统"窗口中,单击"保存"按钮。

157

4）将项目五的画面复制到"垃圾发电监测系统"窗口中，单击"保存"按钮。

任务三　定时器的设置与使用

定时器的设置与使用

　　本项目需要使用 5 个定时器，分别为"定时器 1""定时器 2""定时器 3""定时器 4""定时器 5"。定时器设置如图 6-5 所示。

> **小提示：**
> 　　可能会出现因数据对象重名修改后，画面动画错乱，导致不能保存的问题，可自行修改正确后再保存。

(a)

(b)

(c)

(d)

图 6-5　定时器设置

(a) 定时器 1 设置；(b) 定时器 2 设置；(c) 定时器 3 设置；(d) 定时器 4 设置

（e）

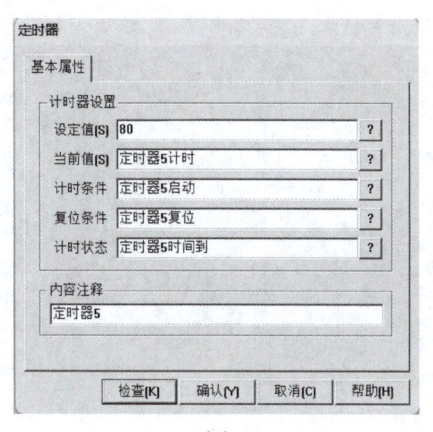

图 6-5 定时器设置（续）
（e）定时器 5 设置

任务四　控制程序编写与调试

按照系统任务要求进行调试。

1. 运行策略的设置

1）本项目需要建立五个脚本程序，分别命名为脚本程序 1~5，其中脚本程序 5 为主程序，脚本程序 1~4 为子程序。

2）将"垃圾接收监控系统"脚本程序复制到脚本程序 1 中。

3）将"垃圾焚烧监控系统"脚本程序复制到脚本程序 2 中。

4）将"烟气污水净化系统"脚本程序复制到脚本程序 3 中。

5）将"垃圾发电监测系统"脚本程序复制到脚本程序 4 中。

6）在脚本程序 5 中编写主程序。

2. 完整控制程序

（1）主程序的编写与调试（脚本程序 5）

1）输入启动、暂停、复位程序。

```
1.'启动
2.IF 启动按钮=1 THEN
3.    启动指示灯=1
4.    暂停指示灯=0
5.    复位指示灯=0
6.ENDIF
7.IF 启动指示灯=1 THEN
8.    定时器 5 复位=0
9.    定时器 5 启动=1
10.ENDIF
```

程序编写思路

运行策略的设置

主程序的编写与调试

159

11.'暂停
12.IF 暂停按钮=1 THEN
13.   启动指示灯=0
14.   复位指示灯=0
15.   暂停指示灯=1
16.ENDIF
17.IF 暂停指示灯=1 THEN
18.   定时器5复位=0
19.   定时器5启动=0
20.ENDIF
21.'复位
22.IF 复位按钮=1 THEN
23.   复位指示灯=1
24.   启动指示灯=0
25.   暂停指示灯=0
26.ENDIF
27.IF 定时器5时间到=1 THEN
28.   定时器5复位=1
29.   IF 复位指示灯=1 THEN
30.   定时器5启动=0
31.   复位指示灯=0
32.   ENDIF
33.   ELSE
34.   定时器5复位=0
35.ENDIF

2）调试方法。

按下启动按钮后，定时器5开始运行，定时器5时间到后，判断是否按下复位，如果按下复位，定时器5停止运行，否则定时器5复位后重新计时。

3）子程序控制。

> **试一试：**
> 上面程序能否再优化，开动脑筋想一想，并尝试进行调试。

1.IF 定时器5启动=1 THEN
2.IF 定时器5计时 >0 AND 定时器5计时 <=48 THEN
3.   定时器1复位=0   '在0 s后开启脚本程序1定时器1
4.   定时器1启动=1
5.ENDIF
6.IF 定时器5计时 >=42 AND 定时器5计时 <=72 THEN
7.   定时器2复位=0   '在42 s后开启脚本程序2定时器2
8.   定时器2启动=1

```
9. ENDIF
10. IF 定时器5计时 >=63 AND 定时器5计时 <=70 THEN
11.     定时器3复位=0    '在63 s后开启脚本程序3、4的定时器3、4
12.     定时器3启动=1
13.     定时器4复位=0
14.     定时器4启动=1
15. ENDIF
16. IF 定时器5计时 >70 THEN
17.     IF 复位指示灯=1 THEN
18.         定时器5启动=0
19.         定时器5复位=1
20.         复位指示灯  =0
21.     ENDIF
22. ENDIF
23. ELSE
24.     定时器1启动=0
25.     定时器2启动=0
26.     定时器3启动=0
27.     定时器4启动=0
28. ENDIF
```

4）调试方法。

通过定时器5来控制四个子程序的运行，0~48 s脚本程序1开始运行，42~72 s脚本程序2开始运行，63 s后脚本程序3和4开始运行。

脚本程序1-4的修改与调试

（2）脚本程序1的修改与调试

1）将原启动、复位、暂停控制程序删除，修改如下：

```
在原定时器1,0~48 s程序中增加一级条件嵌套,程序如下:
IF 定时器5启动=1 THEN
定时器1复位=0
ENDIF
```

2）调试方法。

将项目二启动由按钮控制，转为由"定时器5启动"控制，其余脚本程序保持不变。

（3）脚本程序2的修改与调试

1）将原启动、复位、暂停控制程序删除，修改如下：

```
在原定时器2,0~30 s程序中增加一级条件嵌套,程序如下:
IF 定时器5启动   =1 THEN
定时器2复位=0
ENDIF
```

2）调试方法。

将项目三启动由按钮控制，转为由"定时器5启动"控制，其余脚本程序保持不变。

(4) 脚本程序 3 的修改与调试

1) 将原启动控制程序删除,修改如下:

```
原暂停、复位程序如下:
1.' 暂停
2.IF 暂停指示灯=1 THEN
3.    排风扇=0
4.ENDIF
5.' 复位
6.IF 复位指示灯=1 THEN
7.    脱硝一号喷头=0
8.    脱硝二号喷头=0
9.    脱硝三号喷头=0
10.   脱硝四号喷头=0
11.   石灰浆一号喷头=0
12.   石灰浆二号喷头=0
13.   石灰浆三号喷头=0
14.   石灰浆四号喷头=0
15.   一氧化碳含量=0
16.   氮氧化物含量=0
17.   二氧化硫含量=0
18.   氯化氢含量=0
19.   颗粒物含量=0
20.   氮氧化物超标=0
21.   二氧化硫超标=0
22.   排风扇=0
23.ENDIF
在原定时器 3,0~5 s 程序中增加一级条件嵌套,程序如下:
IF 定时器 5 启动   =1 THEN
定时器 3 复位=0
ENDIF
```

2) 调试方法。

将项目四启动由按钮控制,转为由"定时器 5 启动"控制,按下暂停键,排风扇停止运行,按下复位键,将所有变量清零,其余脚本程序保持不变。

(5) 脚本程序 4 的修改与调试

1) 将原启动控制程序删除,修改程序如下:

```
复位与暂停如下:
1.IF 复位指示灯=1   OR 暂停指示灯=1 THEN
2.    汽包水箱水位=0
3.    汽轮启动=0
4.    发电机启动=0
5.    给水泵启动=0
```

```
6.   水循环=0
7.   发电均值=0
8.ENDIF
其余程序中增加一级条件嵌套,程序如下:
IF 定时器5启动  =1 THEN
定时器4复位=0
ENDIF
```

2）调试方法。

将项目五启动由按钮控制，转为由“定时器5启动”控制，当按下复位键或暂停键后，系统停止运行。

项目六
完整程序

任务五 制作与调试实时和历史报警窗口

实际运行时，可能会发生参数越限情况。报警显示是最基本的安全手段。

1. 实时报警

运行过程中实时报警窗口的显示效果如图6-6所示，由图可以看出其报警内容比较丰富。

时间	报警类型	报警事件	当前值	界限值	报警描述
01-24 0	上限报警	报警产生	120.0	100.0	Data0上限报
01-24 0	上限报警	报警结束	120.0	100.0	Data0上限报
01-24 0	上限报警	报警应答	120.0	100.0	Data0上限报

图6-6 运行过程中实时报警窗口的显示效果

实时报警窗口制作步骤与项目五实时报警一致，具体参见项目五。

2. 历史报警

历史报警窗口的制作步骤与项目五历史报警类似，在实时数据库中新建“报警组”对象，组成员包含“氮氧化物含量”“二氧化硫含量”“颗粒物含量”“氯化氢含量”“一氧化碳含量”，随后按照项目五步骤设置，最终进入运行环境。历史报警显示如图6-7所示。

报警信息浏览

序号	报警对象	报警开始	报警结束	报警类型	报警值	报警限值	报警应答	内容注释
1	汽包水箱水位	02-21 15:12:04	02-21 15:12:05	下限报警	0.0	1		汽包水箱没水了
2	颗粒物含量	02-21 15:12:07	02-21 15:12:09	上限报警	30.1	30		颗粒物含量超标
3	一氧化碳含量	02-21 15:12:11	02-21 15:12:11	上限报警	100.1	100		一氧化碳含量超标
4	一氧化碳含量	02-21 15:12:11	02-21 15:12:11	上限报警	100.2	100		一氧化碳含量超标
5	二氧化硫含量	02-21 15:12:11	02-21 15:12:11	上限报警	100.1	100		二氧化硫超标
6	二氧化硫含量	02-21 15:12:11	02-21 15:12:15	上限报警	100.2	100		二氧化硫超标
7	颗粒物含量	02-21 15:12:13	02-21 15:12:14	上限报警	30.0	30		颗粒物含量超标
8	一氧化碳含量	02-21 15:12:13	02-21 15:12:14	上限报警	100.2	100		一氧化碳含量超标
9	氯化氢含量	02-21 15:12:14	02-21 15:12:14	上限报警	60.0	60		氯化氢含量超标
10	氯化氢含量	02-21 15:12:14	02-21 15:12:14	上限报警	60.1	60		氯化氢含量超标
11	汽包水箱水位	02-21 15:12:16	02-21 15:12:16	上限报警	8.0	8		汽包水箱水满了
12	颗粒物含量	02-21 15:12:18	02-21 15:12:19	上限报警	30.1	30		颗粒物含量超标
13	一氧化碳含量	02-21 15:12:18	02-21 15:12:19	上限报警	100.2	100		一氧化碳含量超标
14	氯化氢含量	02-21 15:12:18	02-21 15:12:19	上限报警	60.0	60		氯化氢含量超标
15	氯化氢含量	02-21 15:12:19	02-21 15:12:19	上限报警	60.0	60		氯化氢含量超标
16	一氧化碳含量	02-21 15:12:19	02-21 15:12:19	上限报警	100.1	100		一氧化碳含量超标
17	二氧化硫含量	02-21 15:12:20	02-21 15:12:25	上限报警	100.1	100		二氧化硫超标
18	氮氧化物含量	02-21 15:12:23	02-21 15:12:24	上限报警	300.0	300		氮氧化物超标
19	颗粒物含量	02-21 15:12:23	02-21 15:12:24	上限报警	30.0	30		颗粒物含量超标
20	一氧化碳含量	02-21 15:12:23	02-21 15:12:24	上限报警	100.1	100		一氧化碳含量超标
21	氯化氢含量	02-21 15:12:23	02-21 15:12:24	上限报警	60.0	60		氯化氢含量超标
22	颗粒物含量	02-21 15:12:28	02-21 15:12:29	上限报警	30.1	30		颗粒物含量超标
23	一氧化碳含量	02-21 15:12:28	02-21 15:12:29	上限报警	100.0	100		一氧化碳含量超标
24	氯化氢含量	02-21 15:12:28	02-21 15:12:29	上限报警	60.1	60		氯化氢含量超标
25	氮氧化物含量	02-21 15:12:29	02-21 15:12:29	上限报警	300.1	300		氮氧化物超标
26	氮氧化物含量	02-21 15:12:29	02-21 15:12:29	上限报警	300.2	300		氮氧化物超标
27	颗粒物含量	02-21 15:12:29	02-21 15:12:29	上限报警	30.0	30		颗粒物含量超标
28	汽包水箱水位	02-21 15:12:30	02-21 15:12:30	上限报警	8.0	8		汽包水箱水满了
29	颗粒物含量	02-21 15:12:33	02-21 15:12:34	上限报警	30.0	30		颗粒物含量超标

图6-7 历史报警显示

任务六　制作与调试实时和历史曲线

1. 实时曲线

实时曲线的制作步骤与项目五实时曲线类似，要求显示"氮氧化物含量""二氧化硫含量""颗粒物含量""氯化氢含量""一氧化碳含量"等有害物质和"汽包水箱水位"的曲线，并制作"曲线显示"菜单，最终进入运行环境。实时曲线显示如图 6-8 所示。

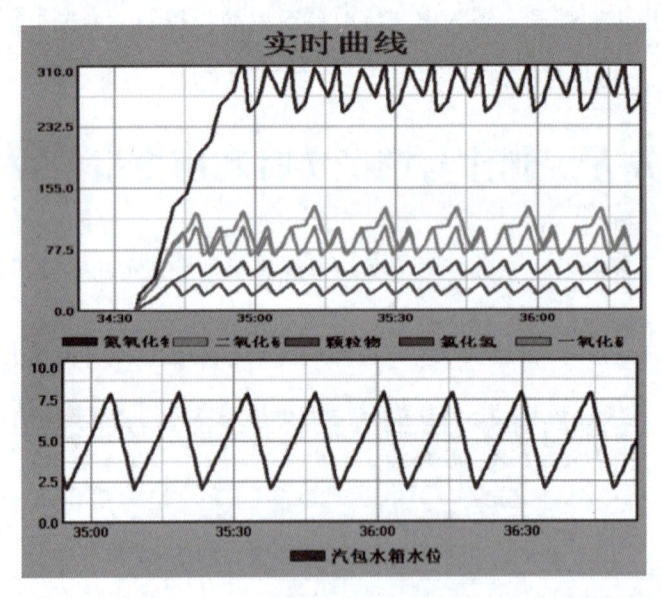

图 6-8　实时曲线显示

2. 历史曲线

历史曲线的制作步骤与项目五历史曲线类似，要求显示"氮氧化物含量""二氧化硫含量""颗粒物含量""氯化氢含量""一氧化碳含量"等有害物质的历史曲线，最终进入运行环境。历史曲线显示如图 6-9 所示。

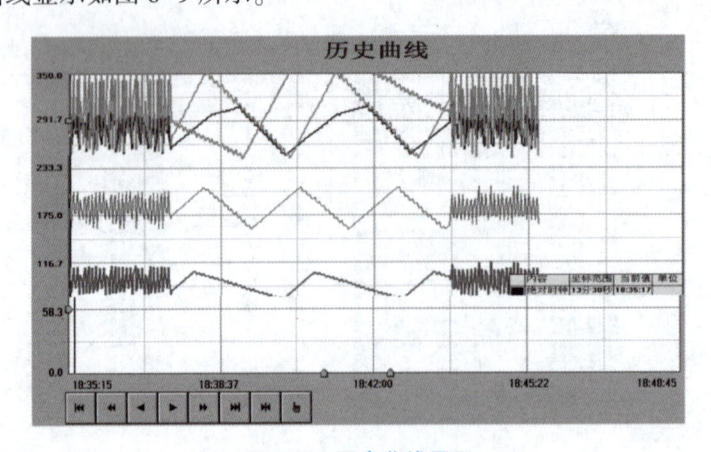

图 6-9　历史曲线显示

任务七　制作与调试实时和历史报表

1. 实时报表

实时报表的制作步骤与项目五实时报表类似，要求对"氮氧化物""二氧化硫""颗粒物""氯化氢""一氧化碳"等有害物质和"汽包水箱水位"数据进行报表输出，并制作"报表输出"菜单，最终进入运行环境。实时报表输出显示如图6-10所示。

实时报表	
一氧化碳	72.0
氮氧化物	284.1
二氧化硫	105.6
氯化氢	47.2
颗粒物	20.3
汽包水箱水位	7.5

图6-10　实时报表输出显示

2. 历史报表

历史报表的制作步骤与项目五历史报表类似，要求对"氮氧化物""二氧化硫""颗粒物""氯化氢""一氧化碳"等有害物质和"汽包水箱水位"数据进行报表输出，最终进入运行环境。历史报表输出显示如图6-11所示。

采集时间	一氧化碳	氮氧化物	二氧化硫	氯化氢	颗粒物	汽包水箱水位
2024-02-21 18:48:52	70.0	287.6	104.5	46.0	22.0	6.3
2024-02-21 18:48:51	94.6	300.4	103.9	54.8	30.9	7.6
2024-02-21 18:48:50	98.9	294.0	97.0	58.9	32.2	7.6
2024-02-21 18:48:49	85.6	271.9	85.0	53.3	27.1	7.0
2024-02-21 18:48:48	76.3	258.7	75.9	49.1	22.9	6.3
2024-02-21 18:48:47	70.4	252.8	71.0	46.1	21.5	5.7
2024-02-21 18:48:46	93.6	282.5	89.6	54.6	30.8	5.1

图6-11　历史报表输出显示

> **小提示：**
> 　　MCGS组态软件提供了一套完善的安全机制，用户能够自由组态控制菜单、按钮和退出系统的操作权限，只允许有操作权限的操作员才能对某些功能进行操作。MCGS还提供了工程密码、锁定软件狗、工程运行期限等功能，来保护使用MCGS组态软件开发所得的成果，开发者可利用这些功能保护自己的合法权益。

任务八 安全机制

MCGS 系统采用用户组和用户的概念来进行操作权限的控制。在 MCGS 中可以定义多个用户组，每个用户组中可以包含多个用户，同一个用户可以隶属于多个用户组。操作权限的分配是以用户组为单位来进行的，即某种功能的操作哪些用户组有权限，而某个用户能否对这个功能进行操作取决于该用户所在的用户组是否具备对应的操作权限。

安全机制

MCGS 系统按用户组来分配操作权限的机制，使用户能方便地建立各种多层次的安全机制，某个用户具有什么样的操作权限是由该用户所隶属的用户组来确定的。

权限设置任务如表 6-7 所示。

表 6-7 权限设置任务

用户组	用户	操作权限
管理员组	管理员 A 管理员 B	1. 可登录退出运行环境； 2. 可操作画面上的"启动""暂停""复位"3 个按钮
操作员组	操作员 A 操作员 B	不能登录退出运行环境，可操作画面上的"启动""暂停""复位"3 个按钮

1. 定义用户组和用户

1）在工具栏中找到"工具"选项，单击"用户权限管理"，如图 6-12 所示。

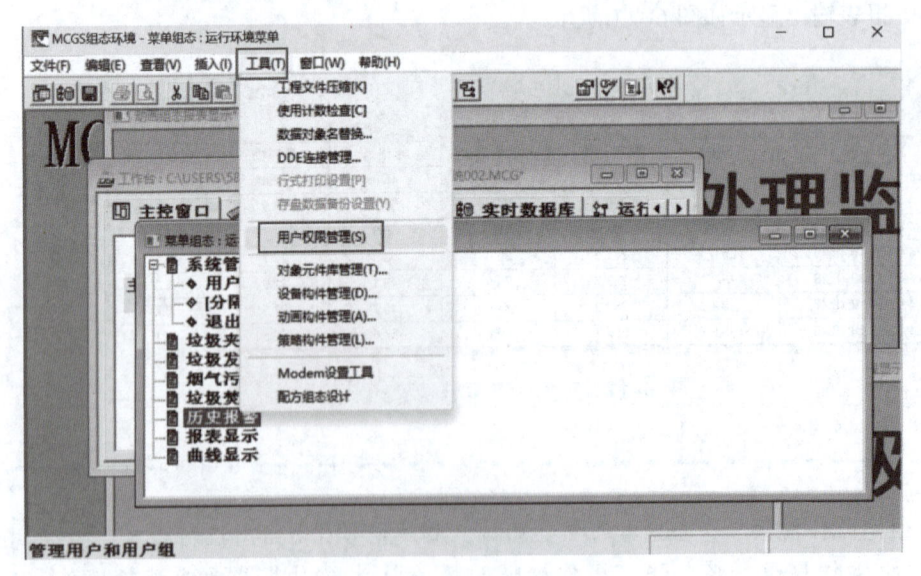

定义用户组和用户组

图 6-12 用户权限管理

2）在弹出的"用户管理器"窗口中，单击用户组名下方的空白处，然后单击"新增用户组"，弹出"用户组属性设置"窗口，将用户组名称更改为"管理员组"，用户组描述填写"可登录退出系统,并可操作按钮",单击"确认"按钮,如图 6-13 所示。

3)重复步骤 2),新增"操作员组",如图 6-14 所示。

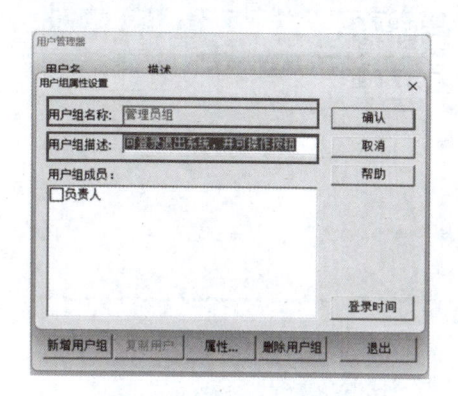

图 6-13　用户组属性设置　　　　　　图 6-14　新增"操作员组"

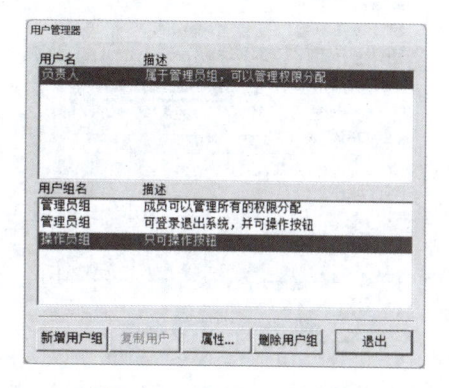

4)单击用户名下方空白处,然后单击"新增用户",在弹出的"用户属性设置"窗口中,将用户名称改为"管理员 A",用户密码和确认密码均为"123"(输入密码后窗口默认显示为∗∗∗),在隶属用户组处勾选第 2 个"管理员组",如图 6-15 所示。

5)重复步骤 4),新增用户"管理员 B",隶属于"管理员组";新增用户"操作员 A""操作员 B",均隶属于"操作员组"。

6)整体添加完毕后如图 6-16 所示,单击"退出"按钮。

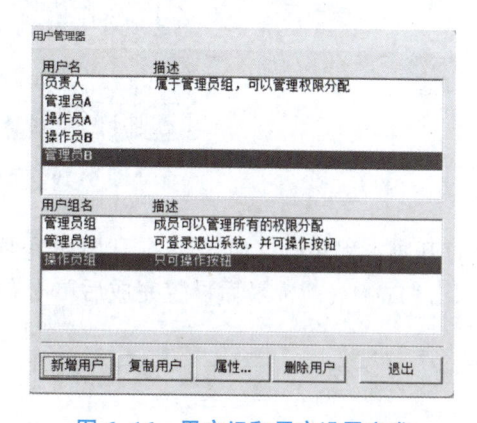

图 6-15　用户属性设置　　　　　　图 6-16　用户组和用户设置完成

2. 权限设置

(1)系统权限设置

1)右击"主控窗口",打开"主控窗口属性设置",在"基本属性"选项卡系统运行权限设置下方选中"进入登录,退出登录",然后单击"权限设置",如图 6-17 所示。

系统权限设置

2)在弹出的"用户权限设置"窗口中,勾选第 2 个"管理员组",单击"确认"按钮并存盘,如图 6-18 所示。

167

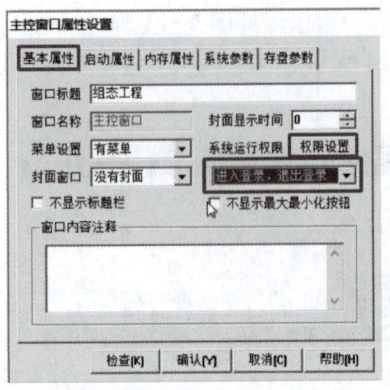

图 6-17　属性设置 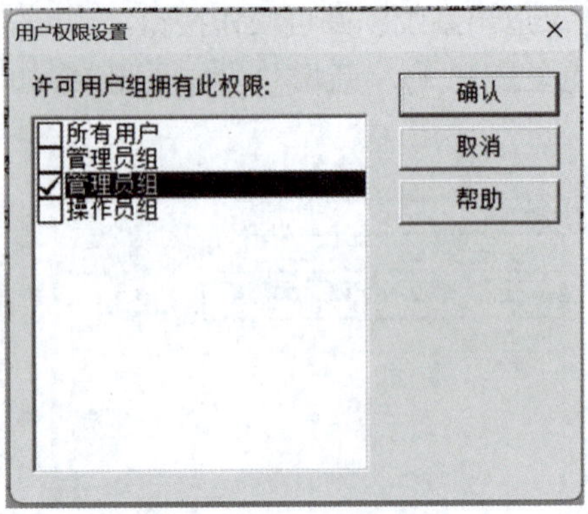　　　　　　　　　　图 6-18　属性设置

3) 进入主控窗口，右击"用户窗口管理"，单击"新增菜单"，双击新弹出的"操作0"。
①打开"菜单属性设置"窗口，将菜单名改为"用户登录"，如图 6-19 所示。

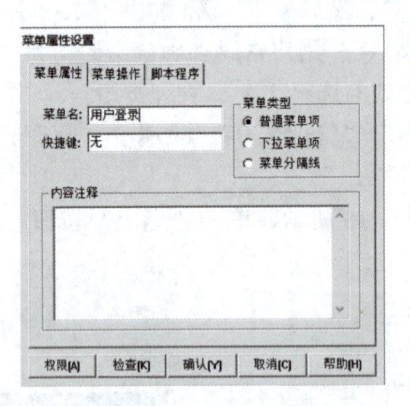

图 6-19　菜单属性设置

②打开脚本程序栏，单击"打开脚本程序编辑器"→"系统函数"→"用户登录操作"，双击!LogOn( )，最后设置完成后单击右下角的"确定"按钮，如图 6-20 所示。

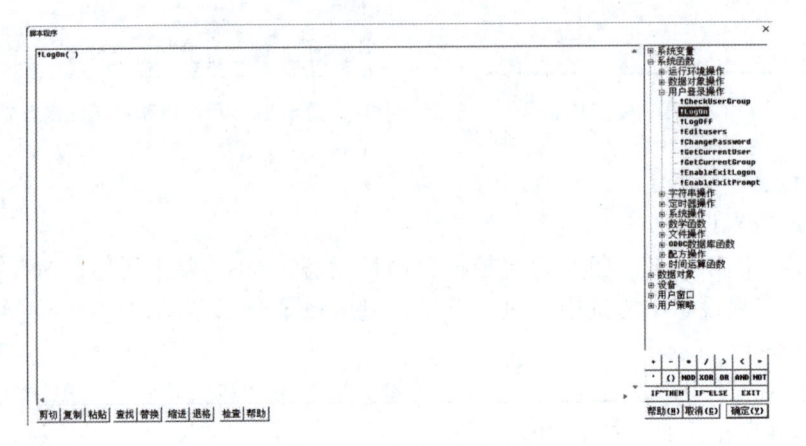

图 6-20　脚本程序窗口

4）退回到主控窗口页面，右击"用户窗口管理"，再次单击"新增菜单"，双击进入"菜单属性设置"窗口，将菜单名更改为"用户注销"。打开脚本程序栏，单击"打开脚本程序编辑器"→"系统函数"→"用户登录操作"，找到并双击！LogOff()，如图6-21所示，完成后单击"确定"按钮。

图 6-21　脚本程序

5）退回到主控窗口页面，右击"用户窗口管理"，再次单击"新增菜单"，双击进入"菜单属性设置"窗口，将菜单名更改为"用户管理"。打开脚本程序栏，单击"打开脚本程序编辑器"→"系统函数"→"用户登录操作"，找到并双击！Editusers()，如图6-22所示，完成后单击"确定"按钮，存盘。

图 6-22　脚本程序

（2）操作权限设置

1）在工作台中单击用户窗口，双击进入"垃圾接收监控系统"窗口。

①在画面中双击"启动按钮"，在弹出的"标准按钮构件属性设置"中"基本属性"选项卡下单击左下角的"权限"按钮，将"管理员组"和"操作员组"勾选上，单击"确认"按钮，如图6-23所示。

操作权限设置

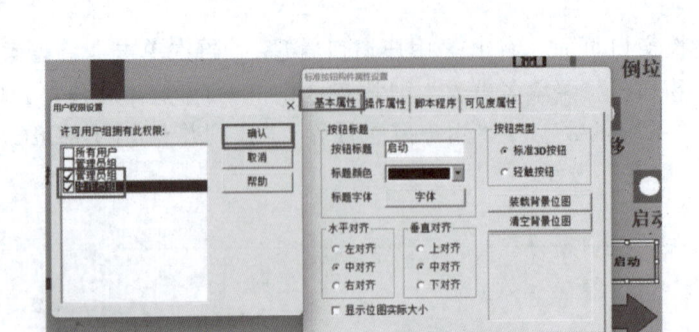

图 6-23 启动按钮权限设置

②重复步骤①，将画面上的"暂停按钮"和"复位按钮"做相同设置。

③找到第"***"秒复制一份并移至合适位置。右击复制后的第***秒的"秒"字，在弹出的页面将"秒"字改为"次投料"，改完后双击文字，打开显示输出栏，将表达式改为"投料次数"，再将小数位数改为"0"，如图6-24所示，单击"确认"按钮。

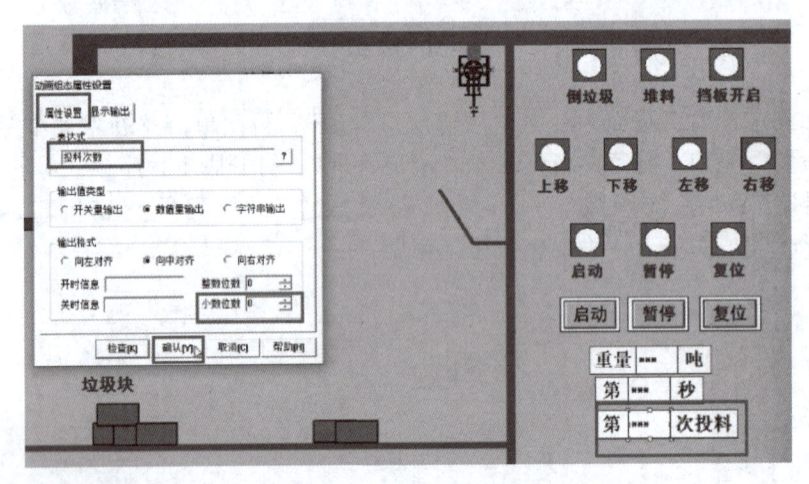

图 6-24 投料次数显示设置

2) 在工作台中单击用户窗口，双击进入"垃圾焚烧监控系统"窗口，重复步骤（1）中的两个子步骤：①、②，完成后单击"保存"按钮。

3) 在工作台中单击用户窗口，双击进入"烟气污水净化系统"窗口，重复步骤（1）中的两个子步骤：①、②，完成后单击"保存"按钮。

4) 在工作台中单击用户窗口，双击进入"垃圾发电监测系统"窗口，重复步骤（1）中的两个子步骤：①、②，完成后单击"保存"按钮。

①双击发电均值旁边的＊＊＊ 发电均值 2*** （红框选取的位置），打开"显示输出"选项卡，将表达式改为"发电均值"，如图6-25所示。完成后单击"确认"按钮。

②双击汽包水箱水位旁边的＊＊＊ 汽包水箱水位 2*** （红框选取的位置），打开"显示输出"选项卡，将表达式改为"汽包水箱水位"，完成后单击"确认"按钮，如图6-26所示，完成上面两个操作后，两个＊＊＊位置会出现边线，利用菜单栏的边线工具将其边线去除，

170

完成后单击存盘。

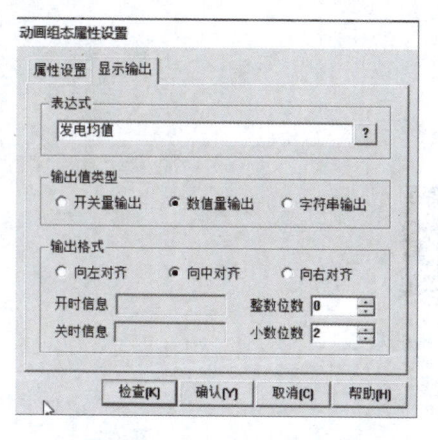

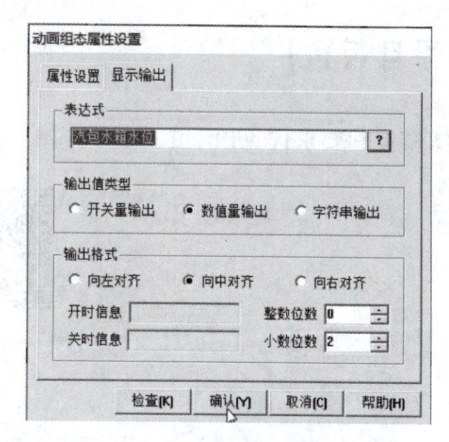

图 6-25　发电均值显示设置　　　　图 6-26　汽包水箱水位显示设置

3. 运行测试

（1）管理员组权限测试

切换至运行环境，在"用户登录"窗口选择"管理员 A"，输入密码"123"，单击"确认"按钮，如图 6-27 所示，这时可正常登录运行环境，并可操作启动、暂停、复位 3 个按钮，选择"管理员 B"具有同样效果，说明管理员组成员拥有系统登录退出和操作按钮权限。

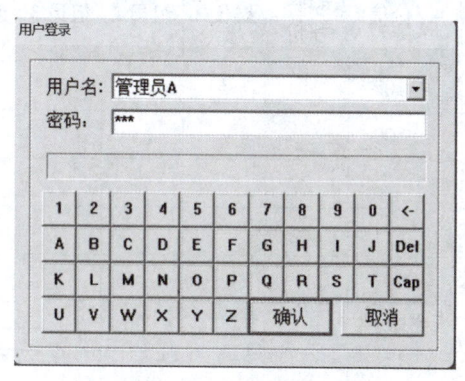

图 6-27　用户登录窗口

运行测试

（2）操作员组权限测试

1）切换至运行环境，在"用户登录"窗口选择"操作员 A"，输入密码"123"，单击"确认"按钮，弹出提示窗口，如图 6-28 所示，选择"操作员 B"具有同样效果，说明操作员组不具有登录系统权限。

2）切换至运行环境，在"用户登录"窗口以管理员 A 身份登录，然后在"系统管理"菜单选择"用户登录"，再次弹出"用户登录"窗口，选择"操作员 A"，输入密码"123"，单击"确认"按钮，这时单击"垃圾接收监控系统"图标，

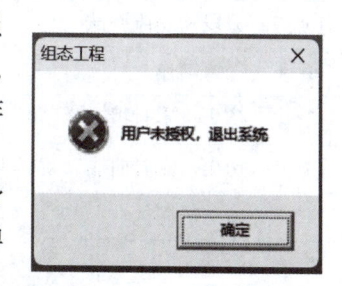

图 6-28　未授权登录提示

171

在监控界面中可操作启动、暂停、复位 3 个按钮，说明操作员组具有操作按钮权限。

【项目报告】

具体模板和要求详见以下二维码内容。

项目六　项目报告模板

【评价反馈】

评价主要包括学生评价、教师评价以及企业导师评价，如表 6-8 和表 6-9 所示。其中学生评价包括小组内自评、互评，学生要在完成项目的过程中逐步完成评价，可以按照不同人员评分比重给予不同分值，然后总分按照比例压缩至满分 100 分。

表 6-8　组内评价表

序号	评价内容	分值	组长评价	组员1	组员2	组员3	组员4	组员5	组员6	自评评价
1	比例/%	100								
2	对应满分	100								
3	工艺过程分析									
4	收集所有 I/O 点信息									
5	绘制监控画面草图									
6	建立实时数据库									
7	绘制静态画面									
8	添加动态属性									
9	控制功能的设置									
10	分段和总体调试									
11	报警制作									
12	历史、实时报表									
13	历史、实时曲线									
14	安全机制									
15	合计									
	总分：									

主观性评价：

_____

_____

_____

综合评价如表6-9所示。

表6-9 综合评价

序号	评价项任务		比例	分值	得分
项目名称					
班级		日期			
姓名		组号		组长	
1	学生评价	小组自评			
		小组互评			
2	教师评价	调试排故			
		调试报告			
3	企业导师评价	项目汇报			
总分					

【常见问题解答】

1. 系统运行混乱

由于使用定时器较多，检查定时器设置是否有混乱、脚本程序中定时器开启顺序是否有误、定时器计时参数是否有误等。

2. 曲线显示异常

检查曲线构件是否正确连接，检查曲线输出变量是否已经存盘，设置正确的显示范围。

3. 安全机制失效

检查用户管理设置，正确分配管理权限或者重新分配管理权限。

【项目拓展】

本项目中采用了定时器1~定时器5，请读者思考是否可以利用1个或者2个定时器完成功能，并修改项目。

【能量驿站】

居安思危　常怀远虑

居安思危，思则有备，常备不懈。忧劳可以兴国，逸豫可以亡身。中国特色社会主义事业进入新时代，必然也面临着更大的考验、更多的问题。现在我们身处和平年代，但我们不能乐不思蜀、安逸享乐，我们要未雨绸缪把未来前进道路上可能存在的各种困难、问题提前做好预判，尽量预先想得多一些、深一些，把策略制定得更加周全一些、更加细致一些，坚持凡事从最坏处打算，从"不怕一万、只怕万一"处筹谋，做到常备不懈，方可在遇事时争取到最好的结果。所以我们只有不断增强忧患意识，时刻坚持底线思维，坚定斗争意志，增强斗争本领，以正确的战略策略应变局、育新机、开新局，做到"居安思危，思则有备，有备无患"，时刻保持从容清醒的定力，依靠顽强斗争打开事业发展新天地。

有备无患、从容应对、转危为机。有备无患是一种精神，只有有备无患，才能在危机面前转危为机，才能在挑战面前信心百倍，才能在打压面前无惧风雨。有备无患是一种底气，中国的技术发展日新月异，有些已达到国际领先，树立起强大的自信，建立思想支撑。有备无患，是一种宣誓，我们中国人是不怕打压的，我们有着顽强拼搏的精神。有备无患在危机中育新机，于变局中开新局，转危为机。

常怀远虑、居安思危，是历史一再昭示的生存发展智慧，也是我们在百年奋斗中总结出来的一条过硬经验。我们要以处盈虑亏的远见卓识，努力识辨潜在的风险挑战；树立忧患意识，增强危机观念，以正确的战略策略应变局、育新机、开新局。

项目七 基于 KingView 的垃圾接收监控系统

> **导读**
>
> 本项目以垃圾接收监控系统开发为任务，引导学生学习 KingView 国产软件，通过项目三的学习，学生已经了解了垃圾接收系统的基本工艺流程，了解了项目设计思路，本项目与项目三在开发方法、编程思路上相似，重在引导学生通过类比的方式学习 KingView 组态软件。要求学生按照工艺流程实现静态画面绘制、动态画面连接以及程序仿真调试。

【项目准备】

学习情境描述

垃圾接收监控系统由垃圾称重系统、垃圾卸料大厅、垃圾池、垃圾吊、焚烧室、渗沥液收集池等设施和设备组成。回顾项目三，填写垃圾接收监控系统流程，并用最精简的语言描述其工作过程，如图 7-1 所示。

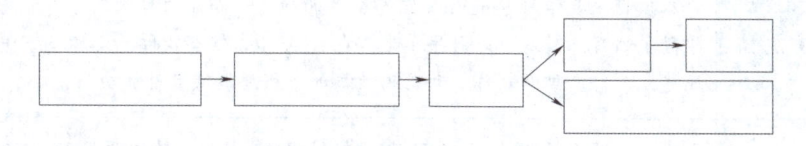

图 7-1 垃圾接收监控系统流程

> **小提示：**
>
> KingView 软件是一款通用的工业监控软件，集过程控制设计、现场操作以及工厂资源管理于一体，将一个企业内部的各种生产系统和应用以及信息交流汇集在一起，实现最优化管理。

学习目标

知识目标	1. 了解 KingView 工程管理器和工程浏览器的功能，KingView 开发系统和运行系统的功能； 2. 掌握画面、命令语言、数据词典、设备的功能； 3. 辨析内存变量和 I/O 变量的含义； 4. 熟练使用绘图工具箱的功能； 5. 掌握动画连接的功能； 6. 掌握 KingView 命令语言语法规则
技能目标	1. 能够应用工程管理器新建和存储工程，会打开一个已经存在的工程； 2. 会使用数据词典在 KingView 中创建变量； 3. 会新建用户画面，定义画面名称； 4. 能够利用绘图工具绘制按钮、设备等； 5. 会设计项目程序，并调试成功
素养目标	1. 增强独立更换项目平台的能力； 2. 构建问题、目的学习意识
教学重点	1. 掌握 KingView 软件安装方法； 2. 按照控制要求添加动画连接，测试动画连接是否成功； 3. 定时器的设置； 4. 编辑与调试垃圾接收监控系统脚本程序
教学难点	1. 分析垃圾接收监控系统功能，确定系统所需变量； 2. 使用分段调试方法进行程序的编辑与调试
建议学时	4 学时
推荐教学方法	本项目主要学习 KingView 组态软件的功能，而非项目工艺分析能力。学生已经学习了项目三，基于此引导学生，在 KingView 组态软件开发环境下进行实时数据库建立、静态画面制作、动态属性添加、程序调试直至成功
推荐学习方法	建议本项目采用检索练习法，在利用 KingView 制作项目时，回顾如何利用 MCGS 实现相同功能，不断自我测验，从记忆中检索知识和技能，加深记忆。同时要体会 MCGS 软件与 KingView 不同之处，并努力做到两者熟练切换

任务书

按照工艺流程，系统要求如表 7-1 所示。

表 7-1 系统要求

按下启动按钮，系统开始工作		
投料准备	0~2 s	料斗挡板打开

续表

投料	2~6 s	2~4 s 垃圾车车厢旋转，4~6 s 垃圾倒入垃圾池
堆料操作	6~8 s	料斗挡板复位，垃圾车车厢复位，同时垃圾吊机械手左移
	8~10 s	垃圾吊机械手下移
	10~12 s	垃圾吊机械手夹住垃圾上移
	12~14 s	垃圾吊机械手夹住垃圾右移
	14~16 s	垃圾吊机械手夹住垃圾下移并放下垃圾
	16~18 s	垃圾吊机械手上移
	18~20 s	垃圾吊机械手左移
	20~22 s	垃圾吊机械手下移
	22~24 s	垃圾吊机械手再次夹住垃圾上移
	24~26 s	垃圾吊机械手再次夹住垃圾右移至相对较近位置
	26~28 s	垃圾吊机械手夹住垃圾下移至相对较近位置，并放下垃圾
	28~30 s	垃圾吊机械手上移
	30~32 s	垃圾吊机械手右移
夹取垃圾至焚烧室	32~34 s	垃圾吊机械手下移
	34~36 s	垃圾吊机械手夹住垃圾上移
	36~38 s	垃圾吊机械手夹住垃圾右移，并将垃圾送入下一工序
	38~40 s	垃圾吊机械手左移至初始位置
	40 s	复位所有变量，判断是否按下复位按钮，如果按下复位按钮，关闭定时器；如果没有按下复位按钮，定时器从 0 开始重新计时，如此循环往复
中途按下暂停按钮，定时器暂停工作，再次按下启动按钮定时器继续计时		
按下复位按钮，此次投料操作完成后回到初始状态		

任务实施提示：

1) 任务实施中用到什么知识搜索什么知识，努力从大数据中提取自己想要的知识，并且在项目制作中将知识内化；

2) 注重常用图库元素的积累，创建图库精灵，不断丰富个人图库，节省系统开发时间。

任务分析

引导问题 1：KingView 软件结构由（   ）、（   ）及（   ）三部分构成。
A. 开发系统　　　B. 工程浏览器　　　C. 运行系统　　　D. 工程管理器

引导问题 2：概述 KingView 建立应用工程的一般过程。

第一步：_____；

第二步：_____；

第三步：_____；
第四步：_____；
第五步：_____；
第六步：_____；
第七步：_____。

引导问题 3：按照图 7-2 分析项目所需变量，并按性质分类，填写表 7-2。

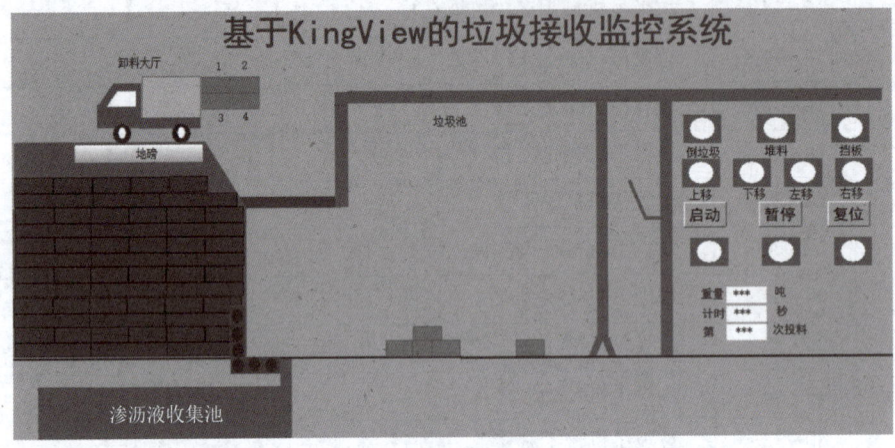

图 7-2 基于 KingView 的垃圾接收监控系统画面

表 7-2 变量分析表

名称	类别	输入/输出	数字信号/模拟信号

引导问题 4：列出任务涉及的功能模块，并填表 7-3。

表 7-3 工作方案

工作内容	效果实现方案	功能模块选择

【项目实施】

任务一　定义变量

在 KingView 中，变量也叫数据对象。工程建立后首先需要定义变量。

引导问题 5：关于 KingView 变量你了解多少呢？

变量名：唯一标识一个应用程序中数据变量的名字，同一应用程序中的数据变量不能重名。

I/O 变量是指可与外部数据采集程序直接进行数据交换的变量，如下位机数据采集设备（如 PLC、仪表等）或其他应用程序（如 DDE、OPC 服务器等）。这种数据交换是双向的、动态的。

内存变量：是指那些不需要和其他应用程序交换数据、也不需要从下位机得到数据、只在"组态王"内需要的变量，如计算过程的中间变量，就可以设置成"内存变量"。

KingView 变量与 MCGS 变量异同对比：

_____

_____

_____

定义变量

> **小提示：**
> 1. 外部设备包括 PLC、仪表、模块、板卡、变频器等，它们一般通过串行口和上位机交换数据及内存变量。
> 2. 数据改变命令语言：只连接到变量或变量的域。在变量或变量的域值变化到超出数据词典中所定义的变化灵敏度时，它们就被触发执行一次。

1) 如图 7-3 所示，单击数据库中的"数据词典"选项卡，进入"数据词典"窗口，窗口中列出了系统已有数据对象的名称，它们是系统本身自建的变量，暂不必理会。现在要将表 7-4 中定义的数据对象（变量）添加进去。

2) 如图 7-3 所示，双击数据词典中的"新建…"，弹出"定义变量"窗口。

表 7-4　数据对象（变量）

变量名	类型	初始值	描述
启动按钮	内存离散	0	启动命令，=1 有效
启动指示灯	内存离散	0	启动指示灯，=1 有效
暂停按钮	内存离散	0	暂停命令，=1 有效

179

续表

变量名	类型	初始值	描述
暂停指示灯	内存离散	0	暂停指示灯，=1 有效
复位按钮	内存离散	0	复位停止命令，=1 完成本周期操作后停止
复位指示灯	内存离散	0	复位指示灯，=1 有效
挡板指示灯	内存离散	0	挡板指示灯，=1 有效
倒垃圾指示灯	内存离散	0	倒垃圾指示灯，=1 有效
堆料指示灯	内存离散	0	堆料指示灯，=1 有效
上移指示灯	内存离散	0	机械手上移指示灯，=1 有效
下移指示灯	内存离散	0	机械手下移指示灯，=1 有效
左移指示灯	内存离散	0	机械手左移指示灯，=1 有效
右移指示灯	内存离散	0	机械手右移指示灯，=1 有效
计时	内存实数	0	系统运行计时

3）在"定义变量"窗口选择"基本属性"选项卡，如图 7-4 所示，按表 7-4 进行变量设置，注意变量类型和初始值的设置，设置完成之后单击"确定"按钮。

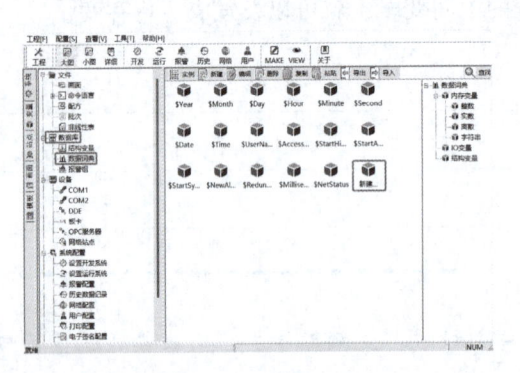

图 7-3　新建变量　　　　　　　　图 7-4　定义变量属性设置

4）重复步骤 1）和 2），将表 7-4 中的所有变量添加完成。
5）保存文件。

任务二　设计与编辑画面

基于 KingView 的垃圾接收监控系统画面如图 7-5 所示。

1. 新建画面

1）如图 7-6 所示，单击左侧目录树文件中的"画面"选项卡。
2）单击右侧显示区中的"新建…"，弹出"画面属性"窗口。
3）如图 7-7 所示，在"新画面"选项卡中修改画面名称，单击"确定"按钮。

新建画面

项目七 基于 KingView 的垃圾接收监控系统

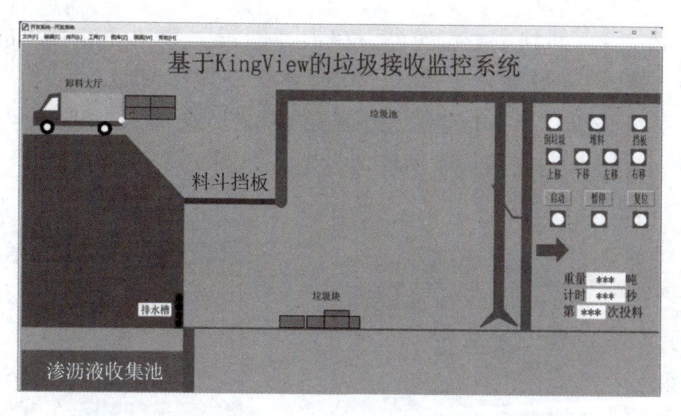

图 7-5 基于 KingView 的垃圾接收监控系统画面

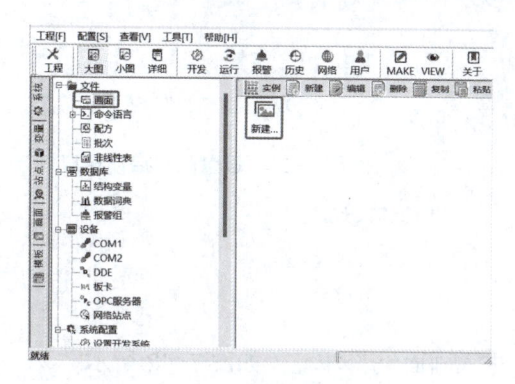

图 7-6 新建画面

图 7-7 画面属性设置

> **小提示：**
> 当画面打开时，工具箱自动显示。工具箱中的每个工具按钮都有"浮动提示"，帮助了解工具的用途。

4）单击画面右下角调整画面大小，铺满显示窗口，如图 7-8 所示。

5）如图 7-9 所示，单击"排列"菜单，在弹出的快捷菜单中取消勾选"对齐网格"命令。

图 7-8 调整画面大小

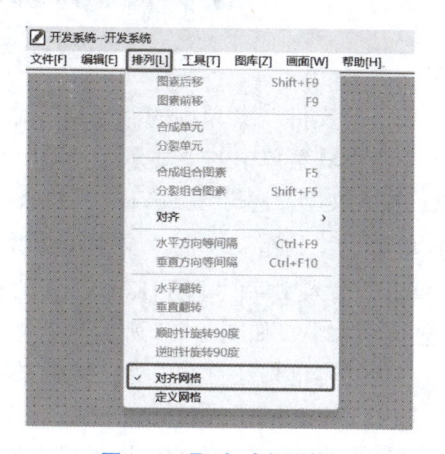

图 7-9 取消对齐网络

181

6）画面新建完成后，回到工程浏览器，单击"配置"菜单，在弹出的快捷菜单中选择"运行系统"命令，如图7-10所示，进入"运行系统设置"窗口。

7）在"运行系统设置"窗口选择"主画面配置"选项卡，选择"垃圾接收监控系统"，单击"确定"按钮，完成默认启动窗口设置，如图7-11所示。

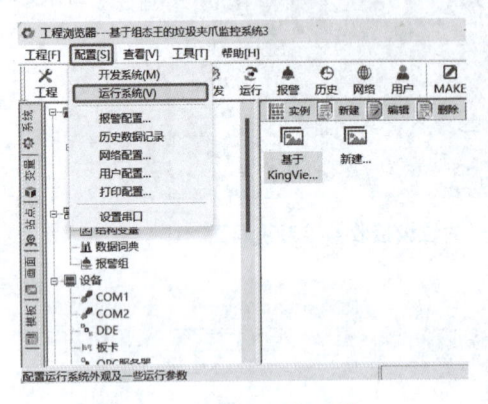

图7-10　打开运行系统　　　　　　　图7-11　设置默认启动窗口

2. 绘制画面

本系统画面设计可参考图7-5。

（1）进入画面编辑环境

1）在工程浏览器中双击新建的画面，进入画面编辑环境，如图7-12所示。

图7-12　进入画面编辑环境

2）单击"文件"菜单中的"退出"命令，可再次回到工程浏览器。

3）单击工具菜单中的"显示工具箱"命令，可显示或者隐藏工具箱。

（2）输入文字"基于KingView的垃圾接收监控系统"

1）单击"工具箱"中的"文本"工具 T，光标呈I形，在窗口适当位置单击，输入文字"基于KingView的垃圾接收监控系统"，可拖曳边框调整文字大小，如图7-13所示。

2）单击文本框外任意空白处，结束文字输入。

3）如果文字输错了或对格式不满意，可进行以下操作：

单击已输入的文字，在文字周围出现如图7-14所示小方块（称为拖曳手柄）。出现小

输入文字

方块表明文本框已被选中，右击，在弹出的快捷菜单中选择"字符串替换"命令，即可修改文字。

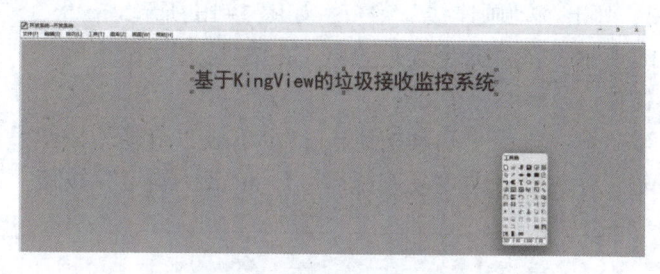

图 7-13　输入和编辑文字

图 7-14　拖曳手柄

4）单击"工具箱"中的"显示调色板"工具 ，在调色板上选择"字符色"，将文字更改为蓝色。

5）单击"工具"菜单中的"字体"命令，在弹出的"字体"窗口将字体改为"黑体"，大小改为"小初"，如图 7-15 所示。

图 7-15　字符字体

6）如果文字的整体位置不理想，可按住鼠标左键拖曳，或利用↑、↓、←、→键调整。

7）单击窗口其他任意空白位置，结束文字编辑。

8）若需删除文字，只要选中文字，按 Delete 键即可。

9）想恢复刚刚删除的文字，单击"撤销"按钮 即可。

10）保存文件。

（3）制作按钮

1）单击"工具箱"中的"按钮"工具 。

2）在画面中找到一个合适位置，拉开调整到合适的大小。

3）右击按钮图形对象，在弹出的快捷菜单中选择"字符串替换"

制作按钮

命令，将"文本"改为"启动"。

4) 使用"字体"工具修改字体为"黑体"；字形为"常规"；大小为"三号"。

5) 双击该按钮，弹出"动画连接"窗口，如图 7-16 所示。

6) 按照图 7-16 所示，在"命令语言连接"栏中勾选"按下时""弹起时"复选框，进入"命令语言"窗口。

7) "按下时"输入命令语言"启动按钮=1;"，单击"确定"按钮。

8) "弹起时"输入命令语言"启动按钮=0;"，单击"确定"按钮。

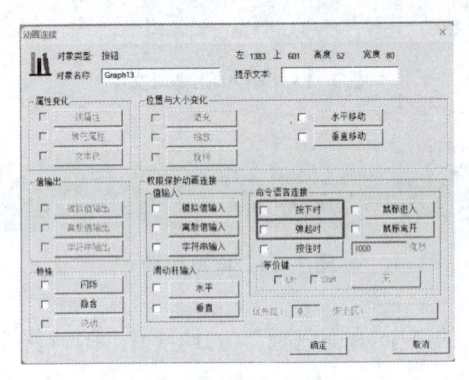

图 7-16 按钮动画连接设置

9) 重复上述步骤，分别建立暂停按钮、复位按钮。

10) 保存文件。

(4) 绘制指示灯

1) 使用"矩形"工具 ■ 绘制一个矩形，并将其调整至合适大小，放在合适位置，选中刚刚创建的矩形并将其改为深灰色，如图 7-17 所示。

绘制指示灯

2) 在"工具箱"中选择"椭圆"工具 ●，在空白位置绘制一个比矩形小一点的圆，选中刚刚所创建的圆形将其颜色改为白色，并放到矩形中，如图 7-18 所示。

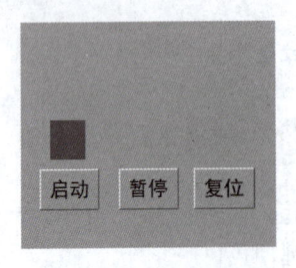

图 7-17 绘制矩形　　　　图 7-18 绘制圆

3) 双击白色区域，弹出"动画连接"窗口，在"位置与大小变化"栏中勾选"填充"复选框，如图 7-19 所示。随后在"填充连接"窗口中单击表达式右方的"?"，选择"启动指示灯"变量，修改变量值及占据百分比，填充色改为红色，单击"确定"按钮，如图 7-20 所示。

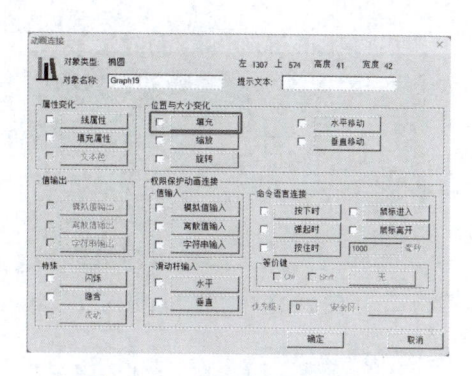

图 7-19 动画组态属性设置   图 7-20 填充颜色设置

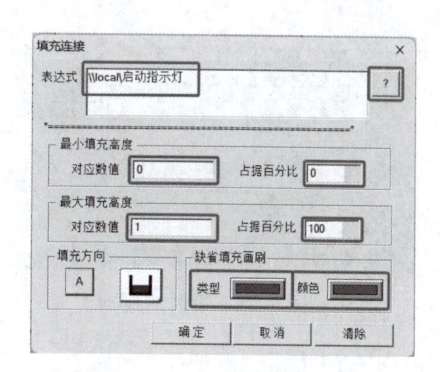

4）重复上述步骤，分别建立暂停指示灯、复位指示灯、上移指示灯、下移指示灯、左移指示灯、右移指示灯、倒垃圾指示灯、堆料指示灯、挡板指示灯，并进行相应动画设置，白色圆形的动画组态属性设置的表达式分别改为"暂停指示灯""复位指示灯""上移指示灯""下移指示灯""左移指示灯""右移指示灯""倒垃圾指示灯""堆料指示灯""挡板指示灯"。

5）将单个按钮矩形部分和圆形部分选中，右击，在弹出的快捷菜单中选择"组合拆分"→"合成单元"命令，重复此步骤将所有指示灯合成单元。

6）选中四个指示灯，单击"工具箱"中的"下对齐"工具 ，此时四个指示灯高度相同，随后单击"像素水平等间隔"工具 ，此时四个指示灯高度、间距都相同，如图 7-21 所示。

7）按照步骤 6）分别对下方的"启动、暂停、复位指示灯"和上方的"倒垃圾、堆料、挡板指示灯"进行此操作。

8）将剩余指示灯对齐后，使用"文本"工具在指示灯下方标注指示灯名称，如图 7-22 所示。

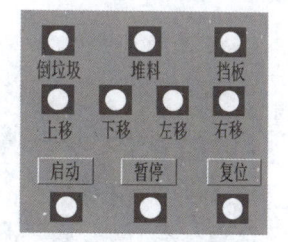

图 7-21 对齐   图 7-22 指示灯命名

9）保存文件。

（5）绘制垃圾吊

1）单击"工具箱"中的"矩形"工具 ，在调色板中将矩形的颜色改为深灰色，并按照图 7-23 所示绘制矩形并摆放。

2）单击"工具箱"中的"文本"工具，输入文字"垃圾池"，并放到合适的位置，如图 7-24 所示。

绘制垃圾吊

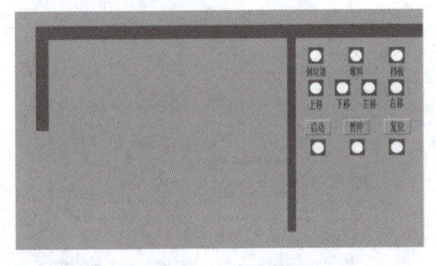

图 7-23 矩形的摆放 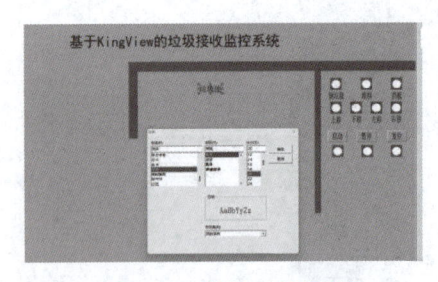　　　　　　　图 7-24 输入"垃圾池"

3）使用"工具箱"中的"多边形"工具 绘制简易机械手。

4）使用"矩形"工具绘制矩形，调整到合适大小，将机械手与矩形相连，如图 7-25 所示。

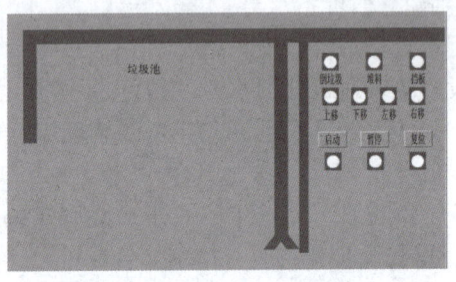

图 7-25 机械手与矩形相连

5）保存文件。

（6）绘制卸料大厅

1）使用"工具箱"中的"矩形"工具和"多边形"工具绘制卸料大厅，如图 7-26 所示。

2）选中所创建的图形，右击，在弹出的快捷菜单中选择"组合拆分"→"合成单元"命令，画面中卸料大厅成一整体，如图 7-27 所示。

绘制卸料大厅

图 7-26 图形的绘制 　　　　　　　图 7-27 合成单元

3）使用"工具箱"中"文本"工具标注"卸料大厅"。

4）保存文件。

（7）绘制垃圾车

1）使用"工具箱"中的"矩形"工具、"椭圆"工具和"多边形"工具绘制垃圾车，如图7-28所示。

2）把垃圾车调整到合适位置、合适大小，如图7-29所示。

图7-28 绘制垃圾车　　图7-29 垃圾车的摆放

绘制垃圾车

3）保存文件。

（8）绘制料斗挡板

1）在工程浏览器"数据词典"中新增"挡板旋转"数据对象，类型为"内存实数"。

2）使用"工具箱"中的"矩形"工具，在如图7-30所示的位置绘制料斗挡板，将其颜色改为"棕色"。

绘制料斗挡板

3）选中该矩形，单击"编辑"菜单中的"旋转向导"命令，如图7-31所示，当光标为"十"字时，单击矩形最右端，鼠标为顺时针旋转，移动鼠标使其顺时针向上旋转90°，如图7-32所示。再次单击为逆时针旋转，单击进入"旋转连接"窗口，表达式选择为"挡板旋转"，修改旋转参数，如图7-33所示，单击"确定"按钮。

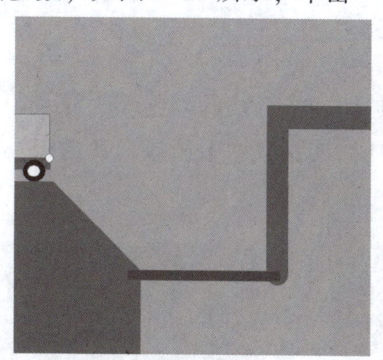

图7-30 料斗挡板及其颜色　　图7-31 矩形的旋转连接

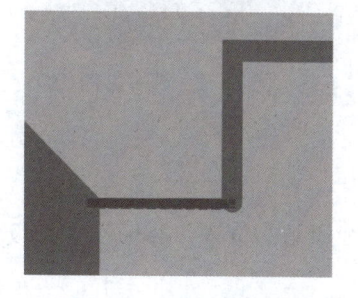

图7-32 旋转位置的移动　　图7-33 "旋转连接"窗口

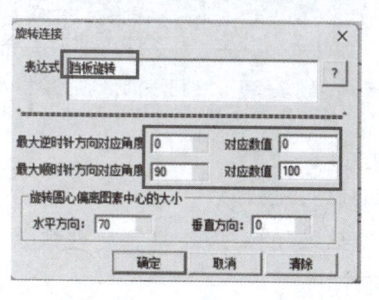

4）选中料斗挡板，单击"工具箱"中的"像素后移"工具，将料斗挡板移到最低层。

5）保存文件。

（9）绘制车内垃圾块

1）使用"工具箱"中的"矩形"工具，在如图 7-34 所示的位置绘制垃圾块，将其颜色改为"黄绿色"，复制粘贴成四份。

2）保存文件。

绘制车内垃圾块、排水槽、渗沥液收集池

（10）绘制排水槽

1）使用工具箱中的"矩形"和"圆形"工具绘制如图 7-35 所示排水槽。

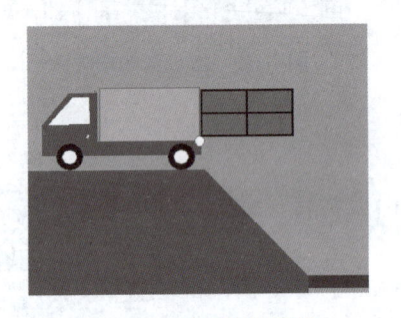

图 7-34 垃圾块的摆放

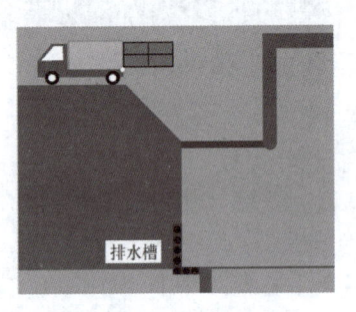

图 7-35 绘制排水槽

2）保存文件。

（11）绘制渗沥液收集池

1）按图 7-36 所示绘制矩形，并标注渗沥液收集池。

2）保存文件。

（12）制作料斗

制作料斗、绘制预留垃圾块

1）使用"工具箱"中的"直线"工具，将直线的颜色改为深灰色，使用"工具箱"中的"显示线型"工具，在线型栏中选择合适的粗细，并按图 7-37 所示摆放。

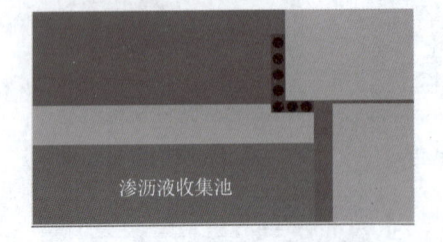

图 7-36 绘制渗沥液收集池

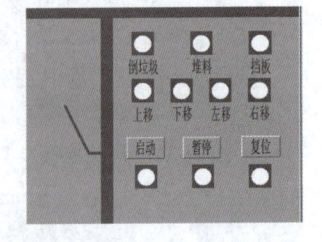

图 7-37 料斗的制作

2）保存文件。

（13）绘制预留垃圾块

1）将上方建立好的垃圾块复制粘贴到图 7-38 所示的位置，并标注"垃圾块"。

2）保存文件。

（14）绘制地磅

1）使用"工具箱"中的"矩形"工具，绘制地磅模型并标注，如图 7-39 所示。

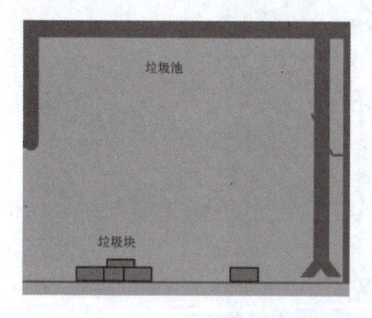

图 7-38　预留垃圾块的摆放图

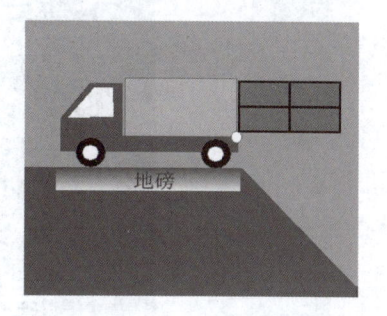

图 7-39　绘制地磅模型

2）选择地磅模型，在"工具箱"中单击"显示线型"去掉边线，单击"工具箱"中的"画刷类型"，选择 ▓ ，并选择调色板将填充色改为灰色，将背景色改为白色，实现图 7-39 所示渐变效果。

3）为了测量垃圾重量，可新增变量"垃圾重量"，变量类型为"内存实数"。

4）在画面右下角合适位置增加 重量 *** 吨 ，使用"工具箱"中的"矩形"和"文本"工具实现。

5）双击"＊＊＊"，弹出"动画连接"窗口，勾选"模拟值输出"复选框，表达式为"垃圾重量"。

6）保存文件。

绘制地磅

（15）绘制墙体

1）使用"工具箱"中的"矩形"工具，绘制如图 7-40 所示图形，单击菜单栏中的"填充色"按钮 ▓ ，将其颜色改为"深灰色"。

2）反复使用复制、粘贴等工具，制作出如图 7-41 所示的墙体。

绘制墙体

图 7-40　两个砖块

图 7-41　墙体

3）将墙体复制、粘贴到如图 7-42 所示的位置，调整砖块数量和位置。

4）保存文件。

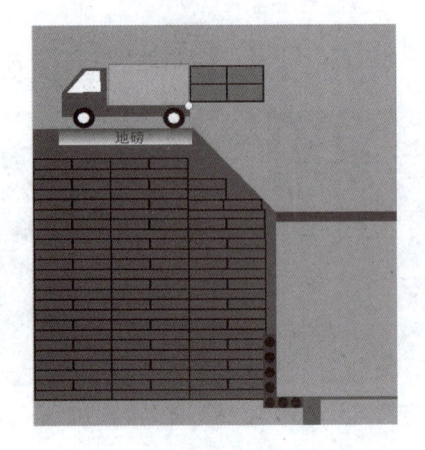

图 7-42　墙体制作

任务三　动画连接与调试

> **小提示：**
> 所谓"动画连接"，就是建立画面的图素与数据库变量的对应关系。
> 所有动画连接所填写数值均为参考，具体需要根据自己画面情况来定。

画面绘制好以后，需要将画面中的图形与前面定义的数据对象（变量）关联起来，以便运行时画面上的内容能随变量改变。例如，当垃圾吊机械手做下移动作时，下移指示灯点亮。将画面上的对象与变量关联的过程叫作动画连接。

垃圾吊动画

1. 垃圾吊的动画连接

1）打开工程浏览器，在数据词典里添加两个变量，一个是机械手垂直移动量，另一个是机械手水平移动量，类型为内存实数，如图 7-43 所示。

图 7-43　添加"机械手水平移动量""机械手垂直移动量"

2）选中机械手夹爪，单击"编辑"菜单中的"垂直移动向导"命令，如图7-44所示，将光标放至机械手旁边，单击出现向上箭头（此操作为垂直上移参数设置），拖动虚线移动到机械手夹爪上移停止位置，再次单击出现向下箭头（此操作为垂直下移参数设置），由于机械手夹爪无须下移操作，保持机械手夹爪位置再次单击即可。在弹出的窗口表达式中填入"机械手垂直移动量"，单击"确定"按钮，如图7-45所示。

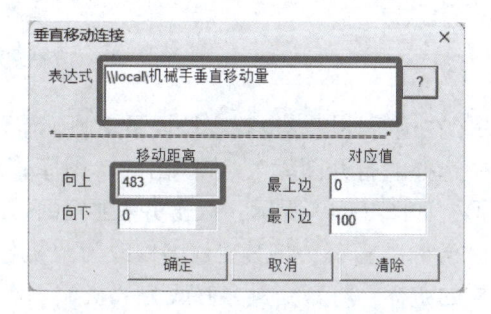

图7-44 打开垂直移动向导　　图7-45 机械手垂直移动参数设置

3）选中机械手夹爪，通过上述操作设置水平移动量，修改向左、向右对应值，使机械手夹爪在最左边时对应值为100，如图7-46所示，由于机械手滑竿和机械手夹爪同步水平移动，因此机械手滑竿水平移动量与机械手夹爪保持一致。

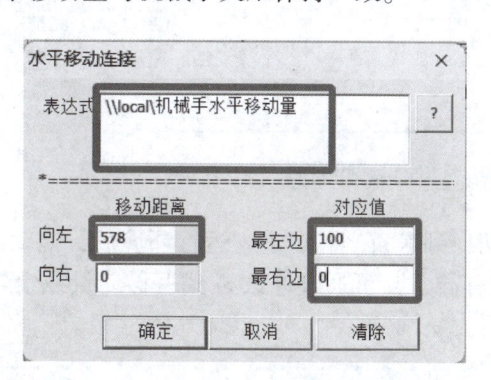

图7-46 机械手水平移动参数设置

4）设置机械手滑竿缩放动画连接，首先选中滑竿，在"工具箱"右下角会显示该矩形的宽和高，如图7-47所示，调整矩形高度，使其收缩到合适大小，再次记录高度，此时通过计算可知道，该矩形缩小为原来的10%。双击滑竿进入"动画连接"窗口，在"位置与大小变化"栏中勾选"缩放"复选框，弹出"缩放连接"窗口，按图7-48所示设置。

图7-47 矩形参数显示

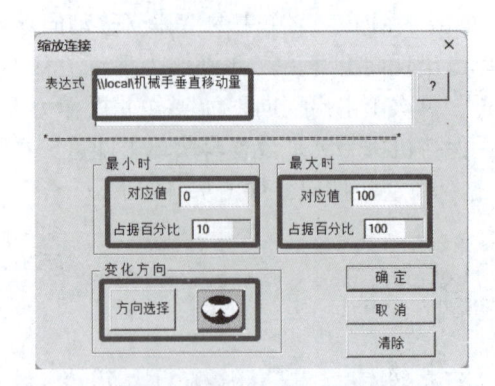

图 7-48 滑竿参数设置

5）为了在运行环境模拟观察垃圾吊动画，需要在画面上添加两个滑动输入器游标，在图库菜单中选择"打开图库"，在弹出的"图库管理器"中选择"游标"，在右侧选择需要的游标图形，如图 7-49 所示，双击并在画面下方放置该游标，拉至合适大小。双击该游标，进入"游标"窗口，将其变量名修改为"机械手垂直移动量"，如图 7-50 所示，再复制一个同样的游标，将其变量名修改为"机械手水平移动量"。

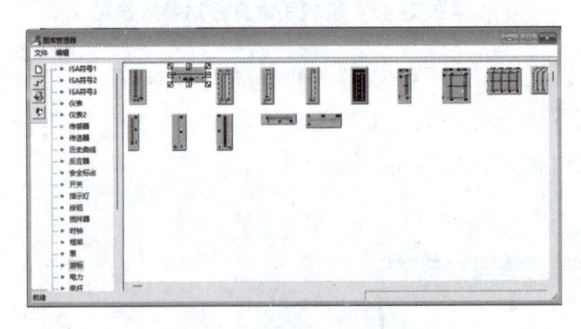

图 7-49 图库管理器界面　　　　图 7-50 游标设置

6）在空白处右击，切换到 KingView，进入运行环境后，拖动游标滑动输入方块，察看机械手动画是否正常。如有异常，可通过修改机械手移动量或滑竿缩放量，使机械手动画协调。

> **总结：**
> 缩放连接是使被连接对象的大小随连接（　　）的值而变化。
> A. 软件隐含　　　B. 动画　　　C. 表达式　　　D. 过程

2. 车厢旋转的动画连接

1）新建"车厢旋转"变量，类型为"内存实数"。

2）选中车厢，单击"编辑"菜单中的"旋转向导"命令，将"十"字光标对准车厢旋转轴单击确定旋转圆心，单击后光标变为顺时针旋转箭头，移动光标使车厢旋转至合适位置；再次单击光标为逆时针旋转箭头，设置逆时针旋转。这里只需要设置顺时针旋转，单击"确定"按钮，弹出"旋转连接"

车厢旋转动画

窗口，将"车厢旋转"变量添加到表达式中，如图7-51所示。

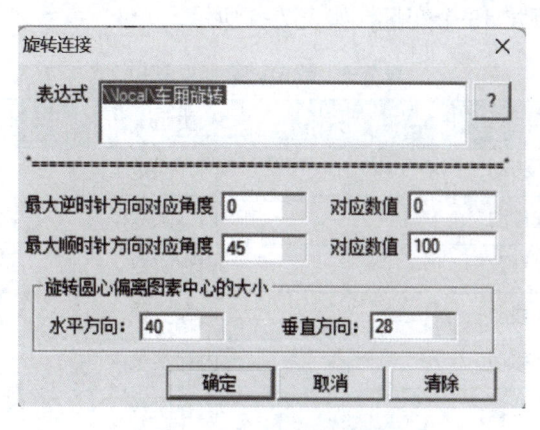

图7-51 车厢旋转参数设置

3）建立滑动输入器，与"车厢旋转参数"建立连接，保存后进入KingView察看运行情况。

> **总结：**
> 旋转连接是使对象在画面中的（　　）随连接表达式的值而旋转。
> A. 表达式　　　　B. 画面　　　　C. 位置　　　　D. 旋转

3. 料斗挡板动画连接

料斗挡板动画在画料斗挡板图形中已添加完成，此时，可建立游标滑动输入器，进入KingView后查看运行情况，如有不合适，可做修改。

4. 垃圾车的动画连接

1）添加"垃圾车显示参数"变量。

2）将垃圾车除车厢以外全选，如图7-52所示，右击，在弹出的快捷菜单中选择"组合拆分"→"合成组合图素"命令，双击车身弹出"动画连接"窗口，在"特殊"栏中勾选"隐含"复选框，隐含连接中的表达式选择"垃圾车显示参数"。

垃圾车动画

3）将车厢同样设置隐含参数，与"垃圾车显示参数"建立连接。

4）保存文件。

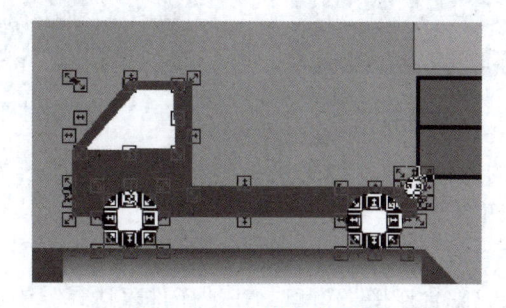

图7-52 合成组合图素

5. 倾倒垃圾块的动画连接

1) 在数据词典中新增 13 个变量，如表 7-5 所示。

表 7-5 数据对象（变量）

变量名	类型	初值
垃圾块 1 水平移动	内存实数	0
垃圾块 1 垂直移动	内存实数	0
垃圾块 1 旋转参数	内存实数	0
垃圾块 2 水平移动	内存实数	0
垃圾块 2 垂直移动	内存实数	0
垃圾块 2 旋转参数	内存实数	0
垃圾块 3 水平移动	内存实数	0
垃圾块 3 垂直移动	内存实数	0
垃圾块 3 旋转参数	内存实数	0
垃圾块 4 水平移动	内存实数	0
垃圾块 4 垂直移动	内存实数	0
垃圾块 4 旋转参数	内存实数	0
垃圾块显示	内存离散	0

2) 对四个垃圾块进行编号，如图 7-53 所示。

3) 使用垂直移动向导，分别设置四个垃圾块的垂直移动参数，垂直移动范围为初始位置到地平面。

4) 使用水平移动向导，分别设置四个垃圾块的水平移动参数，由于后续垃圾块要移动到料斗后方，则水平移动范围为初始位置到指示灯附近，如图 7-54 所示。

倾倒垃圾块、垃圾块显示动画

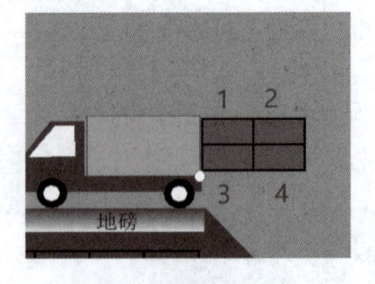

图 7-53 垃圾块编号　　图 7-54 垃圾块水平移动位置

5) 设置四个垃圾块的旋转参数，垃圾块 1 旋转参数设置如图 7-55 所示，其余垃圾块的连接仿照垃圾块 1，将四个垃圾全部设置完成。

6. 垃圾块显示的动画连接

双击垃圾块 1，进入"隐含连接"窗口，在"条件表达式"中填入"垃圾块显示"，如图 7-56 所示，其余垃圾块做相同设置。

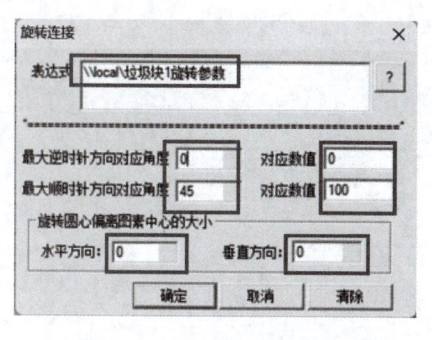

图 7-55　垃圾块 1 旋转参数设置 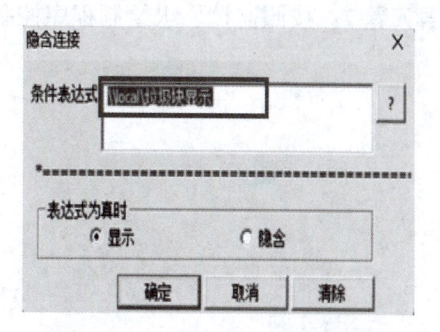　　　　图 7-56　垃圾块显示参数设置

任务四　控制程序编写与调试

项目功能需要通过编写控制程序实现。KingView 软件中是在"命令语言"中编写程序。

引导问题 6：KingView 软件命令语言有几种？分别是什么？

_____

_____

_____

1. 系统运行设置

> **小提示**：
> 命令语言的格式类似 C 语言的格式，工程人员可以利用其来增强应用程序的灵活性。

在工程浏览器工具栏中单击"运行"按钮，在"主画面配置"窗口选择"基于 KingView 的垃圾接收监控系统"，在"特殊"窗口中修改"运行系统基准频率"和"时间变量更新频率"，如图 7-57 所示。

系统运行设置

图 7-57　运行系统设置

195

引导问题 7：按照监控要求绘制程序控制框图。

2. 启动、暂停、复位程序的编写与调试

1）新建"启动标志""暂停标志""复位标志"变量，类型为"内存离散"。

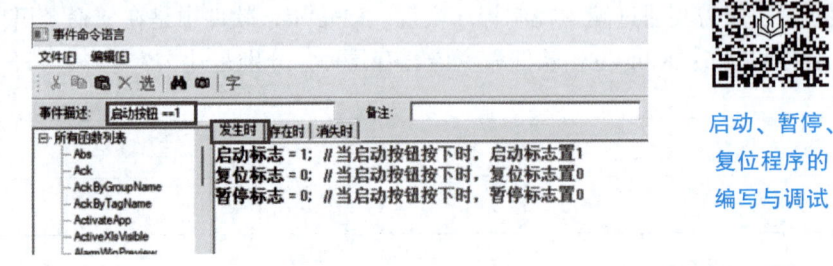

2）在工程浏览器左侧目录树中找到"命令语言"，选择"事件命令语言"，单击右侧"新建"图标，在"事件命令语言"窗口"事件描述"中填入"启动按钮 == 1"，单击"发生时"输入如图 7-58 所示程序。

图 7-58 启动按钮程序

3）重复步骤2），设置"暂停"和"复位"按钮程序，"暂停标志""复位标志"相应置1。

4）双击工程浏览器左侧目录树中的"应用程序命令语言"，在"应用程序命令语言"窗口修改循环时间为每 100 ms。

5）单击"运行时"选项卡，输入以下程序。

```
if(启动标志 ==1)    //当启动标志为 1 时
{
  启动指示灯 =1;      //打开启动指示灯
  暂停指示灯 =0;      //关闭其他指示灯
  复位指示灯 =0;
  计时 =计时+0.1;     //由于循环时间为 100 ms,每循环 1 次计时器加 100 ms,
                      启动标志为 0 时,不进行计时
}
if(暂停标志 ==1)    //当暂停标志为 1 时
{
  暂停指示灯 =1;      //打开暂停指示灯
  启动指示灯 =0;      //关闭其他指示灯
```

```
  复位指示灯=0;
}
if(复位标志 ==1)      //当复位标志为1时
{
  复位指示灯=1;    //打开复位指示灯
  启动指示灯=0;    //关闭其他指示灯
  暂停指示灯=0;
}
if(计时>40)      //达到40 s,计时复位,相关垃圾参数复位
{
  计时=0;
  垃圾块1垂直移动=18;
  垃圾块1水平移动=0;
  垃圾块1旋转参数=100;
  垃圾块2垂直移动=30;
  垃圾块2水平移动=0;
  垃圾块2旋转参数=100;
  垃圾块3垂直移动=18;
  垃圾块3水平移动=0;
  垃圾块3旋转参数=100;
  垃圾块4垂直移动=30;
  垃圾块4水平移动=0;
  垃圾块4旋转参数=100;
  垃圾块显示=0;
  垃圾车显示=0;
  挡板旋转=0;
  启动按钮=0;
  复位按钮=0;
  暂停按钮=0;
  车厢旋转=0;
  机械手垂直移动量=0;
  机械手水平移动量=0;
}
  if(复位标志 ==1)
    {
      启动标志=0;
    }
```

引导问题8:上面程序中,达到40 s,为什么垃圾显示=0?

3. 挡板控制程序的编写与调试

引导问题9：下面程序中，0~2 s 其间，"挡板旋转＝挡板旋转+5；"这条程序起什么作用？

_____

_____

_____

数据词典中新增"投料标志"和"投料次数"数据对象，类型分别为"内存离散"和"内存整数"。

1）输入挡板控制程序。

```
if(计时>0 && 计时<2)    //0~2 s 料斗挡板开启,同时计重
{
  垃圾车显示=1;
  投料标志=1;
  倒垃圾指示灯=1;
  挡板旋转=挡板旋转+5;
  挡板指示灯=1;
  垃圾重量=2;
}
```

2）调试方法：

①为方便调试，在画面中对"计时"和"投料次数"进行显示输出。

②单击"启动"按钮，计时到 0~2 s 时，挡板指示灯亮，倒垃圾指示灯亮，料斗挡板打开，打开到位后停止。

4. 垃圾车倾倒垃圾的编写与调试

引导问题10：下面程序中，4~6 s 其间，"垃圾块1旋转参数=垃圾块1旋转参数-10；"这条程序起什么作用？

_____

_____

1）垃圾车倾倒控制程序。

```
if(计时>2 && 计时<=4)    //2~4 s 垃圾车车厢旋转,同时计投料次数
{
  车厢旋转=车厢旋转+5;
  if(投料标志 ==1)
    {
      投料次数=投料次数+1;
      投料标志=0;
    }
```

}
if(计时>4 && 计时<=6)   //4~6 s 垃圾倒入垃圾池
{
    垃圾块显示=1;
    垃圾块1垂直移动=垃圾块1垂直移动+8;
    垃圾块1水平移动=垃圾块1水平移动+5;
    垃圾块1旋转参数=垃圾块1旋转参数-10;
    垃圾块2垂直移动=垃圾块2垂直移动+8;
    垃圾块2水平移动=垃圾块2水平移动+5;
    垃圾块2旋转参数=垃圾块2旋转参数-10;
    垃圾块3垂直移动=垃圾块3垂直移动+8;
    垃圾块3水平移动=垃圾块3水平移动+5;
    垃圾块3旋转参数=垃圾块3旋转参数-10;
    垃圾块4垂直移动=垃圾块4垂直移动+8;
    垃圾块4水平移动=垃圾块4水平移动+5;
    垃圾块4旋转参数=垃圾块4旋转参数-10;
    if(垃圾块1水平移动>=40)
    {
        垃圾块1水平移动=40;
    }
    if(垃圾块2水平移动>=45)
    {
        垃圾块2水平移动=45;
    }
    if(垃圾块3水平移动>=40)
    {
        垃圾块3水平移动=40;
    }
    if(垃圾块4水平移动>=45)
    {
        垃圾块4水平移动=45;
    }
    if(垃圾块1垂直移动>=100)
    {
        垃圾块1垂直移动=100;
    }
    if(垃圾块2垂直移动>=100)
    {
        垃圾块2垂直移动=100;
    }
    if(垃圾块3垂直移动>=100)
    {

```
        垃圾块 3 垂直移动=100；
    }
    if(垃圾块 4 垂直移动 >=100)
    {
        垃圾块 4 垂直移动=100；
    }
}
```

2）调试方法：

①启动后，计时在 2~4 s 时，垃圾车开始倾倒垃圾，4~6 s 垃圾倒入垃圾池。

②在 6~8 s 垃圾车驶出，同时料斗挡板复位，机械手左移。

5. 机械手控制程序的编写与调试

引导问题 11：下面程序中，6~8 s 其间，如果"机械手水平移动量>=100"，则"机械手水平移动量=100"实现什么功能？

_____

_____

1）机械手控制程序。

机械手控制程序详见以下二维码。

机械手控制　　　　机械手控制程序　　　　项目七　完整程序
参考程序　　　　　的编写与调试

2）调试方法：

①6~8 s，料斗挡板复位，垃圾车车厢复位，同时垃圾吊机械手左移。

②8~10 s 垃圾吊机械手下移。

③10~12 s 垃圾吊机械手夹住垃圾上移。

④12~14 s 垃圾吊机械手夹住垃圾右移。

⑤14~16 s 垃圾吊机械手夹住垃圾下移并放下垃圾。

⑥16~18 s 垃圾吊机械手上移。

⑦18~20 s 垃圾吊机械手左移。

⑧20~22 s 垃圾吊机械手下移。

⑨22~24 s 垃圾吊机械手再次夹住垃圾上移。

⑩24~26 s 垃圾吊机械手再次夹住垃圾右移至相对较近位置。

⑪26~28 s 垃圾吊机械手夹住垃圾下移至相对较近位置，并放下垃圾。

⑫28~30 s 垃圾吊机械手上移。

⑬30~32 s 垃圾吊机械手右移。

⑭32~34 s 垃圾吊机械手下移。
⑮34~36 s 垃圾吊机械手夹住垃圾上移。
⑯36~38 s 垃圾吊机械手夹住垃圾右移,并将垃圾送入下一工序。
⑰38~40 s 垃圾吊机械手左移至初始位置,如此循环往复。
⑱按下复位按钮,复位指示灯亮,机械手完成本次操作后回到初始位置停下来;按下暂停按钮,暂停指示灯亮,机械手立即停在当前位置。

引导问题 12:本项目中,36~38 s,如何实现机械手将垃圾送入下一工序消失不见的效果?

_____

_____

_____

【项目报告】

1. 任务目的及要求

2. 任务工具

3. 任务步骤

1)工艺过程分析及控制要求,收集所有 I/O 点信息。
①工艺过程及控制要求:

②所有 I/O 点信息(可以按照分类填写):
静态画面制作时,静态画面变量填入表 7-6。

表 7-6 静态画面变量

变量名	类型	注释

续表

变量名	类型	注释

动态属性添加时（可以按照分类填写），动态属性变量填入表 7-7。

表 7-7 动态属性变量

变量名	类型	注释

定时器设置，定时器设置变量填入表 7-8。

表 7-8 定时器设置变量

变量名	类型	注释

2）根据工艺过程设计，绘制监控画面结构和画面草图。

3）绘制静态画面的注意事项。

4）动画连接创新。

5）程序流程图。

6）投入运行的注意事项。

4. 项目心得

【评价反馈】

评价主要包括学生评价、教师评价以及企业导师评价，如表 7-9 和表 7-10 所示。其中学生评价包括小组内自评、互评，学生要在完成项目的过程中逐步完成评价，可以按照不同人员评分比重给予不同分值，然后总分按照比例压缩至满分 100 分。

表 7-9　组内评价表

序号	评价内容	分值	组长评价	组员1	组员2	组员3	组员4	组员5	组员6	自评评价
1	比例/%	100								
2	对应满分	100								
3	工艺过程分析									
4	收集所有 I/O 点信息									
5	绘制监控画面草图									
6	建立实时数据库									
7	绘制静态画面									
8	添加动态属性									
9	控制功能的设置									
10	分段和总体调试									
11	合计									
	总分：									

主观性评价：

_____

_____

_____

_____

_____

综合评价如表 7-10 所示。

表 7-10 综合评价

项目名称						
班级			日期			
姓名			组号		组长	
序号	评价项任务			比例	分值	得分
1	学生评价		小组自评			
			小组互评			
2	教师评价		调试排故			
			调试报告			
3	企业导师评价		项目汇报			
总分						

【常见问题解答】

1. 系统运行缓慢

修改系统刷新时间，在系统运行设置中，修改运行"系统基准频率"与"时间变量更新频率"，修改为最小值 55 ms。

2. 车厢旋转圆心无法确认

使用旋转向导，光标为"十"字形时，单击处即旋转圆心。

3. 垃圾车绘制

由于系统图库中没有垃圾车，需要使用"矩形""多边形""圆形"工具进行绘制，绘制垃圾车大概轮廓即可。

【项目拓展】

学习从简单到复杂的同时，能将复杂的项目精简到简单也是一种必不可少的能力，请读者将本项目简单化，仅保留垃圾吊堆料、投料的过程，完成项目调试。

【能量驿站】

学以致用　知行合一

学习的目的是能够应用所掌握的知识和技能，解决现实生活中的问题并实现自身价值的最大化。学以致用、知行合一，要求学习者不仅要掌握理论知识，还要能够将其应用到实际中去，以实践验证和丰富所学。只有将理论与实践有机结合，才能真正将知识变为能力，将能力变为行动，从而取得优秀的成就。

学以致用、知行合一的关键在于实践。通过实践，我们能够将学习到的知识运用到实际生活中，锻炼并提升自己的能力。在实践中，我们会遇到各种各样的问题和挑战，需要综合运用所学知识和技能去解决。实践不仅能够加深对知识的理解和记忆，还能够培养我们的动手能力和创新能力。只有通过实践，我们才能发现问题、解决问题、积累经验并不断完善自己。

学以致用、知行合一的过程中，我们还需要注重反思。通过反思，我们能够总结和归纳实践经验，发现不足之处并加以改进。反思能够启迪思维，提高自我认知和理解能力，使我们在下一次实践中更加成熟和自信。反思还能够帮助我们发现实践中的问题，思考解决问题的方法和思路，从而不断提高自己的实践能力和创新能力。同时还要注重与他人的交流和合作。通过与他人的交流和合作，我们能够借鉴他人的经验和思路，扩宽自己的视野，培养团队合作和沟通能力。在交流和合作中，我们还能够从他人的反馈中获得自我评估和进一步改进的机会，使自己不断提高。

学以致用、知行合一，旨在将学习转化为实践，将知识转化为能力，将能力转化为行动。只有在实践中不断尝试、总结和改进，才能真正提升自己的能力，并为社会进步和个人发展做出更大的贡献。让我们以实践为基础，努力学以致用，用行动去证明自己。

项目八　基于 KingView 的垃圾发电监控系统

> **导读**
>
> 　　本项目以垃圾发电监控系统开发为任务，引导学生回顾 MCGS 项目五的工艺要求、流程、制作过程，同时基于项目七的学习，自主设计本项目，引导学生对比不同软件的使用。本项目在项目七的基础上要求学生掌握 KingView 组态软件的曲线、报表、报警制作方法。

【项目准备】

学习情境描述

　　除盐水经过除氧器热力除氧后，由给水泵经给水操作台送至省煤器，给水经过两级省煤器吸收烟气热量后到达汽包，汽包里的水经下降管、下联箱、水冷壁管、汽包组成循环回路不断循环，汽包中产生的饱和蒸汽经引出管到包覆管和各级过热器，不断吸收高温烟气温度，从而变成一定温度和压力的过热蒸汽，最后进入汽轮机做功。

　　基于以上文字描述，填写如图 8-1 所示空格，回顾垃圾发电系统工艺流程。

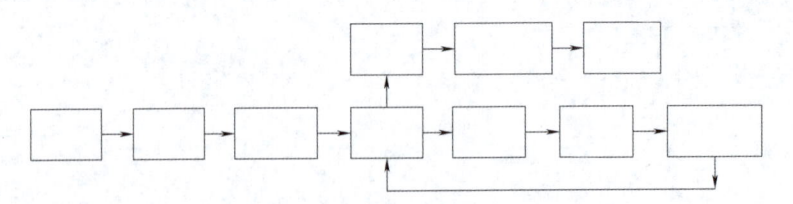

图 8-1　垃圾发电系统工艺流程

学习目标

知识目标	1. 掌握工具箱图库的功能，命令语言、动画连接的功能； 2. 区分数据词典中连接设备、寄存器、采集频率、初始值的含义； 3. 了解报警限的含义，数据变化记录的含义，报警窗口的功能，报表功能，趋势曲线的功能； 4. 归纳 KingView 命令语言语法规则

续表

技能目标	1. 能使用工程管理器新建和存储工程； 2. 能应用工程浏览器进行不同组态工作的切换； 3. 会用数据词典在 KingView 中创建变量，并正确配置其基本属性、报警属性和记录属性； 4. 会新建用户画面，定义画面名称，设置画面大小，利用工具箱绘制直线、按钮； 5. 能利用图库绘制水箱、阀门、管道，并进行必要的动画连接； 6. 设置命令语言程序的循环时间； 7. 设计水位系统程序并调试成功； 8. 制作报警窗口、报表窗口、曲线窗口
素养目标	1. 形成类比、对比学习能力； 2. 培养细化能力，通过细化，在新资料中找到其他层面的含义，把新知识与旧知识联系到一起
教学重点	1. 掌握管道、水箱水位、水泵、阀门的动画连接； 2. 创建实时报警、历史报警、实时报表、历史报表、实时曲线、历史曲线，进行正确设置并调试成功
教学难点	设计垃圾发电监控系统程序，并调试成功
建议学时	6 学时
推荐教学方法	类比学习是快速学好本项目的关键，虽然软件不同，但对比思考、掌握相通之处、启发学生触类旁通是本项目的主要学习目的
推荐学习方法	学生要时时与项目五对比、类比学习，更有利于技能的迁移。采用联系学习法，有目的地回忆、检索大脑中已有的相关信息，找出与现需求之间的内在联系，构建新的知识联系，延伸技能链

任务书

按照工艺流程，系统要求如表 8-1 所示。

表 8-1 系统要求

控制要求	按下启动按钮，定时器开始工作	
	定时达 3 s	系统开始运行，开启汽轮机，开启给水泵，开启流动块（模拟水循环），模拟汽包水箱水位变化，水位控制 2~8 m，发电均值为 430
	按下复位按钮定时器停止计时	
	汽轮机、给水泵等停止运行，发电均值为 0，发电系统停止运行	

207

续表

监视要求	1. 垃圾发电监控画面； 2. 报警窗口：汽包水箱水位的实时报警和历史报警； 3. 曲线显示：汽包水箱水位的实时曲线和历史曲线； 4. 报表输出：汽包水箱水位的实时报表
安全设置	1. 设置工程师组和操作员组，分别包含工程师 1 和操作员 1、操作员 2、操作员 3； 2. 权限设置：工程师 1 和操作员 3 拥有操作"启动按钮"的权限，操作员 1、操作员 2 没有操作"启动按钮"的权限

任务实施提示：

1）回顾总结项目五的开展过程，完成任务时考虑重复工作、创新工作的安排时长；

2）小组间相互交流，及时纠错、整改。

任务分析

引导问题 1：回顾 KingView 建立工程的流程，并填图 8-2。

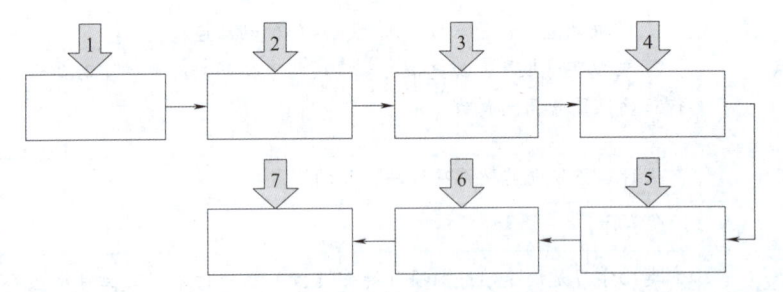

图 8-2 KingView 建立工程的流程

引导问题 2：按照图 8-3，复盘项目五制作静态画面，依据项目七所学知识，对监控画面元素按照使用工具分类，并填表 8-2。

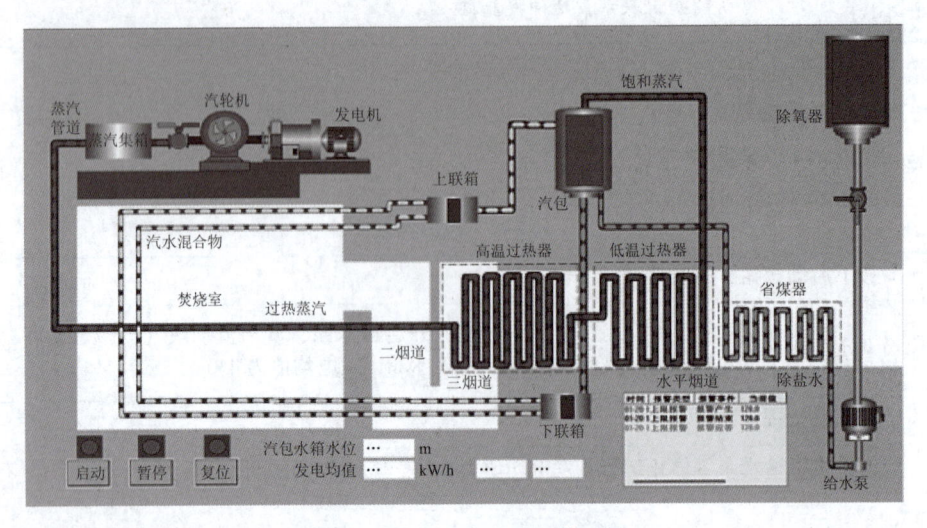

图 8-3 垃圾发电监控系统画面

表 8-2　画面绘制工具使用分类

画面元素	采用工具

引导问题 3：在如图 8-3 所示画面中，按照饱和蒸汽、过热蒸汽、汽水混合物的流动方向，在每一根管道上方用"→"标注方向。

引导问题 4：按照图 8-3 分析项目所需变量，按性质分类，并填表 8-3。

表 8-3　变量分析表

变量名	类别	输入/输出	数字信号/模拟信号

引导问题 5：对照项目五，为保持水压的相对稳定，确保安全，要求汽包水箱水位在合适的范围内。汽包水箱水位有两个报警限，分别是上限和下限。

监控要求如下，请根据项目五填写：

1）进行水位控制，如果水位低于下限，_____；如果水位上升到上限，_____。

2）进行水位实时监测与显示。

3）报表输出：生成水位参数的实时报表和历史报表。

4）曲线显示：_____。

引导问题 6：列出任务涉及的功能模块，并填表 8-4。

表 8-4　工作方案

工作内容	效果实现方案	功能模块选择

续表

工作内容	效果实现方案	功能模块选择

【项目实施】

任务一 定义变量

在 KingView 中，变量也叫数据对象。工程建立后首先需要定义变量。

1）如图 8-4 所示，单击左侧数据库中的"数据词典"选项卡，进入"数据词典"窗口。窗口中列出了系统已有数据对象的名称，它们是系统本身自建的变量，暂不必理会。现在要将表 8-5 中定义的数据对象（变量）添加进去。

定义变量

2）在图 8-4 中，双击数据词典中的"新建..."，弹出"定义变量"窗口，如图 8-5 所示。

表 8-5 数据对象（变量）

变量名	类型	初始值	描述
启动按钮	内存离散	0	启动命令，=1 有效
启动指示灯	内存离散	0	启动指示灯，=1 有效
启动标志	内存离散	0	启动标志，=1 系统开始运行
复位按钮	内存离散	0	复位停止命令，=1 复位后停止
复位指示灯	内存离散	0	复位指示灯，=1 有效
复位标志	内存离散	0	复位标志，=1 系统复位
给水泵启动	内存离散	0	给水泵启动命令，=1 有效
水循环	内存实数	0	管道流动块控制信号
汽包水箱水位	内存实数	0	汽包水箱水位信号
给水箱水位	内存实数	0	给水箱水位信号
汽轮机启动	内存离散	0	汽轮机启动命令，=1 有效
计时	内存实数	0	系统计时
发电均值	内存实数	0	发电均值变量
给水管	内存实数	0	给水管流动效果控制信号

3）在"定义变量"窗口选择"基本属性"选项卡，按图 8-5 进行变量设置，注意变量类型和初始值的设置，设置完成之后单击"确定"按钮。

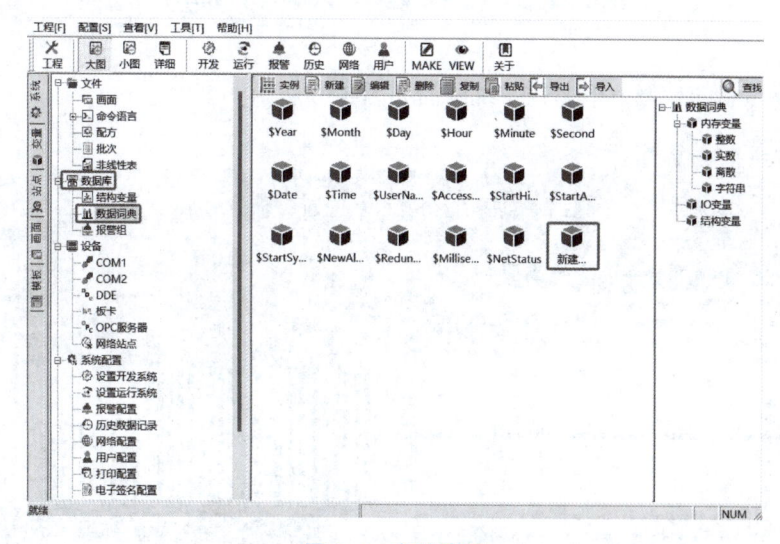

图 8-4 新建变量

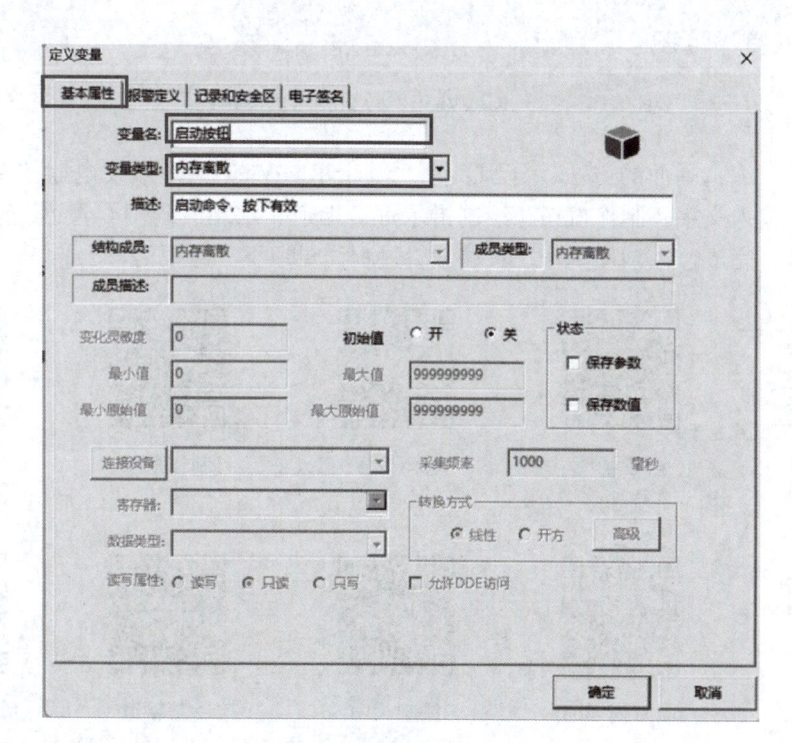

图 8-5 定义变量属性设置

4）重复步骤 2）和 3），将表 8-5 中的所有变量添加完成。
5）保存文件。

任务二　设计与编辑画面

基于 KingView 的垃圾发电监控系统画面如图 8-6 所示。

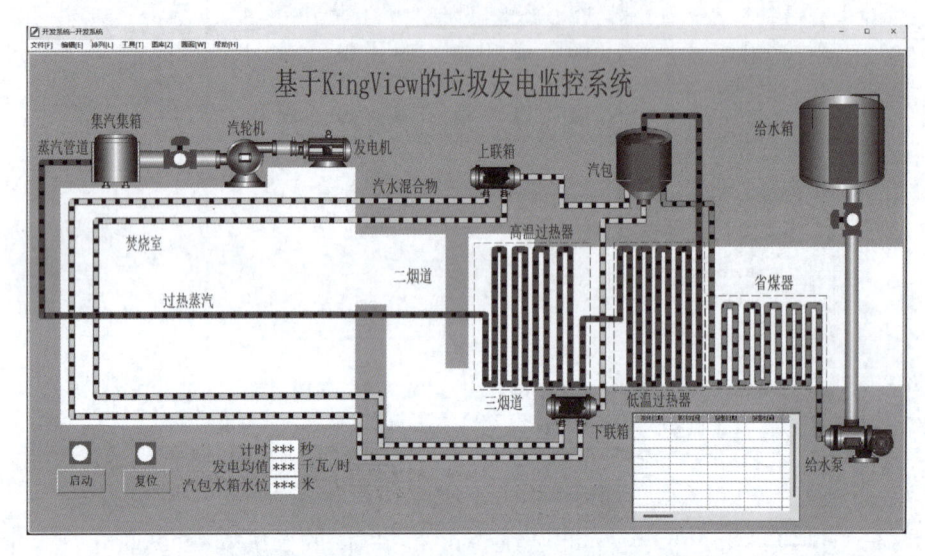

图 8-6　基于 KingView 的垃圾发电监控系统画面

按照项目二编辑画面的方法，分别新建"基于 KingView 的垃圾发电监控系统"画面，在画面中依次输入文字，制作按钮，绘制指示灯、烟道、水箱、阀门、管道、蒸汽管道等，最后保存文件，完成监控画面制作。具体编辑过程详见以下二维码。

| 设计与编辑画面跟我学 | 新建画面 | 输入文字 | 制作按钮 | 绘制指示灯 |

| 绘制烟道 | 图库模型的放置 | 绘制阀门 | 绘制管道 | 绘制蒸汽管道 |

任务三　动画连接与调试

画面绘制好以后，需要将画面中的图形与前面定义的数据对象（变量）关联起来，以便运行时画面上的图形能随变量改变而改变。将画面上的对象与变量关联的过程叫作动画连接。

回顾项目七动画连接与调试方法，按照垃圾发电监控系统动画设置要求，分别添加管道、汽包水箱水位、参数显示、水泵、阀门的动画。具体操作步骤详见以下二维码内容。

| 动画连接与调试跟我学 | 管道动画 | 汽包水箱水位动画 | 参数显示 | 水泵、阀门动画 |

任务四　控制程序编写与调试

项目功能需要通过编写控制程序实现。KingView 在"命令语言"中编写程序。回顾项目七程序编写与调试方法，根据垃圾发电监控要求，进行系统运行设置，并分别编写启动、复位程序，发电系统控制程序并进行调试。具体操作可参见二维码内容。

| 控制程序编写与调试跟我学 | 程序编写与调试 | 项目八　完整程序 |

任务五　制作与调试实时与历史报警窗口

实际运行时，可能会发生参数越限情况。报警显示是最基本的安全手段。

1. 实时报警

（1）报警参数设置

在数据词典中，双击汽包水箱水位，在"定义变量"窗口选择"报警定义"选项卡，勾选"报警限"栏中"高""低"复选框，上限为 7、下限为 3，如图 8-7 所示。随后选择"记录和安全区"选项卡，选择"数据变化记录"，变化灵敏设为 0.5，如图 8-8 所示。

报警参数设置与实时报警

213

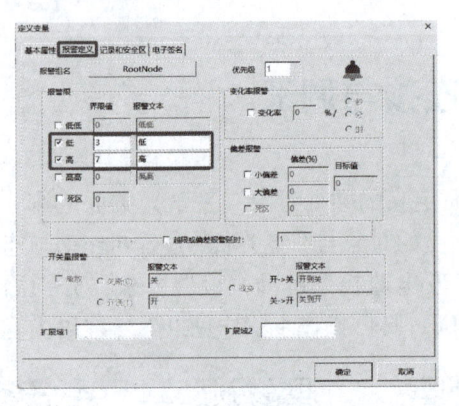

图 8-7　设置报警值　　　　　　　　　　　图 8-8　数据保存

> **小提示：**
> 　　报警指系统运行期间，出现了非正常状态，而监控软件能够及时准确地检测到此信息，并把该信息在不丢失数据的情况下登记下来，保存起来，显示出来。这个信息称为报警信息。操作人员得到报警信息，可及时对问题进行处理，保障系统的安全。
> 　　KingView 中的报警和事件主要包括变量报警事件、操作事件、用户登录事件和工作站事件。通过这些报警和事件用户可以方便地记录和查看系统的报警和各个工作站的运行情况。当报警和事件发生时，在报警窗中会按照设置的过滤条件实时地显示出来。
> 　　为了分类显示产生的报警和事件，可以把报警和事件划分到不同的报警组中，在指定的报警窗口中显示报警和事件信息。

（2）添加实时报警显示窗口

进入画面，选择"工具箱"中"报警窗口"工具，在空白位置拉开到合适大小，双击报警窗口进入"报警窗口配置属性页"窗口，选择"通用属性"选项卡，修改报警窗口名称，选择"实时报警窗"，如图 8-9 所示。选择"条件属性"选项卡，在"报警类型"栏中勾选"高""低"复选框，如图 8-10 所示。

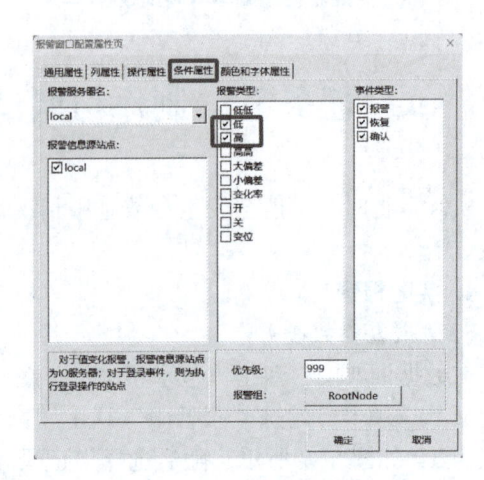

图 8-9　报警通用属性设置　　　　　　　　图 8-10　报警条件属性设置

设置完成后，进入 KingView 察看，如图 8-11 所示，实时报警设置完成。

图 8-11　实时报警显示

历史报警

2. 历史报警

（1）历史报警画面绘制

在工程浏览器中新建画面，画面名称为"历史报警"，进入画面后使用"文本"工具，输入画面标题"汽包水箱水位历史报警"，使用工具箱中的"报警窗口"工具，在画面上拉开至合适大小，如图 8-12 所示。

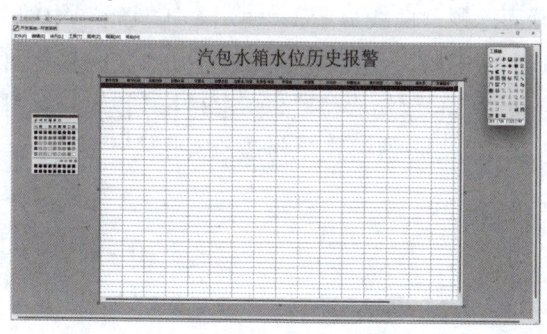

图 8-12　历史报警画面

（2）历史报警属性设置

双击报警窗口进入"报警窗口配置属性页"窗口，选择"通用属性"选项卡，修改报警名称，选择"历史报警窗"，如图 8-13 所示。选择条件属性与实时报警保持一致。设置完成后，进入 KingView 运行，如图 8-14 所示，历史报警设置完成。

图 8-13　历史报警属性

215

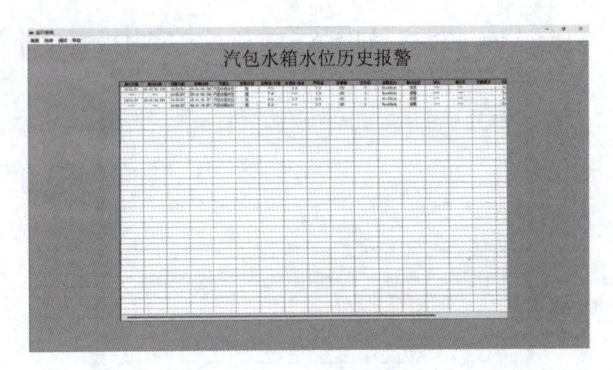

图 8-14　历史报警显示

任务六　制作与调试实时与历史曲线

1. 实时曲线

在工程浏览器中新建画面,画面名称为"曲线显示",进入画面后使用"文本"工具,输入画面标题"曲线显示",使用"工具箱"中的"实时曲线"工具，在画面上拉开至合适大小。双击打开"实时趋势曲线"窗口,设置曲线 1 连接变量"汽包水箱水位",如图 8-15 所示,在"标识定义"选项卡,最大值改为 10,"数值格式"勾选"实际值"复选框,如图 8-16 所示。

实时曲线

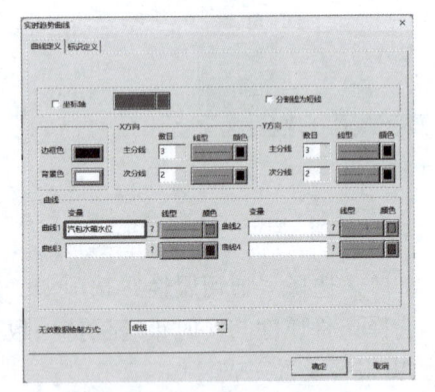

图 8-15　实时曲线设置　　　　图 8-16　实时曲线设置

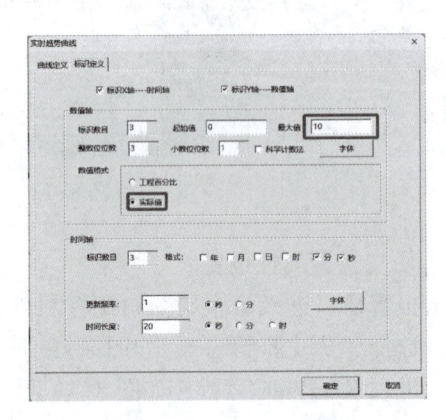

> **小提示:**
> 趋势曲线用来反映变量随时间的变化情况。趋势曲线有两种:实时趋势曲线和历史趋势曲线。
> KingView 的历史趋势曲线以 Active X 控件形式提供,取 KingView 数据库中的数据绘制历史曲线和取 ODBC 数据库中的数据绘制曲线。通过该控件,不但可以实现历史曲线的绘制,还可以实现 ODBC 数据库中数据记录的曲线绘制,而且在运行状态下,可以实现在线动态增加/删除/隐藏曲线、曲线图表的无级缩放、曲线的动态比较、曲线的打印等。

2. 历史曲线

使用"工具箱"中的"历史曲线"工具 ![图标]，在画面中拉开至合适大小，双击打开历史曲线设置，修改曲线名称，将曲线1与"汽包水箱水位"变量建立连接，如图8-17所示，"标识定义"选项卡中，数值轴与实时曲线保持一致，时间轴中时间长度改为5 min，如图8-18所示。

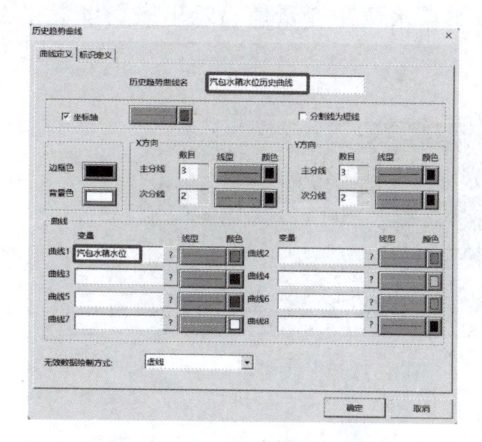

图 8-17　历史曲线设置

图 8-18　历史曲线设置

选中曲线窗口，将填充色改为黑色，使其横轴、纵轴参数显示出来，调试完成后保存文件，并进入KingView中运行，如图8-19所示。

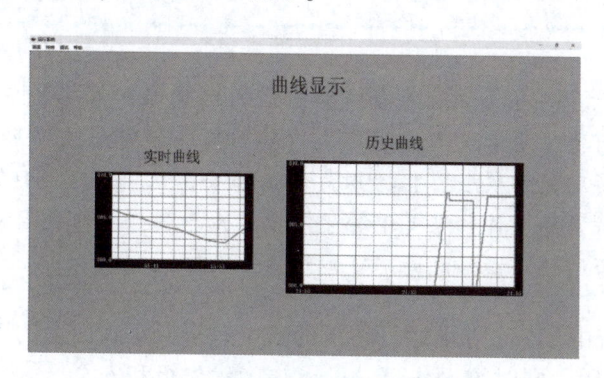

图 8-19　曲线显示

任务七　制作与调试实时报表

> **小提示：**
> 数据报表是反映生产过程中的过程数据、运行状态等，并对数据进行记录、统计的一种重要工具，是生产过程必不可少的一个重要环节。

在工程浏览器中新建画面，画面名称为"报表显示"，进入画面后使用"文本"工具，输入画面标题"报表显示",使用"工具箱"中的"报表窗口"工具箱,在画面上拉开至合适大小。双击开始表格编辑,通过删除行和列,制作 2 行 3 列表格,调整表格大小,将第一行表格合并,输入标题"实时报表",右击,在弹出的快捷菜单中选择"设置单元格格式"命令可以修改字体和对齐方式。表格设置如图 8-20 所示,水位显示一格填入"=汽包水箱水位",这样在运行时可以将"汽包水箱水位"变量值显示出来。设置完成后保存文件,进入 KingView 运行,如图 8-21 所示。

实时报表

图 8-20 表格设置 　　　　　　图 8-21 报表显示

任务八　权限管理

> **小提示:**
> 在权限问题上,KingView 采用分级和分区的双重保护策略。在工程开发时可以对工程中大多数可操作元素设定保护级别(1~999)和安全区(可达 64 个),对应地还要设定操作员的操作权限(1~999)和工作安全区(最多 64 个)。在工控系统运行时,只有操作员的操作权限大于等于可操作元素的保护级别且在同一安全区时,才能对其操作;否则该可操作元素不可被访问或操作。

在 KingView 系统中,为了保证运行系统的安全运行,对画面上的图形对象设置了访问权限,同时给操作员分配了访问优先级和安全区,只有操作员的优先级大于对象的优先级且操作员的安全区在对象的安全区内时才可访问,否则不能访问画面中的图形对象。

权限管理

操作员的操作优先级级别为 1~999,1 级最低,999 级最高。每个操作员和对象的操作优先级级别只有一个。系统安全区共有 64 个,用户在进行配置时,每个用户可选择除"无"以外的多个安全区,即一个用户可有多个安全区权限,每个对象也可有多个安全区权限。除"无"以外的安全区名称可由用户按照自己的需要进行修改。在软件运行过程中,优先级大于 900 的用户还可以配置其他操作员,为它们设置用户名、口令、访问优先级和安全区。与用户一样,图形对象同样具有 1~999 个优先级和 64 个安全区。

权限设置任务如表 8-6 所示。

表 8-6　权限设置任务

用户组	用户	优先级	安全区
工程师组	工程师 1	999	系统启动
操作员组	操作员 1	150	无
	操作员 2	50	系统启动
	操作员 3	100	系统启动
图形对象		优先级	安全区
启动按钮		100	系统启动

在 KingView 工程浏览器目录显示区中,双击大纲项系统配置下的用户配置,或从工程浏览器的顶部工具栏中单击"用户",弹出"安全管理系统"窗口,如图 8-22 所示。

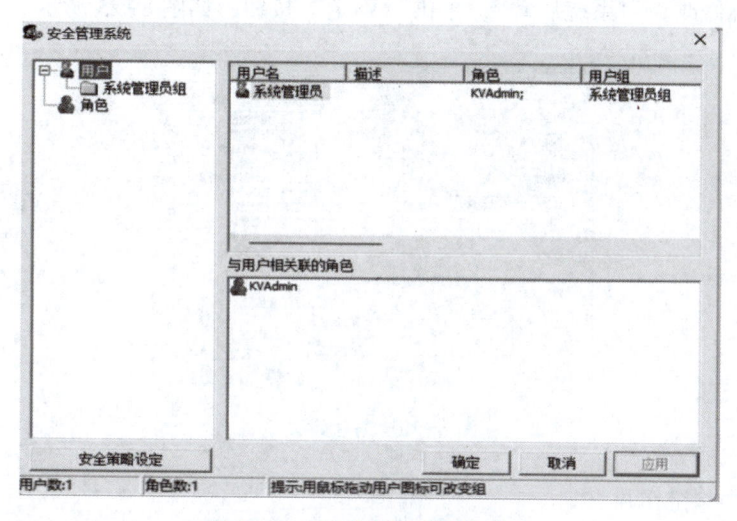

图 8-22　"安全管理系统"窗口

安全管理系统包括用户、角色、安全策略设定。

1. 定义角色

选中左侧目录中的"角色",右击,在弹出的快捷菜中选择"新建角色"→"关联角色"命令。"角色"被选中时,右侧显示角色名,在角色名选中某一角色,在下方显示出与角色相关联的用户,如图 8-23 所示。

工程默认包含角色 KVAdmin,具备所有用户管理的权限功能,KVAdmin 角色不可删除和编辑。

1) 右击左侧目录中的"角色",在弹出的快捷菜单中选择"新建角色"命令,在弹出窗口中修改角色名称和角色描述,并在安全区选择"A",如图 8-24 所示。

定义角色

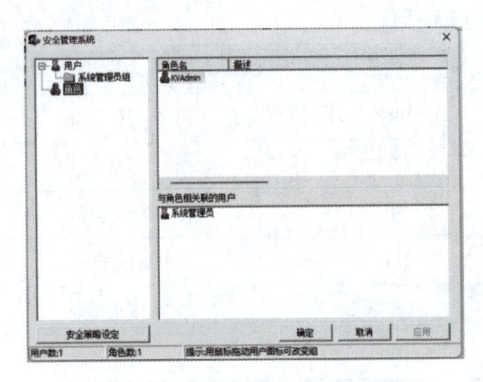

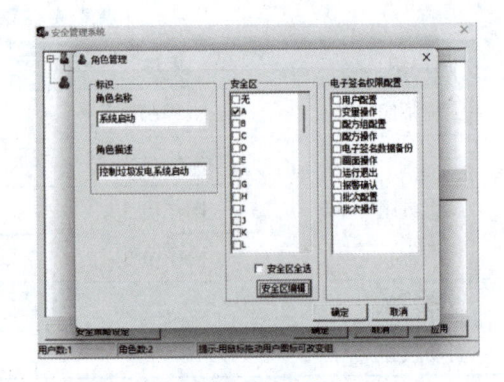

图 8-23　安全管理对话框角色　　　　　　图 8-24　角色定义 1

2）单击图 8-24 中"安全区编辑"按钮，在弹出对话框中选择"A"，单击"编辑"按钮，将角色名称修改为"系统启动"，单击"确定"按钮，如图 8-25 所示。

图 8-25　角色定义 2

2. 定义用户组及用户

组态王中可根据工程管理的需要将用户分成若干个组来管理，即用户组，用户组没有任何特殊属性。

1）右击图 8-23 左侧目录中的"用户"，在弹出的快捷菜单中选择"新建用户组"命令，修改名称为"工程师组"，重复前面操作，再新增用户组"操作员组"，如图 8-26 所示。

定义用户组及用户

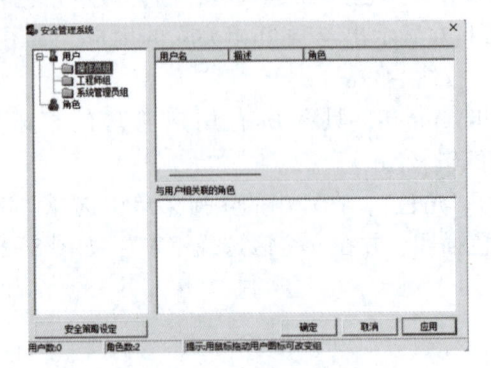

图 8-26　用户组定义

2）右击图 8-26 左侧目录中的"工程师组"，在弹出的快捷菜单中选择"新建用户"命令，在弹出窗口中修改用户名称为"工程师 1"，优先级修改为"999"，用户角色选择"系统启动"，如图 8-27 所示。

3）右击图 8-26 左侧目录中的"操作员组"，在弹出的快捷菜单中选择"新建用户"命令，在弹出窗口中修改用户名称为"操作员 1"，优先级修改为"150"，角色不做修改，依次再增加"操作员 2""操作员 3"，分别将其优先级修改为"50"和"100"，角色选择"系统启动"，如图 8-28 所示。

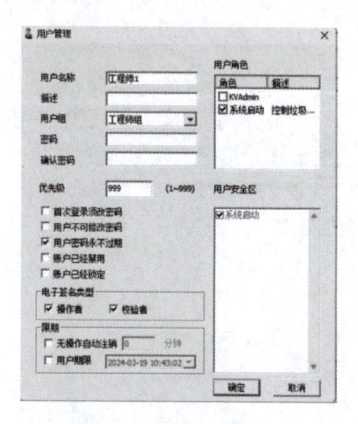

图 8-27　用户定义 1　　　　　图 8-28　用户定义 2

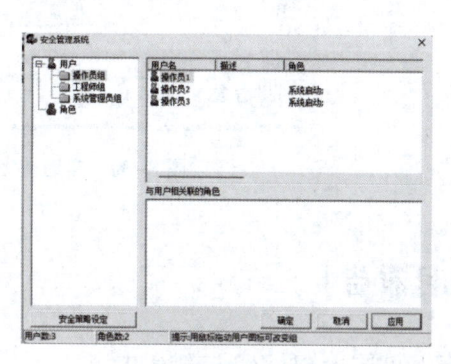

3. 启动按钮安全设置

1）双击图 8-6 监控画面中的"启动按钮"图形对象，弹出"动画连接"窗口，将右下角优先级修改为"100"，如图 8-29 所示。

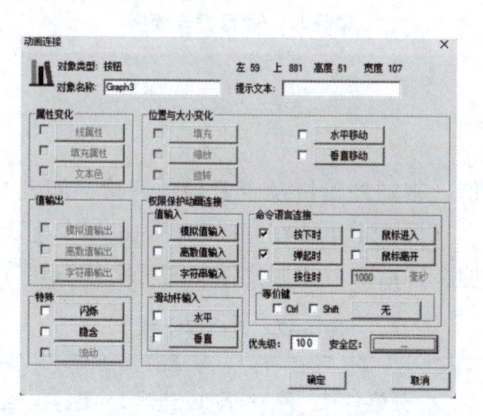

启动按钮安全设置

图 8-29　启动按钮优先级设置

2）单击图 8-29 中安全区　　　　按钮，在弹出窗口选择"系统启动"，单击　　按钮，将其移动到"已选择的安全区"，如图 8-30 所示，单击"确定"按钮。

3）进入 KingView 运行环境，单击"特殊"菜单，在弹出的快捷菜单中选择"登录开"命令，在弹出窗口选择相应用户登录，查看权限效果，可以发现经过权限设置后，只有工程师 1 和操作员 3 拥有操作"启动按钮"的权限，而操作员 1 和操作员 2 没有权限。

221

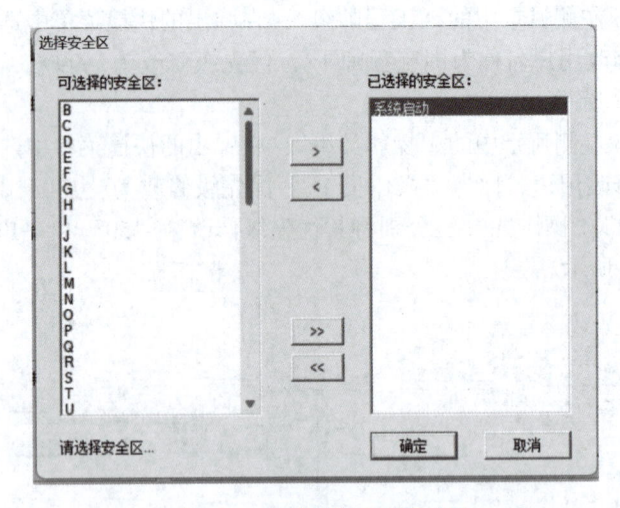

图 8-30　启动按钮安全区设置

【项目报告】

具体模板和要求详见以下二维码内容。

项目八　项目报告模板

【评价反馈】

评价主要包括学生评价、教师评价以及企业导师评价，如表 8-7 和表 8-8 所示。其中学生评价包括小组内自评、互评，学生要在完成项目的过程中逐步完成评价，可以按照不同人员评分比重给予不同分值，然后总分按照比例压缩至满分 100 分。

表 8-7　组内评价表

序号	评价内容	分值	组长评价	组员1	组员2	组员3	组员4	组员5	组员6	自评评价
1	比例/%	100								
2	对应满分	100								
3	工艺过程分析									
4	收集所有 I/O 点信息									
5	绘制监控画面草图									

续表

序号	评价内容	分值	组长评价	组员1	组员2	组员3	组员4	组员5	组员6	自评评价
6	建立实时数据库									
7	绘制静态画面									
8	添加动态属性									
9	控制功能的设置									
10	分段和总体调试									
11	报警制作									
12	历史、实时报表									
13	历史、实时曲线									
14	安全机制									
15	合计									
	总分：									

主观性评价：

_____

_____

_____

_____

_____

综合评价如表8-8所示。

表8-8 综合评价

项目名称					
班级			日期		
姓名		组号		组长	
序号	评价项任务		比例	分值	得分
1	学生评价	小组自评			
		小组互评			
2	教师评价	调试排故			
		调试报告			
3	企业导师评价	项目汇报			
总分					

【常见问题解答】

1. 报警窗口不显示
察看报警变量设置，报警限设置是否正确，勾选数据变化时记录，报警窗口连接正确。

2. 流动块方向相反
系统设定绘制管道时，方向为由起始点至终点，如果方向相反，只能将流动块删除后重新绘制。

3. 曲线无法正常显示
在曲线属性设置中，察看连接是否正常，数值格式为"实际值"。

【项目拓展】

为了保证运行系统的安全运行，可以对画面上的图形对象设置访问权限，同时给操作员分配了访问优先级和安全区，只有操作员的优先级大于对象的优先级且操作员的安全区在对象的安全区内时才可访问，否则不能访问画面中的图形对象。请自主搜查资料，选择自己认为最重要的图形界面，设置访问权限。

【能量驿站】

有问题　不逃避

在生活和工作中，经常会遇到各种各样的问题。有时候这些问题看似难以解决，但只要我们运用正确的方法，保持积极的态度和坚持不懈的努力，相信问题总能得到解决。遇到难题时，试试下面几种方法吧。

1. 问题分析法
要解决一个问题，首先需要对问题进行深入的分析。问题分析法是一种常用的解决问题的方法。通过分析问题，我们可以了解问题的本质、原因和影响，并找到解决问题的关键所在。

1) 明确问题：首先要明确问题是什么，确定问题的范围和背景信息。清晰地描述问题有助于进一步的分析。

2) 收集信息：收集相关的信息和数据，了解问题的背景情况和相关因素。可以通过调查、观察、研究文献等方式获取信息。

3) 分析原因：分析问题产生的原因，找出问题的根本原因。可以使用鱼骨图、因果图等工具帮助分析原因。

4) 确定目标：明确解决问题的目标，确定解决问题的具体方向和期望的结果。

2. 创新思维法
遇到问题时运用创造性思维或许可以帮助我们找到与众不同的解决方案，打破传统思维的限制，寻找创新的解决办法。

1) 思维导图：使用思维导图工具将问题与相关的概念、思路等进行关联，激发创新的想法。

2）逆向思维：换个角度思考问题，尝试从相反的方向出发寻找解决办法。

3）激发灵感：通过参观展览、与他人交流、阅读书籍等方式，来激发灵感，促进创新思维。

3. 合作解决法

合作可以带来不同的观点和想法，有助于拓宽思维和找到更好的解决方案。

1）团队协作：组建一个团队，让团队成员共同参与问题解决的过程，各取所长，形成合力。

2）群策群力：通过集思广益的方式，向他人征求意见和建议，获得不同的观点和思路。

3）共享资源：与他人共享资源和经验，互相借鉴学习，找到更好的解决方案。

项目九 MCGS+S7-1200 PLC 控制电动机启停

> **导读**
>
> 本项目以 MCGS+S7-1200 PLC 控制电动机启停为任务,通过相关过程的解读,要求学生了解组态软件与相关设备硬件连接方式,掌握组态软件通信参数设置方法,能自主完成通过组态软件与外部设备联机,并能读取设备相关参数。

【项目准备】

学习情境描述

在垃圾焚烧系统中,通信技术发挥着至关重要的作用。它确保了各个组成部分的协调运作,从而使整个系统能够高效、安全地运行。通信系统的基本任务是收集并传输信息,以便对垃圾焚烧过程进行实时监测和控制。

垃圾焚烧过程涉及多个环节,包括垃圾进料、焚烧、余热利用、废气处理等。每个环节都需要独立的控制系统,而这些系统之间必须相互通信,以确保整个过程的顺利进行。

在垃圾焚烧系统中,可编程逻辑控制器(PLC)是一种重要的通信和控制设备。PLC 负责监测和监控整个垃圾焚烧过程,确保其安全、高效和环保。PLC 还可以与其他设备进行通信,如与上位机、远程监控系统等进行信息交互。这使得 PLC 成为垃圾焚烧系统中不可或缺的通信节点。

本任务完成 MCGS 与 PLC 的通信连接,完成利用组态画面中的按钮控制电动机的启停。

学习目标

知识目标	1. 了解通信基础知识; 2. 了解串口通信基础知识; 3. 了解 TCP/IP 通信基础知识; 4. 掌握 S7-1200 PLC 数据读写方法

续表

技能目标	1. 正确连接 PLC 网络，并进行相应设置； 2. 根据实际应用需求，选择合适的通信协议； 3. 掌握组态软件与 PLC 联机的方法和步骤
素养目标	1. 初步了解设备组态基本方法； 2. 具备安全操作的思维； 3. 增强自主搜索、探索能力
教学重点	组态软件与 PLC 联机
教学难点	通信参数的设置
建议学时	6 学时
推荐教学方法	从项目任务入手，先模拟运行，然后再进行实物联机调试，完成相应功能
推荐学习方法	面对任务要善于分析、抽丝剥茧，将大任务分解成一个个小任务，并将小任务与课本知识衔接，最后再将小任务整合，完成大任务

任务书

按照工艺流程，系统要求具有以下功能：

功能要求：上位机控制电动机启停。

控制要求如下：

1）建立"MCGS+S7-1200 PLC 控制电动机启停"工程；

2）要求通过组态软件的按钮控制电动机启停，按下启动按钮，PLC 输出端 Q0.0 得电，从而控制接触器 KM 线圈吸合，电动机开始转动；

3）按下停止按钮，PLC 输出端 Q0.0 失电，接触器 KM 线圈断开，电动机停止转动。

任务实施提示：

1）先做好充分了解，确定思路，再具体实施，能避免一些无用功；

2）按照项目流程划分工作，预判项目各部分工作量，并尽量保证公平合理分配给各小组任务；

3）上网自主搜查通信相关内容，了解 MCGS 的相关通信方式，测试 PLC 与组态软件通信连接；

4）画面含有必要的按钮、指示灯；

5）小组间相互交流，及时纠错、整改。

任务分组

表 9-1 所示为任务分组。

表 9-1　任务分组

班级		组号		指导教师	
组长		学号		日期	
组员	姓名		学号	姓名	学号

任务分工：

任务分析

引导问题 1：复习之前的 PLC 相关课程，熟悉 PLC 输入/输出点连接方法，画出项目的电气控制线路。

> **小提示**：
> PLC 有继电器输出，可接交流接触器。从安全角度出发，学生进行安装时，输出接直流继电器过渡一下较妥。电气控制回路应根据所选择的交流接触器额定电压来选择交流电压的大小。从而做到直流控制交流、虚拟控制现实的目标。

引导问题 2：在 MCGS 中新建一个工程，工作台中设备窗口能否找到设备西门子 S7-1200 PLC？

> **小提示**：
> MCGS 通用版组态软件中有西门子 PLC 驱动，无法找到 S7-1200 驱动，但嵌入式版或 McgsPro 中有 S7-1200 相关驱动。

引导问题 3：PLC 与组态软件是如何建立连接的？硬件如何连接？参数如何设置？

_____

_____

_____

引导问题 4：PLC 的输入信号 I0.0 能否通过触摸屏按钮输入？输出信号 Q0.0 能否通过触摸屏按钮输入？

_____

_____

_____

_____

工作计划

1. 制定工作方案

按照前文提示，制定 MCGS+S7-1200 PLC 控制电动机启停系统制作步骤，小组讨论并按照工作量分配子任务，相对复杂的子任务可以由两位同学一起完成，并填表 9-2。

表 9-2 任务分配

步骤	工作内容	负责人
1		
2		
3		
4		
5		
6		

2. 列出任务涉及的功能模块

表 9-3 所示为工作方案。

表 9-3 工作方案

工作内容	效果实现方案	功能模块选择

3. 用流程图写出设计思路

进行决策

1）各组派代表阐述设计方案。
2）各组对其他组的设计方案提出自己不同的看法。
3）教师结合学生完成的情况进行点评,选出最佳方案。
最佳方案框架:

【项目实施】

任务一　硬件接线

本任务需要控制实际的电气控制线路，需完成组态控制 PLC，再使用 PLC 的输出端控制三相异步电动机。三相异步电动机启停控制系统如图 9-1 所示。

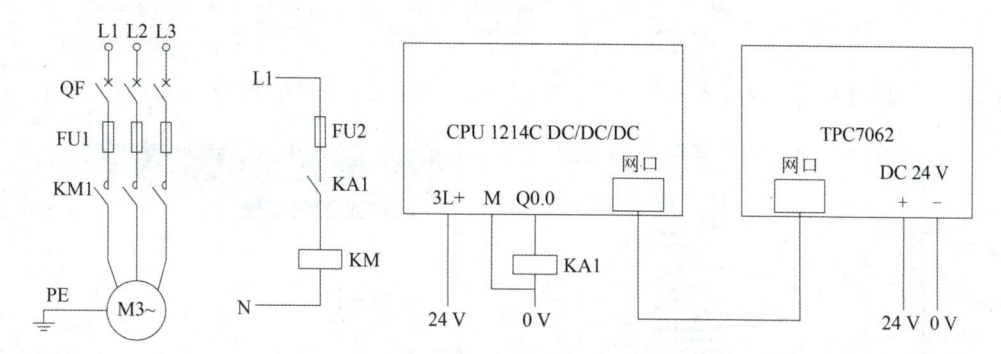

图 9-1　三相异步电动机启停控制系统

组态软件通过以太网与 PLC 连接。

PLC 输出端不直接与三相电动机相连，可通过中间继电器进一步转换，本项目使用 DC 24 V 继电器作为中间继电器。用 PLC 的输出端 Q0.0 控制中间继电器 KA1 的线圈，再用中间继电器 KA1 的常开触点控制交流接触器 KM1 的线圈，通过接触器 KM1 的主触点控制三相电动机的启停。

硬件接线

任务二　组态设计

1. 工程建立

首先，在了解项目的基础上，制定合适的方案，然后在上位组态中建立新工程。

双击组态环境快捷方式，单击"文件"菜单中的"新建工程"命令，弹出"工程设置"窗口，HMI 配置选择"其他型号（1920×1080）"，单击"确定"按钮，如图 9-2 所示。选择"文件"菜单中的"工程另存为"命令，在文件名一栏内输入"电动机启停控制"，保存路径选择"桌面"，单击"保存"按钮，工程创建完毕，如图 9-3 所示。

2. 设备组态

在"工作台"窗口中选择"设备窗口"，单击"设备组态"按钮，进入"设备组态"窗口，单击工具条中的 ✶ 按钮，弹出"设备工具箱"窗口，如图 9-4 所示。

设备组态

在"设备工具箱"窗口，先后双击"通用 TCP/IP 父设备"和"Siemens_1200"将它们添加至设备窗口，如图 9-5 所示。

图 9-2　新建工程设置

图 9-3　工程另存设置

图 9-4　"设备工具箱"窗口

图 9-5　添加设备

双击"通用 TCP/IP 父设备"，在弹出的"通用 TCP/IP 设备属性编辑"窗口中，本地 IP 地址一般指 HMI 地址，远程 IP 地址为 PLC 地址，如图 9-6 所示。

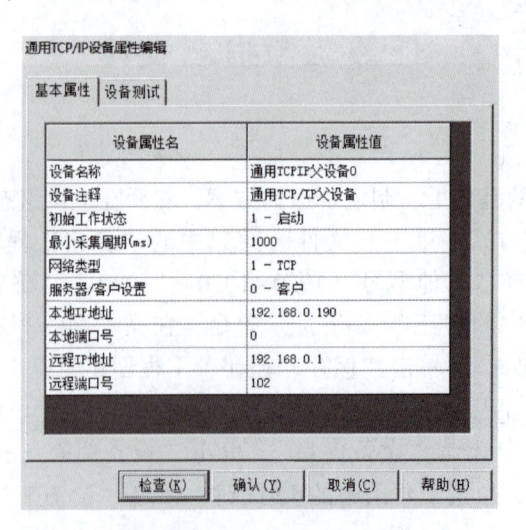

图 9-6　"通用 TCP/IP 设备属性编辑"窗口

3. 用户窗口组态

1）在"工作台"窗口中选择"用户窗口",单击"新建窗口"按钮,建立新画面"窗口0"。单击"窗口属性"按钮,弹出"用户窗口属性设置"窗口,将"窗口名称"修改为"电动机启停控制画面",如图9-7所示。

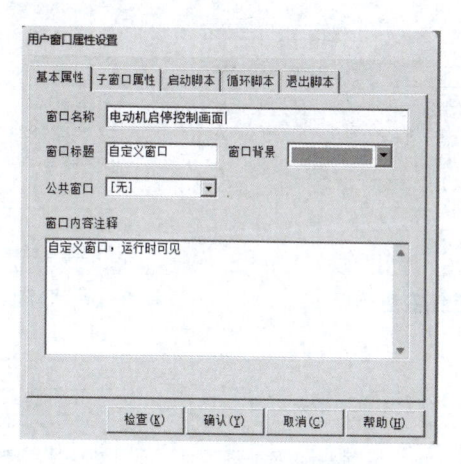

图9-7 用户窗口属性设置

2）双击"电动机启停控制画面"窗口,打开"工具箱",在窗口组态中添加以下构件:

①按钮:单击"工具箱"中的"标准按钮"工具,将按钮构件拖放到窗口中。双击该按钮,弹出"标准按钮构件属性设置"窗口,将"文本"修改为"启动",单击"确认"按钮;按以上方法,再拖放一个按钮,将"文本"修改为"停止"。

②指示灯:单击"工具箱"中的"动画显示"工具,将其添加到窗口画面中,并调整至合适大小,如图9-8所示。

图9-8 用户窗口画面

3）建立数据连接。

①按钮:双击启动按钮,在"操作属性"选项卡中勾选"数据对象操作"复选框,选择"按1松0"操作,单击 ? 按钮,在弹出的"变量选择"窗口"变量选择方式"选择"根据采集信息生成",通道类型选择"M内部继电器",通道地址为0,数据类型通道的第00位,如图9-9所示;单击"确认"按钮,弹出"标准按钮构件属性设置"窗口,如图9-10所示。同理,停止按钮的变量选择如图9-11所示,数据类型选择"通道的第01位",其他构件的设置不

233

做任何改变，单击"确认"按钮，弹出"标准按钮构件属性设置"窗口，如图9-12所示。

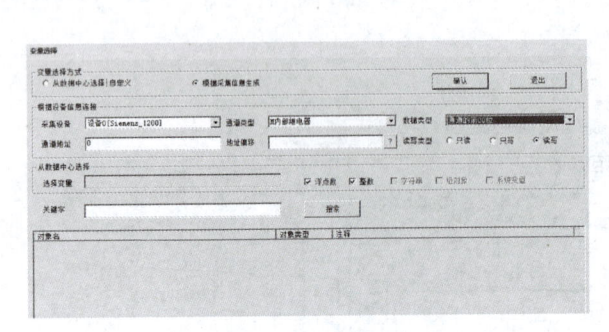

图9-9 启动按钮变量选择

图9-10 "标准按钮构件属性设置"窗口

图9-11 停止按钮的变量选择

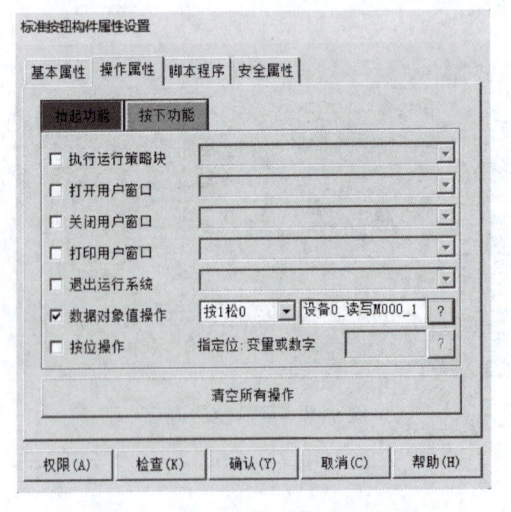

图9-12 停止按钮操作属性设置

画面组态

②指示灯：双击指示灯构件，弹出"动画显示构件属性设置"对话框，在"显示属性"选项卡中，单击"显示变量"中的 ? 按钮，弹出"变量选择"窗口，如图9-13所示，通道类型选择"Q输出继电器"，单击"确认"按钮，弹出"动画显示构件属性设置"窗口，

如图 9-14 所示。

图 9-13 指示灯变量选择

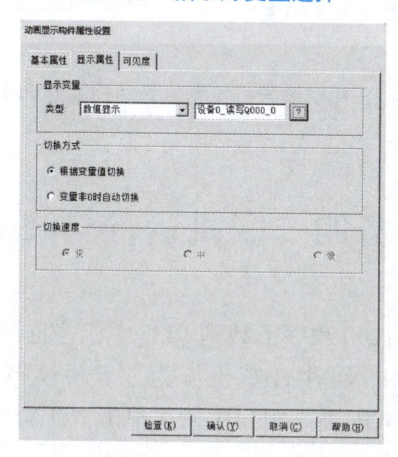

图 9-14 指示灯动画显示构件属性

任务三　PLC 程序编写

1. 设备组态

PLC 的 IP 地址设置与前文所提"通用 TCP/IP 设备属性编辑"的远程 IP 地址一致，同时需要在博途 TIA 软件硬件组态中的"常规"→"防护与安全"→"连接机制"中勾选"允许来自远程对象的 PUT/GET 通信访问"复选框，如图 9-15 所示。

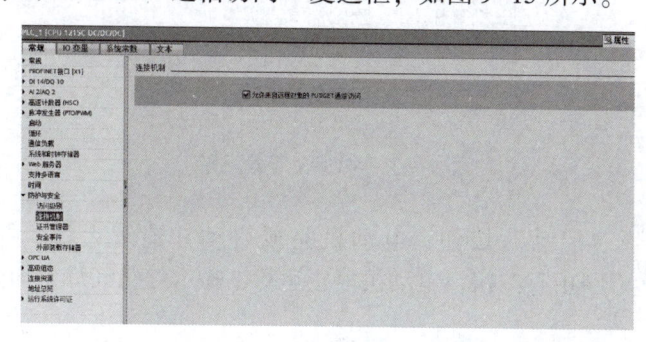

PLC 程序编写

图 9-15 PLC 设备组态设置

2. 程序编写

三相交流异步电动机长动控制的 PLC 程序如图 9-16 所示，用 M0.0 启动，M0.1 停止，Q0.0 输出。

图 9-16 三相交流异步电动机长动控制的 PLC 程序

任务四　联机运行与调试

硬件完成连接后，将 S7-1200 程序下载到 PLC 中，并将 PLC 投入运行。

因本次任务没有指定 HMI，可用计算机作为上位机模拟运行，在 MCGS 软件中单击"下载"按钮，在弹出的"下载配置"窗口中依次单击"工程下载""启动运行"按钮，即可进行模拟运行，如图 9-17 所示。

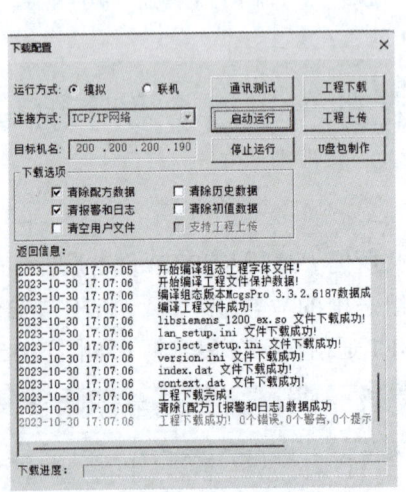

联机调试

图 9-17 MCGS 下载配置

模拟运行：按下"启动"按钮，电动机完成启动并连续运行，指示灯亮绿灯，如图 9-18 所示；按下"停止"按钮，电动机停止运行，指示灯亮红灯，如图 9-19 所示。

图 9-18　电动机启动　　　　　　　　图 9-19　电动机停止

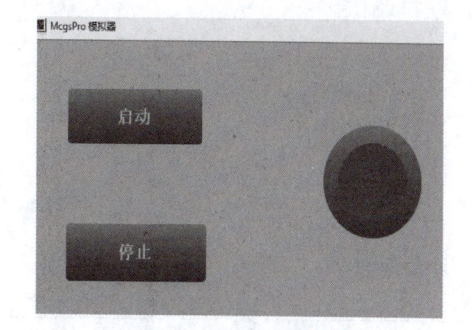

【项目报告】

1. 任务目的及要求

2. 任务工具

3. 任务步骤

1）硬件接线。

2）组态设计。

3）PLC 程序设计。

4）联机调试。

4. 项目心得

【评价反馈】

评价主要包括学生评价、教师评价以及企业导师评价，如表 9-4 和表 9-5 所示。其中学生评价包括小组内自评、互评，学生要在完成项目的过程中逐步完成评价，可以按照不同人员评分比重给予不同分值，然后总分按照比例压缩至满分 100 分。

表 9-4 组内评价表

序号	评价内容	分值	组长评价	组员1	组员2	组员3	组员4	组员5	组员6	自评评价
1	比例/%	100								
2	对应满分	100								
3	绘制硬件接线图									
4	硬件接线									
5	工程组态									
6	画面设计									
7	PLC 程序编写									
8	总体调试									
9	合计									
	总分：									

主观性评价：

综合评价如表 9-5 所示。

表 9-5　综合评价

项目名称						
班级			日期			
姓名			组号		组长	
序号	评价项任务			比例	分值	得分
1	学生评价	小组自评				
		小组互评				
2	教师评价	调试排故				
		调试报告				
3	企业导师评价	项目汇报				
总分						

【常见问题解答】

组态软件与 PLC 无法进行通信

尝试组态需与 PLC 设置在同一网段，即 IP 地址前三位相同，最后一位不同。

【项目拓展】

本任务完成组态与 PLC 的联机，请学生按照相同方法，完成 MCGS+S7-1200 PLC 控制电动机正反转。学生可根据之前所学，将电动机正反转运行的指示用动画完成。

【能量驿站】

协作共赢　探索无限可能

团队协作能力在当今社会中扮演着至关重要的角色。所谓团队协作能力，是指建立在团队的基础之上，发挥团队精神、互补互助以达到团队最大工作效率的能力。对于团队的成员来说，不仅要有个人能力，更需要有在不同的位置上各尽所能、与其他成员协调合作的能力。提升团队协作能力，可以从以下几个方面入手：

1）提升表达与沟通能力。

我们常说"行胜于言"，主要是强调做人应该多做少说。但现代社会是个开放的社会，你的好想法要尽快让别人了解，所以要注意培养这方面的能力。抓住一切机会锻炼表达能力，积极表达自己对各种事物的看法和意见，并掌握与人交流和沟通的艺术。

2）做事积极主动。

我们都有成功的渴望，但是成功不是等来的，而是靠努力做出来的。我们不应该被动地等待别人告诉你应该做什么，而应该主动去了解社会需要我们做什么，自己想要做什么，然后进行周密规划，并全力以赴地去完成。

3) 爱岗敬业，一丝不苟。

有了敬业精神，才能把团队的事情当成自己的事情，有责任心，发挥自己的聪明才智，为实现团队的目标而努力。要记住个人的命运是与所在的团队、集体连在一起的。这就要求我们有意识地多参与集体活动，并且想方设法认真完成好个人承担的任务，养成不论是学习还是干什么事都认真对待的好习惯。

4) 求同存异，宽容他人。

实际上，集体中的每个人各有各的优点和缺点，关键是我们以怎样的态度去看待。能够在平常之中发现对方的美，而不是挑他的毛病，培养自己求同存异的素质，这一点尤其重要。这就需要我们在日常生活中，培养良好的与人相处的心态，并在生活中运用。这不仅是培养团队精神的需要，而且也是获得人生快乐的重要方面。

5) 构建全局意识。

团队精神不反对个性张扬，但个性必须与团队的行动一致，要有整体意识、全局观念，考虑团队的需要。它要求团队成员互相帮助、互相照顾、互相配合，为集体的目标而共同努力。

项目十 西门子 S7-1200 系列 PLC 以太网通信

> **导读**
>
> 本项目以两台电动机异地启停控制为任务，通过相关过程的解读，要求学生了解以太网通信连接方式，掌握 PLC 开放式用户通信参数设置方法，能自主完成实现两台 PLC 的数据互通。

【项目准备】

学习情境描述

在垃圾焚烧发电处理系统中，以太网通信技术发挥着至关重要的作用。垃圾焚烧发电是一种将废弃物转化为电能的可持续能源利用方式，其流程包括垃圾的收集、预处理、焚烧、蒸汽发电等多个环节。这些环节需要高度协同和精确控制，以确保发电效率和环境保护之间的平衡。

在这一场景中，多台设备通过以太网连接形成一个网络，使它们可以相互通信和交换数据。以太网通信为设备提供了高速、稳定和可靠的数据传输通道。很多设备中 PLC 作为一种核心控制设备，是各个设备的"大脑"，因此 PLC 之间的以太网通信，是系统稳定运行的基础。

本任务以两台电动机异地启停控制为例，深入了解以太网通信过程，了解 PLC 之间的通信过程。

学习目标

知识目标	1. 了解以太网通信基础知识； 2. 掌握 PLC 之间的通信协议和通信方式
技能目标	1. 能够正确连接 PLC 网络，并进行相应设置； 2. 能够根据实际应用需求，选择合适的通信协议； 3. 能够根据通信协议，选择合适的通信指令，完成通信功能

续表

素养目标	1. 初步形成监控系统设计思维； 2. 具备安全操作的思维； 3. 增强自主搜索、探索能力
教学重点	1. 通信参数的设置； 2. 通信指令的应用
教学难点	通信协议
建议学时	4学时
推荐教学方法	从项目任务入手，通过 PLCSIM 仿真，然后再进行实物联机调试，完成相应功能
推荐学习方法	面对任务要善于分析、抽丝剥茧，将大任务分解成一个个小任务，并将小任务与课本知识衔接，最后再将小任务整合，完成大任务

任务书

按照工艺流程，系统要求具有以下功能：

功能要求：实现两台电动机的异地启停控制。

控制要求如下：

1）西门子 S7-1200 系列 PLC 以太网通信。

2）按下本地的正、反转按钮和停止按钮，本地电动机正转和反转。

3）若本地电动机正向启动运行，则远程电动机只能正向启动运行；若本地电动机反向启动运行，则远程电动机只能反向启动运行。

4）若先启动远程电动机，则本地电动机也得与远程电动机运行方向一致。

任务实施提示：

1）先做好充分了解，确定思路，再具体实施，能避免一些无用功。

2）按照项目流程划分工作，预判项目各部分工作量，并尽量保证公平合理分配给各小组任务。

3）上网搜索并阅读关于以太网通信协议、通信方式、测试方法等相关内容，确保对通信技术有深入的理解。

4）准备必要的设备和工具，如网口测试工具、测试软件等，以便进行实际的以太网通信测试。

5）学习和掌握与 PLC 通信相关的编程语言和编程环境，为后续的编程工作做好准备。

6）小组间相互交流，及时纠错、整改。

任务分组

表 10-1 所示为任务分组。

表 10-1　任务分组

班级		组号		指导教师	
组长		学号		日期	
组员	姓名		学号	姓名	学号
任务分工：					

任务分析

引导问题 1：PLC 如何进行 I/O 点分配？如何完成硬件连接？

_____

_____

_____

引导问题 2：什么是工业以太网？

_____

_____

_____

引导问题 3：S7-1200 以太网通信方式有哪些？都支持哪些协议？

_____

_____

_____

引导问题 4：S7-1200 实现以太网通信需要增加哪些拓展模块？

_____

_____

_____

> **小提示：**
> S7-1200 PLC 本体上集成一个 PROFINET 接口，既可作为编程下载接口，也可作为以太网通信接口，该接口支持以下通信协议及服务：TCP、ISO on TCP、S7 通信。

知识储备

与 S7-1200 有关的以太网通信方法：

1）S7-1200 PLC 与 S7-1200 PLC 之间的以太网通信。

它们之间的以太网通信可以通过 TCP 和 ISO on TCP 来实现。使用的指令是在双方 CPU 中调用 T_block 指令来实现的。

2）S7-1200 PLC 与 S7-200 PLC 之间的以太网通信。

它们之间的以太网通信可以通过 S7 通信来实现，因为 S7-1200 PLC 的以太网模块只支持 S7 通信。由于 S7-1200 PLC 的 PROFINET 通信口只支持 S7 通信的服务器，所以在编程方面，S7-1200 PLC 不用做任何工作，只需在 S7-200 PLC 一侧将以太网设置成客户端，并用 ETHx_XFR 指令编程通信。如果使用的是 S7-200 SMART PLC 则需要使用 PUT、GET 指令编程通信，双方都可以作服务器。

3）S7-1200 PLC 与 S7-300/400 PLC 之间的以太网通信。

它们之间的以太网通信方式相对来说要多一些，可以采用 TCP、ISO on TCP 和 S7 通信。

引导问题 5：S7-1200 以太网通信指令有哪些？本次任务可以用哪些指令来完成？

_____

_____

_____

知识储备

S7-1200 PLC 中所有需要编程的以太网通信都使用开放式以太网通信指令块 T-block 来实现，所有 T-block 通信指令必须在 OB1 中调用。调用 Tblock 通信指令并配置两个 CPU 之间的连接参数，定义数据发送或接收信息的参数。博途软件提供两套通信指令：不带连接管理的通信指令和带连接管理的通信指令，分别如表 10-2 和表 10-3 所示。

表 10-2　不带连接管理的通信指令

指令	功能
TCON	建立以太网连接
TDISCON	断开以太网连接
TSEND	发送数据
TRCV	接收数据

表 10-3　带连接管理的通信指令

指令	功能
TSEND_C	建立以太网连接并发送数据
TRCV_C	建立以太网连接并接收数据

实际上 TSEND_C 指令实现的是 TCON、TDISCON 和 TSEND 三个指令综合的功能，而 TRCV_C 指令实现的是 TCON、TDISCON 和 TRCV 三个指令综合的功能。

S7 通信属于西门子私有协议，S7 通信服务集成在 S7 控制器中，属于 OSI 模型第七层（应用层）的服务，采用客户端-服务器原则。S7 连接属于静态连接，S7-1200 PLC 通过集成的 PROFINET 接口支持 S7 通信，采用单边通信方式，只要客户端调用 PUT/GET 通信指令即可。

工作计划

1. 制定工作方案

按照前文提示，制定两台电动机同向运行控制制作步骤，小组讨论并按照工作量分配子任务，相对复杂的子任务可以由两位同学一起完成，并填表 10-4。

表 10-4 任务分配

步骤	工作内容	负责人
1		
2		
3		
4		
5		

2. 绘制硬件接线图

3. 编写程序

进行决策

1) 各组派代表阐述设计方案。
2) 各组对其他组的设计方案提出自己不同的看法。
3) 教师结合学生完成的情况进行点评,选出最佳方案。

最佳方案框架:

【项目实施】

任务一　PLC I/O 地址分配

根据控制要求及 PLC 输入输出点分配原则,对本案例进行 I/O 地址分配,如表 10-5 所示。

表 10-5　两台电动机同向运行的 PLC 控制 I/O 分配

输入		输出	
输入继电器	元件	输出继电器	元件
I0.0	本地正向启动 SB1	Q0.0	正转接触器 KM1
I0.1	本地反向启动 SB2	Q0.1	反转接触器 KM2
I0.2	本地停止按钮 SB3		
I0.3	本地过载保护 FR		

任务二　硬件接线

根据控制要求及表 10-5 所示的 I/O 分配,两台电动机同向运行的 PLC 控制电路如图 10-1 所示,两站原理图相同,在此只给出其中一站,两台 PLC 通过集成的 PN 接口相连接。

硬件接线

项目十 西门子S7-1200系列PLC以太网通信

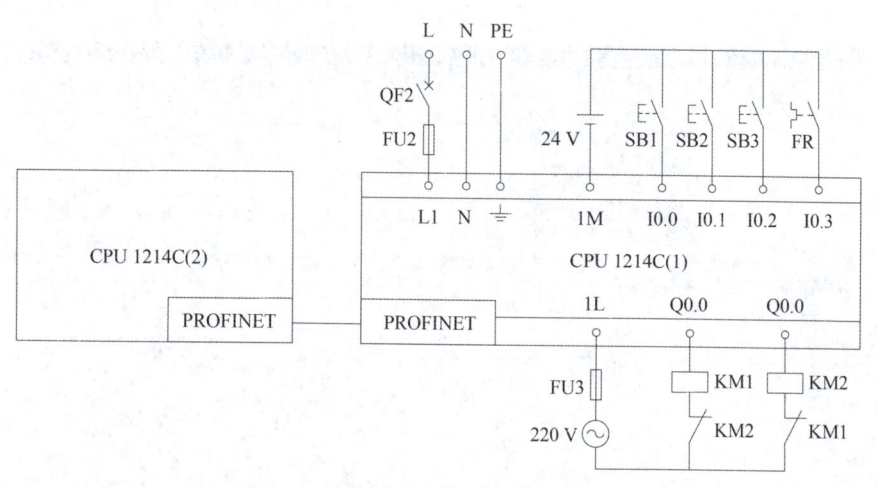

图 10-1 两台电动机同向运行的 PLC 控制电路

任务三　PLC 软件

1. 硬件组态

在项目视图的项目树窗口中双击"添加新设备"图标，添加两台设备，设备名称分别为 PLC_1 和 PLC_2。

在 PLC_1 项目视图的"设备组态"中，单击"属性"窗口中的"PROFINET 接口 [X1]"选项，可以设置 PLC 的 IP 地址，在此设置 PLC_1 的 IP 地址为 192.168.0.1，单击右侧"接口连接到"栏的"添加新子网"按钮，生成子网 PN/IE_1，如图 10-2 所示。启用系统和时钟存储器字节 MB1 和 MB0，如图 10-3 所示。

硬件组态

图 10-2　创建 PN/IE_1 子网及设置 PLC_1 的 IP 地址

247

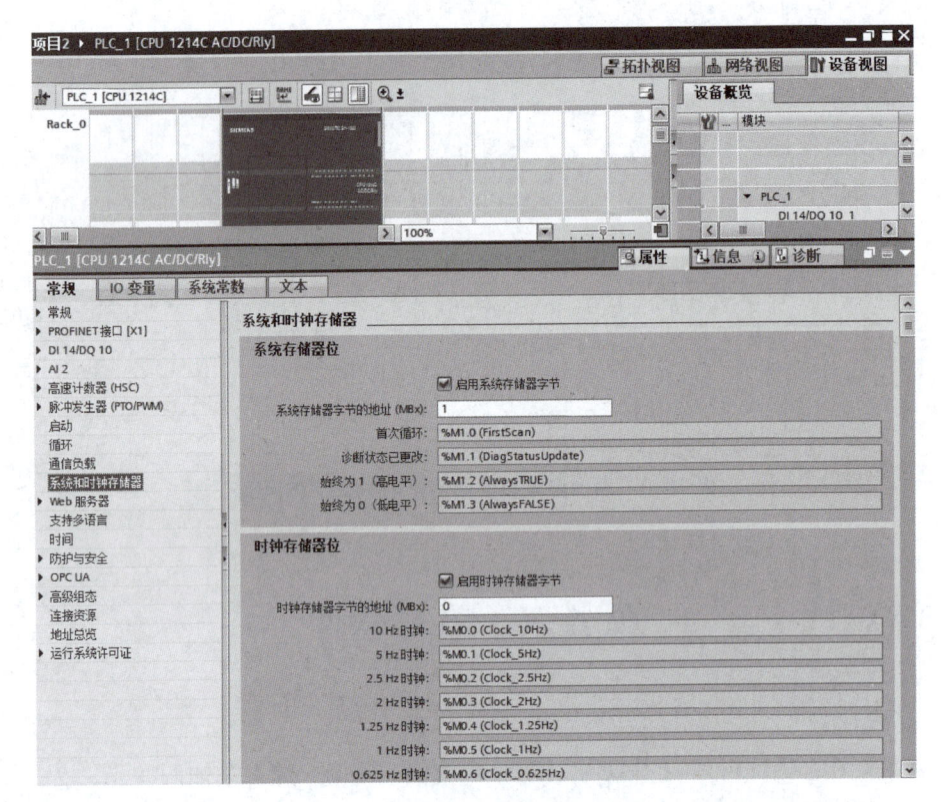

图 10-3 启动系统和时钟存储器字节

用同样的方法设置 PLC_2 并启用系统和时钟存储器字节 MB1 和 MB0，将 PLC_2 的 IP 地址设为 192.168.0.2。"接口连接到"栏"子网"选择为"PN/IE_1"，如图 10-4 所示。此时切换到"网络视图"可以看到两台 PLC 已经通过 PN/IE_1 子网连接起来，然后对上述的网络组态进行编译和保存，如图 10-5 所示。

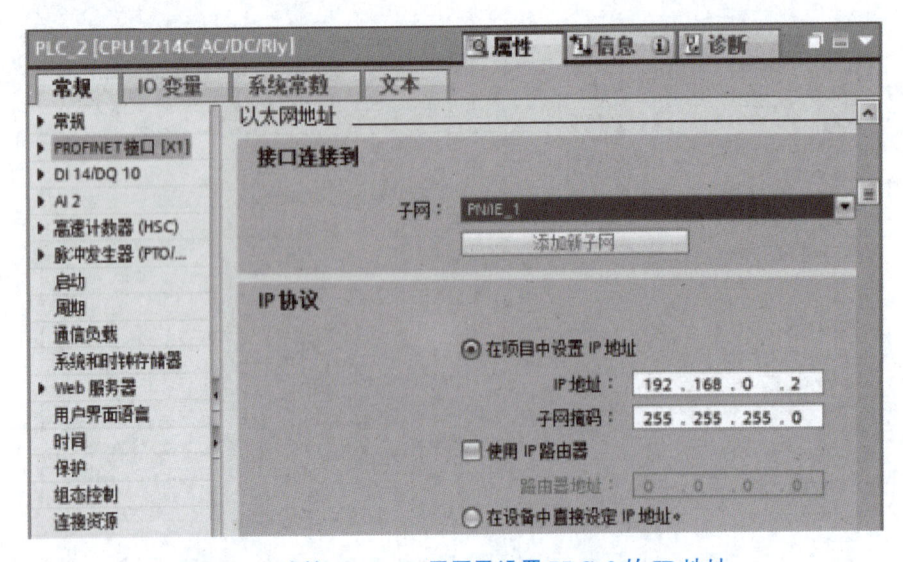

图 10-4 连接 PN/IE_1 子网及设置 PLC_2 的 IP 地址

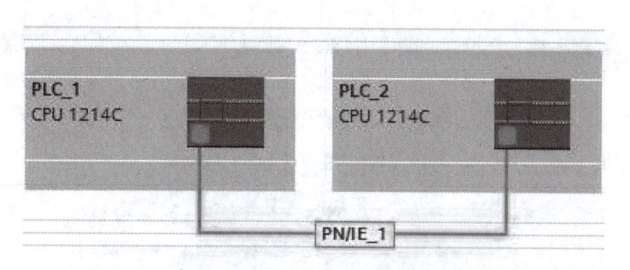

图 10-5　连接 PN/IE_1 子网

2. 编写程序

为演绎通信的通用性，方便大家和其他以太网设备通信，本次任务采用开放式用户通信指令 TSEND_C 和 T_RCV 来实现。

1）在 PLC_1 的 OB1 中调用 TSEND_C 和 T_RCV 通信指令。

打开 PLC_1 主程序 OB1 的编辑窗口，在右侧"通信"指令文件夹中，打开"开放式用户通信"文件夹，双击或拖动 TSEND_C 和 T_RCV 指令至程序段中，自动生成名称为 TSEND_C_DB 和 T_RCV_DB 的背景数据块，在此使用 ISO on TCP 协议。

编写程序

2）设置 TSEND_C 指令的连接参数和块参数。

其连接参数和块参数设置如图 10-6 所示。

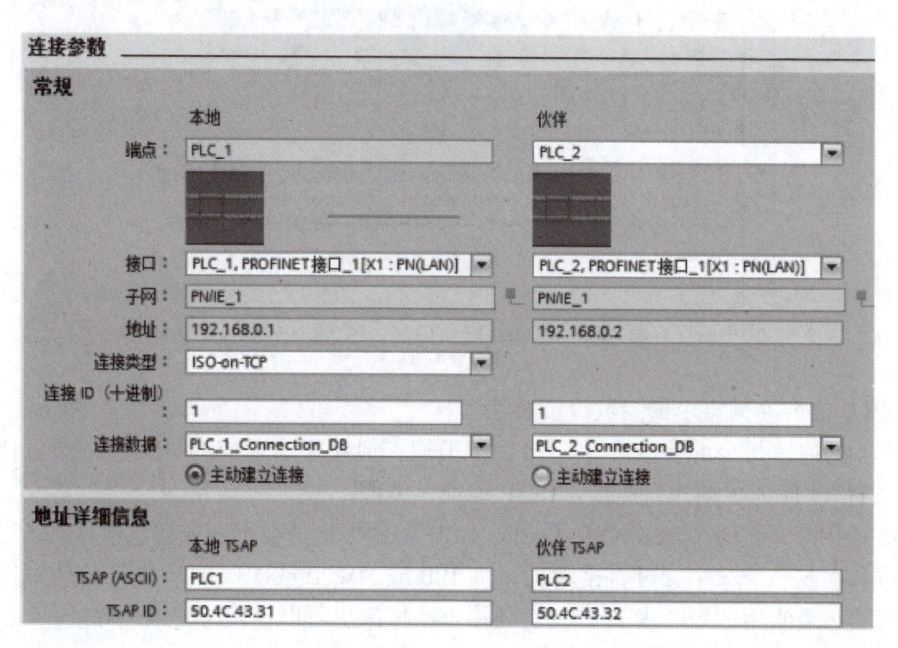

图 10-6　TSEND_C 指令的连接参数和块参数设置

3）PLC_1 的 OB1 编程。

两台电动机同向运行 PLC 程序如图 10-7 所示。程序中 M0.3 为 2 Hz 脉冲，即每秒钟发送两次数据，M1.2 为始终接通位，在此也可以直接输入 1。

249

程序段1：将本地电动机运行状态发送给远程PLC_2

```
                    %DB1
                   TSEND_C
              ─ EN        ENO ─
       %M0.3 ─ REQ       DONE ─ %M2.0
           1 ─ CONT      BUSY ─ %M2.1
           1 ─ LEN      ERROR ─ %M2.2
        %DB3 ─ CONNECT STATUS ─ %MW4
   P#Q0.0 BYTE 1 ─ DATA
```

程序段2：接收来自远程PLC_2的电动机运行状态

```
                    %DB2
                    TRCV
              ─ EN        ENO ─
       %M1.2 ─ EN_R       NDR ─ %M2.3
           1 ─ ID        BUSY ─ %M2.4
       %MB20 ─ DATA     ERROR ─ %M2.5
                       STATUS ─ %MW6
                     RCVD_LEN ─ %MD8
```

▼ 程序段3：本地电动机正向启动并运行

```
   %I0.0   %M20.1   %I0.1   %I0.2   %I0.3   %Q0.1   %Q0.0
  ──┤├──────┤/├─────┤/├─────┤/├─────┤/├─────┤/├─────( )──
   %Q0.0
  ──┤├──
```

▼ 程序段4：本地电动机反向启动并运行

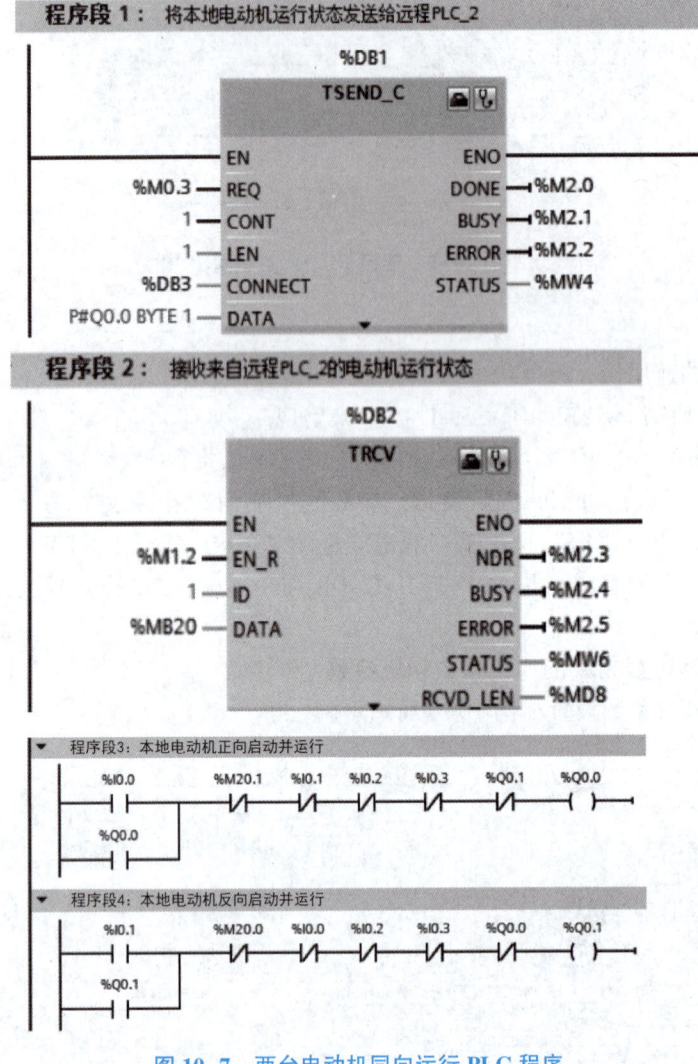

```
   %I0.1   %M20.0   %I0.0   %I0.2   %I0.3   %Q0.0   %Q0.1
  ──┤├──────┤/├─────┤/├─────┤/├─────┤/├─────┤/├─────( )──
   %Q0.1
  ──┤├──
```

图 10-7 两台电动机同向运行 PLC 程序

4）PLC_2 的通信指令的参数设置及编程。

PLC_2 的通信指令的参数设置与 PLC_1 类似，但注意本地应为 PLC_2，通信伙伴应为 PLC_1，通信伙伴为主动建立连接，TSAP 地址也类似。

编程同 PLC_1，请注意 TSEND_C 和 T_RCV 指令中发送数据区或接收数据区，若为一个字节或一个字或一个双字，可直接输入（如 IB0 或 MW20 或 MD50）；如果是超过四个字节的数据区域必须使用"P#"格式。发送和接收数据区也可以使用符号地址寻址。

任务四　联机运行与调试

1. 仿真运行

打开仿真软件 PLCSIM，新建工程，为方便强制各自 PLC 输入点，需打开完整版 PLC，然后将程序下载到各自 CPU 中，单击"运行"按钮。然后强制各自输入点模拟按钮运行，查看运行结果是否与要求一致。

2. 下载运行

将调试好的用户程序及硬件和网络组态分别下载到各自 PLC 中，并连接好线路。

联机调试

先按下本地电动机的正向启动按钮，观察本地电动机是否能正向启动。再按下远程电动机的反向和正向启动按钮，观察远程电动机是否能启动。

停止两站电动机，若先按下本地电动机的反向启动按钮，观察本地电动机是否能反向启动。再按下远程电动机的正向和反向启动按钮，观察远程电动机是否能启动。

同样，也可以先按钮下远程电动机的正向或反向启动按钮，再按下本地电动机反向或正向启动按钮，观察本地电动机是否能启动及是否与远程电动机同向运行。若上述调试现象与控制要求一致，则说明本案例任务实现。

【项目报告】

具体模板和要求详见以下二维码内容。

项目十　项目报告模板

【评价反馈】

评价主要包括学生评价、教师评价以及企业导师评价，如表 10-6 和表 10-7 所示。其中学生评价包括小组内自评、互评，学生要在完成项目的过程中逐步完成评价，可以按照不同人员评分比重给予不同分值，然后总分按照比例压缩至满分 100 分。

表 10-6 组内评价表

序号	评价内容	分值	组长评价	组员1	组员2	组员3	组员4	组员5	组员6	自评评价
1	比例/%	100								
2	对应满分	100								
3	工艺过程分析									
4	电路原理图绘制									
5	硬件电路连接									
6	PLC 程序编写									
7	仿真运行									
8	实物运行									
9	合计									
	总分:									

主观性评价：

综合评价如表 10-7 所示。

表 10-7 综合评价

项目名称				
班级		日期		
姓名		组号		组长

序号	评价项任务		比例	分值	得分
1	学生评价	小组自评			
		小组互评			
2	教师评价	调试排故			
		调试报告			
3	企业导师评价	项目汇报			
总分					

【常见问题解答】

通信时无法建立连接

这可能是由于 PLC 的 IP 地址与上位机不在同一网段内、IP 地址被其他设备占用、通信端口设置错误或防火墙阻止了通信等原因导致的。

【项目拓展】

本任务采用 ISO on TCP 协议完成，请学生练习能否用 S7 通信指令完成此任务。

【能量驿站】

尽网安之责　享网络之便

网络的发展，给我们带来了极大的便利和优势，我们在享受网络带来便捷的同时，要作好网络安全的"守门员"。在当今世界，各国之间的政治、经济、军事等各个领域都离不开互联网。然而，如果网络安全得不到保障，就会给国家带来严重的安全隐患。黑客攻击、网络病毒、网络间谍等问题都可能对国家的政治稳定和经济发展造成严重影响。因此，加强网络安全意识，建立健全的网络安全防护体系，已经成为各国政府的当务之急。

网络安全对于个人隐私的保护也至关重要。在互联网上，个人信息的泄露问题一直备受关注。一旦个人隐私信息被泄露，不仅会给个人的生活带来诸多不便，还可能导致个人财产的损失。因此，保护个人隐私，加强个人信息安全意识，已经成为每个人都应该重视的问题。

随着电子商务的兴起，越来越多的交易活动都在互联网上进行。然而，网络诈骗、网络盗窃等问题也随之而来。如果网络安全得不到保障，就会给企业和个人的经济利益带来严重损失。因此，加强网络安全防护，保护经济利益，已经成为企业和个人都应该重视的问题。

无论是国家安全、个人隐私还是经济利益，都离不开网络安全的保障。因此，我们每个人都应该加强网络安全意识，做好网络安全防护工作，共同维护一个安全、稳定的网络环境。只有这样，才能让互联网更好地为人类社会的发展和进步服务。

项目十一　西门子 S7-1200 系列 PLC 自由口通信

> **导读**
>
> 本项目以两台电动机异地启停控制为任务，通过相关过程的解读，要求学生了解串行通信连接方式，掌握 PLC 自由口通信参数设置方法，能自主完成实现两台 PLC 的数据互通。

【项目准备】

学习情境描述

垃圾焚烧发电系统中，PLC 扮演着至关重要的角色，作为一种核心通信设备，它确保了整个系统的高效、稳定和安全运行。PLC 不仅仅与上位机、远程监控系统等高层级设备进行信息交互，实时传输运行状态、故障信息等关键数据，同时还需与传感器、执行器或其他工业设备进行数据交换，实现设备间的信息共享和控制。这种跨层级的通信能力使 PLC 成为垃圾焚烧发电系统中不可或缺的"大脑"。

为了实现与各种设备的通信，PLC 主要采用串行通信方式。串行通信以其高效、稳定和灵活的特点，在工业自动化领域得到了广泛应用。在垃圾焚烧发电系统中，PLC 通过串行通信与其他设备建立连接，实现数据交换和控制指令的传输。

以两台电动机异地启停控制为例，我们可以深入了解 PLC 之间的通信过程。假设有两台电动机分别位于垃圾焚烧发电系统的不同位置，需要通过 PLC 进行远程启停控制。

学习目标

知识目标	1. 了解串行通信接口和通信分类； 2. 了解串行通信参数含义
技能目标	1. 能够正确连接串口通信网络并设置通信参数； 2. 能够根据实际应用需求，选择合适的通信协议； 3. 能够根据通信协议，选择合适的通信指令，完成通信功能

续表

素养目标	1. 初步形成监控系统设计思维； 2. 具备安全操作的思维； 3. 增强自主搜索、探索能力
教学重点	1. 通信参数的设置； 2. 通信指令的应用
教学难点	通信协议
建议学时	4 学时
推荐教学方法	从项目任务入手，通过 PLCSIM 仿真，然后再进行实物联机调试，完成相应功能
推荐学习方法	面对任务要善于分析、抽丝剥茧，将大任务分解成一个个小任务，并将小任务与课本知识衔接，最后再将小任务整合，完成大任务

任务书

功能要求：实现两台电动机的异地启停控制。

控制要求如下：

1）使用 S7-1200 PLC 自由口通信方式。

2）按下本地的启动按钮 SB1 和停止按钮 SB2，实现本地电动机启动和停止。

3）本地控制远程电动机的启动按钮 SB3 和停止按钮 SB4，实现远程电动机能启动和停止。

任务实施提示：

1）先做好充分了解，确定思路，再具体实施，能避免一些无用功；

2）按照项目流程划分工作，预判项目各部分工作量，并尽量保证公平合理分配给各小组任务；

3）上网搜索并阅读关于串口通信协议、通信方式、测试方法等相关内容，确保对通信技术有深入的理解；

4）准备必要的设备和工具，如串口转换器、测试软件等，以便进行实际的串口通信测试；

5）学习和掌握与 PLC 通信相关的编程语言和编程环境，为后续的编程工作做好准备；

6）小组间相互交流，及时纠错、整改。

任务分组

表 11-1 所示为任务分组。

表 11-1　任务分组

班级		组号		指导教师	
组长		学号		日期	
组员	姓名	学号	姓名	学号	
任务分工：					

任务分析

引导问题 1：PLC 如何进行 I/O 点分配？如何完成硬件连接？能否用硬件连接完成该控制要求？

_____

_____

_____

引导问题 2：查找相关资料，PLC 与传感器、PLC 之间、PLC 与上位机之间一般各采用哪种通信方式？采用哪种通信接口？

_____

_____

_____

_____

> **小提示：**
> 电动机异地启停控制用硬接点（如远程按钮等）实现较为简单，但如果两个设备距离较远或需要交换的数据较多时，就必须使用通信完成。

知识储备

1. 串行通信分类

通信是指一地与另一地之间的信息传递。通信方式分为并行通信与串行通信。

并行通信是指数据的各个位同时进行传输的通信方式。

串行通信是指数据一位一位地传输的通信方式。

串行通信又可分异步通信和同步通信。PLC 与其他设备通信主要采用串行异步通信方式。

1) 异步传输。信息以字符为单位进行传输，所谓"异步"是指字符与字符之间的异步，字符内部仍为同步。

2) 在同步传输中，不仅字符内部为同步，字符与字符之间也要保持同步。

2. 串行通信的接口

串行通信的接口与连线电缆是直观可见的，它们的相互兼容是通信得以保证的第一要求，因此串行通信的实现方法发展迅速、形式多样，主要有 RS232、RS422、RS485 等三种，如表 11-2 所示。

表 11-2　三种通信接口的性能比较

参考项目	RS232	RS422	RS485
移动传输方式	单增	差动	差动
通信距离/m	15	1 200（速率 100 Kbit/s）	1 200（速率 100 Kbit/s）
最高传输速度/($bit \cdot s^{-1}$)	20 K	10M（距离 12 m）	10M（距离 12 m）
输入电压范围/V	−25~+25	−7~+7	−7~+12
最大驱动器数量	1	1	32 单位负载
最大接收器数量	1	10	32 单位负载

RS232 接口是 PLC 与仪器和仪表等设备的一种串行接口方式，它以全双工方式工作，需要发送线、接收线和地线三条线。RS232 只能实现点对点的通信。逻辑"1"的电平为−15~−5 V，逻辑"0"的电平为+5~+15 V。通常 RS232 接口以 9 针 D 形接头使用较多。

RS422 接口的传输线采用平衡驱动和差分接收的方法，它能够允许更高的数据传输速率，而且抗干扰性更高。RS422 接口属于全双工通信方式。

RS485 接口是 RS422 接口的简化，采用两线制方式，组成半双工通信网络。在 RS485 通信网络中一般采用的是主从通信方式，即一个主站带多个从站，RS485 采用差分信号。

RS232 和 RS485 接口比较常见，RS232 一般针对点对点通信，RS485 支持总线形式的通信。

3. 串行通信的参数

串行通信网络中设备的通信参数必须匹配，以保证通信正常。通信参数主要包括波特率、数据位、停止位和奇偶校验位。

1) 波特率。

波特率（b/s）是通信速度的参数，表示每秒传送位的个数，如 300 b/s 表示每秒发送 300 位。串行通信典型的波特率为 600 b/s、1 200 b/s、2 400 b/s、4 800 b/s、9 600 b/s、19 200 b/s 和 38 400 b/s 等。

2) 数据位。

数据位是通信中实际数据位数的参数，典型值为 7 位或 8 位。

3) 停止位。

停止位用于表示单个数据包的最后一位，典型值为 1 位或 2 位。

4) 奇偶校验位。

奇偶校验是串行通信中一种常用的校验方式，包括奇数校验、偶数校验和无校验。在通信时，应设定串口奇偶校验位，以确保传输的数据有偶数个或者奇数个逻辑高位。例如，如果数据是 01100011，那么对于偶数校验，校验位为 0，保证逻辑高的位数是偶数。

引导问题 3：S7-1200 实现串行通信需要增加哪些拓展模块？

4. S7-1200 PLC 的串行通信

S7-1200 PLC 的串行通信需要增加串口通信模块或者通信板来扩展 RS232 接口或 RS485 接口。S7-1200 PLC 有两个串口通信模块（CM1241 RS232 和 CM1241 RS422/485）和一个通信板（CB1241 RS485）。

串口通信模块安装在 S7-1200 CPU 的左侧，最多可以扩展 3 个。通信板安装在 S7-1200 CPU 的正面插槽中，最多可以扩展 1 个。S7-1200 PLC 最多可以同时扩展 4 个串行通信接口。各串口模块的相关信息如表 11-3 所示。

表 11-3 各串口模块的相关信息

类型	CM1241 RS232	CM1241 RS422/485	CB1241 RS485
订货号	6ES7241-1AH32-0XB0	6ES7241-1CAH32-0XB0	6ES7241-1CH30-0XB0
接口类型	RS232	RS422/485	RS485

引导问题 4：实现两个 S7-1200 PLC 串行通信可采用哪些指令？

> **小提示**：
> 　　S7-1200 通信相关指令均在"指令"的"通信"窗口中，初学者可以通过查看帮助，即可了解相关指令用法（选中指令，按下 F1 键查看帮助）。
> 　　S7-1200 串口通信主要有点对点通信、Modbus RTU 通信、USS 通信。

工作计划

1. 制定工作方案

按照前文提示，制定西门子 S7-1200 系列 PLC 自由口通信项目开发步骤，小组讨论并按照工作量分配子任务，相对复杂的子任务可以由两位同学一起完成，并填表 11-4。

表 11-4　任务分配

步骤	工作内容	负责人
1		
2		
3		
4		
5		

2. 绘制硬件原理图

3. 编写程序

进行决策

1）各组派代表阐述设计方案。
2）各组对其他组的设计方案提出自己不同的看法。
3）教师结合学生完成的情况进行点评，选出最佳方案。
最佳方案框架：

【项目实施】

任务一 PLC I/O 地址分配

根据控制要求及 PLC 输入输出点分配原则,对本案例进行 I/O 地址分配,如表 11-5 所示。

表 11-5 两台电动机异地启停的 PLC 控制 I/O 分配

输入		输出	
输入继电器	元件	输出继电器	元件
I0.0	本地启动按钮 SB1	Q0.0	接触器 KM
I0.1	本地停止按钮 SB2		
I0.2	本地过载保护 FR		
I0.3	远程启动按钮 SB3		
I0.4	远程停止按钮 SB4		

任务二 硬件接线

硬件接线

根据控制要求及 I/O 分配表,两台电动机异地启停的 PLC 控制电路如图 11-1 所示,两站原理图相同,在此只给出其中一站,两台 PLC 均扩展一个点到点通信模块 CM1241 (RS485),并通过双绞线相连接。

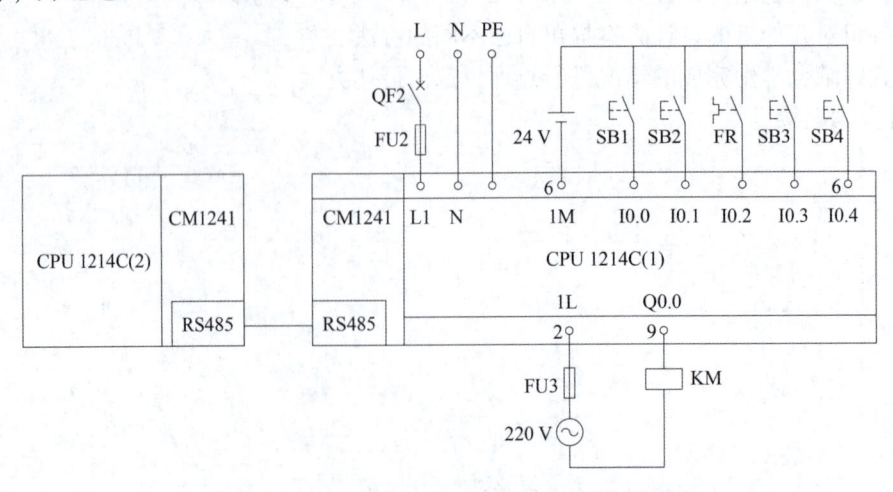

图 11-1 两台电动机异地启停的 PLC 控制电路

任务三　PLC 软件

1. 硬件组态

可以用下列两种方法组态通信模块：

1）使用博途的设备视图组态接口参数，组态的参数永久保存在 CPU 中，CPU 进入 STOP 模式时不会丢失组态参数。

在项目视图的项目树中双击"添加新设备"图标，添加设备名称为 PLC_1 的设备 CPU 1214C 和点到点通信模块 CM1241（RS485），按上述方法再次双击"添加新设备"图标，添加设备名称为 PLC_2 的设备 CPU 1214C 和点到点通信模块 CM1241（RS485）。

分别启用系统和时钟存储器字节 MB1 和 MB0，组态完成后分别对其进行保存和编译。通信参数按图 11-2 所示设置即可，波特率为 9.6 Kb/s，8 位数据位，1 位停止位。

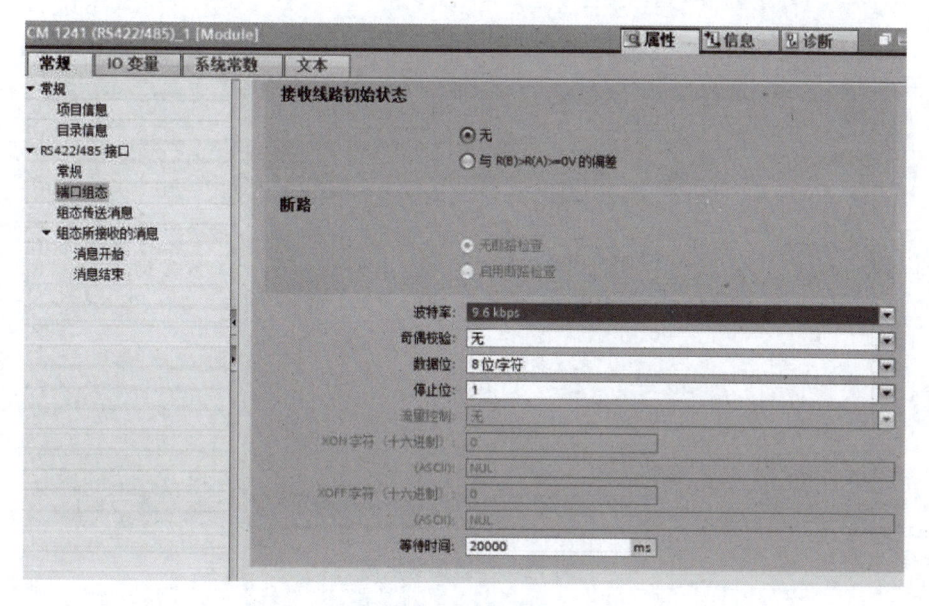

图 11-2　通信参数设置

2）在用户程序中用下列指令来组态：PORT_CFG（用于组态通信接口）、SEND_CFG（用于组态数据的属性）、RCV_CFG（用于组态接收数据的属性）。设置的参数仅在 CPU 处于 RUN 模式时有效。切换到 STOP 模式或断电后又上电，这些参数恢复为设备组态时设置的参数。

> **小提示：**
> 为防止两个 PLC 地址冲突，需将 PLC_2 的 IP 地址设置为 192.168.0.2，其他参数默认即可。

2. 添加数据块

分别打开 PLC_1 和 PLC_2 下的"程序块"文件夹，双击"添加新块"，均生成数据块 DB1。然后在数据块 DB1 中分别创建字节变量 SEND 和 RECIVE，如图 11-3 所示。最后在项目树中，右击"DB1"，单击"属性"选项，在弹出的窗口中选中"属性"后，在右边窗口中取消勾选"优化的块访问"复选框，即取消块的符号访问，改为绝对地址寻址，然后对设置窗口进行编译和保存，如图 11-4 所示。

图 11-3 定义变量

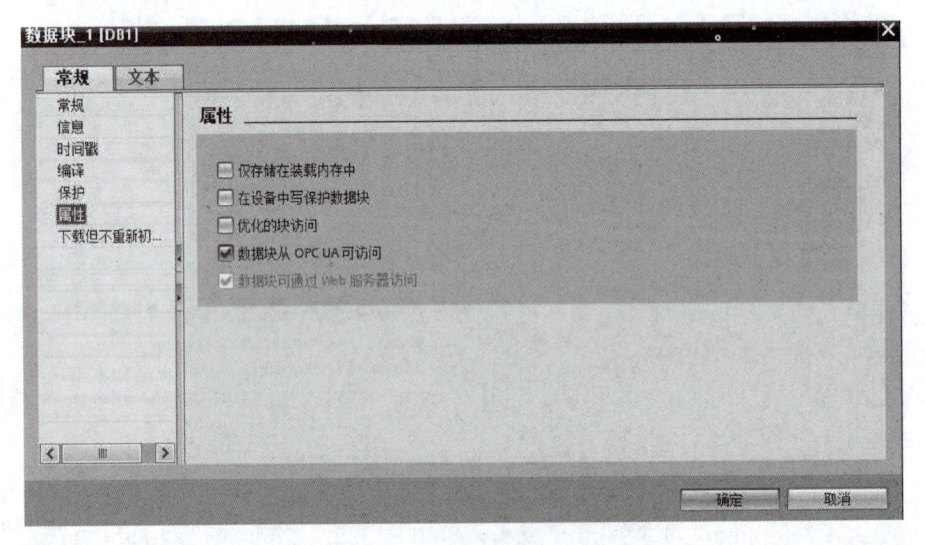

图 11-4 数据块设定

3. 编写程序

分别打开 PLC_1 和 PLC_2 下的"程序块"文件夹，双击"Main [OB1]"，分别在主程序中编写两台电动机的异地启停控制程序（两站程序相同）。本次任务采用 M0.3，即每秒发送两次对方的启停信息，其程序如图 11-5 所示。

> **小提示：**
> 若通信数据量较大时，定义变量用数组 Array[ ]，通信读写时需用指针发送区和接收区（如 P#DB1.DBX0.0 BYTE 2 指向数据位 DB1.DBW1）。

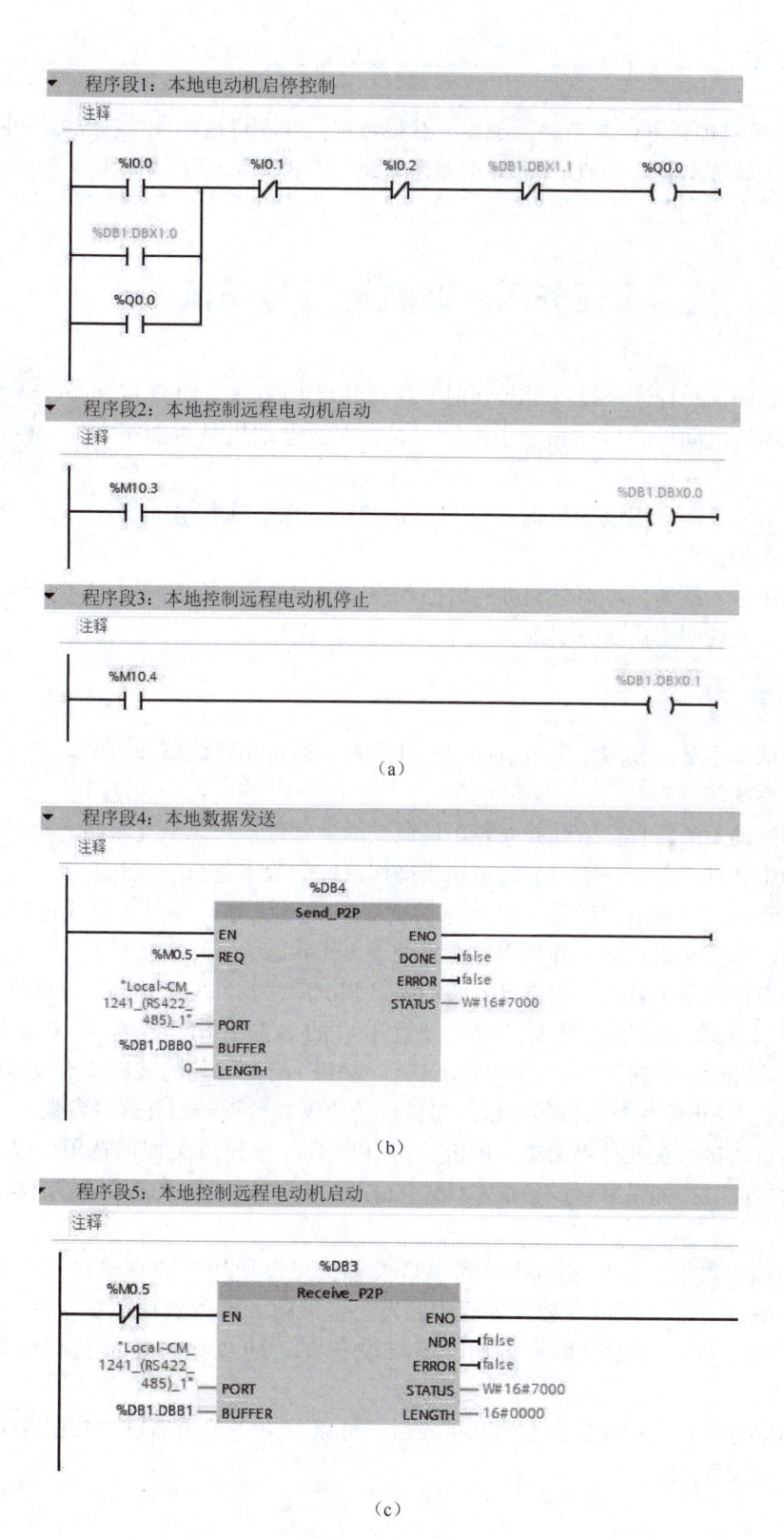

图 11-5　程序编写

> **小提示：**
> 若在使用过程中，不了解指令各个引脚功能，可在博途环境下，在程序中选中指令，按 F1 键可以打开"TIA Portal 的信息系统"，即"帮助"。

任务四　联机运行与调试

将调试好的用户程序及设备组态分别下载到各自 CPU 中，并连接好线路。按下本地电动机的启动和停止按钮，观察本地电动机是否能正常启动和停止。

再按下本地控制远程电动机的启动和停止按钮，观察远程电动机是否能正常启动和停止。

联机调试

同样，在另一站调试本地电动机的启停和控制远程电动机的启停，若上述调试现象与控制要求一致，则说明本次任务实现。

知识储备

串口调试助手是一款用于串口通信的软件工具，通常用于调试和测试串口设备，如传感器、嵌入式系统等。

串口调试助手的教程：下载并安装串口调试助手软件。可以从互联网上找到许多可用的串口调试助手软件，选择一个可靠且适用于操作系统的版本进行下载和安装。

连接串口设备。将串口设备（如传感器、嵌入式系统等）通过串口线连接到计算机的串口接口上。确保连接正确，并且串口设备处于工作状态。

打开串口调试助手软件。双击已安装的串口调试助手软件的图标，打开软件界面。

配置串口参数。在软件界面，需要设置串口的参数有串口端口号（通常是 COM1、COM2 等）、波特率（波特率应与串口设备的设置相匹配，常见的波特率有 9 600、115 200 等）、数据位、停止位和校验位等。根据串口设备的设置，正确配置这些参数。

打开串口连接。在软件界面中，单击"打开串口"按钮或类似的选项，以建立与串口设备的连接。此时，如果串口设备正常且连接正确，串口调试助手应该能够成功连接到串口设备。

发送和接收数据。一旦成功连接到串口设备，可以使用串口调试助手发送和接收数据。在发送数据方面，可以在软件界面中的发送区域输入要发送的数据，并单击"发送"按钮或类似的选项。在接收数据方面，串口设备发送的数据将显示在软件界面的接收区域。

关闭串口连接。当完成数据发送和接收后，可以单击"关闭串口"按钮或类似的选项，以断开与串口设备的连接。

【项目报告】

具体模板和要求详见以下二维码内容。

项目十一　项目报告模板

【评价反馈】

评价主要包括学生评价、教师评价以及企业导师评价，如表 11-6 和表 11-7 所示。其中学生评价包括小组内自评、互评，学生要在完成项目的过程中逐步完成评价，可以按照不同人员评分比重给予不同分值，然后总分按照比例压缩至满分 100 分。

表 11-6　组内评价表

序号	评价内容	分值	组长评价	组员1	组员2	组员3	组员4	组员5	组员6	自评评价
1	比例/%	100								
2	对应满分	100								
3	工艺过程分析									
4	电路原理图绘制									
5	硬件电路连接									
6	PLC 程序编写									
7	仿真运行									
8	实物运行									
9	合计									
	总分：									

主观性评价：

综合评价如表 11-7 所示。

表 11-7 综合评价

项目名称						
班级			日期			
姓名			组号		组长	
序号	评价项任务			比例	分值	得分
1	学生评价	小组自评				
		小组互评				
2	教师评价	调试排故				
		调试报告				
3	企业导师评价	项目汇报				
总分						

【常见问题解答】

通信时使用调试助手可读出参数，但参数与发送信息不符。

可能是串口通信线 A、B 接反，只需将通信线调换即可。

【项目拓展】

本任务采用自由口通信来完成，请学生练习能否用 MODBUS RTU 通信指令完成此任务。

【能量驿站】

强国有我　筑梦远航

当前，我国面临着就业压力和就业结构调整的双重挑战，而青年人则是这个挑战中的重点群体。如何顺利地进入工作，成为国家发展的中坚力量，是每个青年人需要思考的问题。

在就业这道人生选择题上，有不少青年将个人理想与国家需要紧紧结合在一起，到祖国最需要的地方去，直面困难，迎接挑战。他们说："少年应有志，立志在四方，祖国需要处，皆是我家乡。"基层一线和边远地区是青年最好的磨刀石，也是青春最美的绽放地。实践证明，温室里长不出参天大树，只有到最艰苦的地方去，到祖国最需要的地方去，才能更好地在摸爬滚打中锤炼意志，在层层历练中积累经验，在实践锻炼中增强本领。

同时随着国家的飞速发展，新产业蓬勃发展带来的新岗位需求正在不断显现，在求职和创业过程中，在选择就业岗位前，应该明确自己的职业目标和发展方向。了解目前就业市场需求、掌握专业知识、了解行业发展趋势等相关信息，结合自身的专业特长和兴趣，制订一个可行的职业发展计划。这个计划可以包括就业目标的明确化、提升核心竞争力、完善自我能力等方面。通过良好的职业规划，我们才能更好地为自己抓住就业机遇奠定基础，为未来的发展做好准备。